普通高等教育软件工程专业系列教材

Oracle数据库技术与应用

主　编　王鲜芳

副主编　刘杨涛　梁树军

科学出版社

北　京

内 容 简 介

Oracle 是数据库领域最优秀的数据库系统之一，本书以 Oracle 最新版本 Oracle 11g 为蓝本，在参考国内外相关教材的基础上，系统地讲述了 Oracle 数据库的概念、管理和应用开发等内容。主要包括数据库基础知识，Oracle 11g 简介，Oracle 实例，Oracle 数据库的创建、启动和关闭，存储和文件管理，创建和管理数据库对象，PL/SQL 编程，数据库备份和恢复，用户和角色，Oracle 数据库技术应用案例等内容。读者通过对本书的学习，能够了解数据库的基础理论，掌握 Oracle 数据库系统的管理和开发方法。

全书结构合理，内容全面，条理清楚，理论适中，实例丰富，图文并茂，深入浅出，每章配有思考题，便于读者学习。本书不仅适合作为高等院校本/专科计算机软件、信息系统、电子商务等相关专业的数据库课程教材，同时还适合作为各种数据库技术培训教材，以及数据库开发人员的参考资料。

图书在版编目（CIP）数据

Oracle 数据库技术与应用 / 王鲜芳主编. —北京：科学出版社，2013
普通高等教育软件工程专业系列教材
ISBN 978-7-03-037563-6

Ⅰ. ①O… Ⅱ. ①王… Ⅲ. ①关系数据库系统 Ⅳ. ①TP311.138

中国版本图书馆 CIP 数据核字（2013）第 109767 号

责任编辑：于海云 / 责任校对：张小霞
责任印制：张 伟 / 封面设计：迷底书装

科 学 出 版 社 出版
北京东黄城根北街 16 号
邮政编码：100717
http://www.sciencep.com
北京凌奇印刷有限责任公司 印刷
科学出版社发行 各地新华书店经销
*
2013 年 8 月第 一 版 开本：787×1092 1/16
2023 年 1 月第二次印刷 印张：17 1/4
字数：431 000

定价：59.00 元

（如有印装质量问题，我社负责调换）

《Oracle 数据库技术与应用》编委会

主　编　　王鲜芳

副主编　　刘杨涛　　梁树军

编　委　　（以姓氏笔画排序）

王鲜芳　　史军勇　　刘杨涛

刘於勋　　孙胜耀　　梁树军

前　言

数据库管理系统是国家信息基础设施的重要组成部分，也是国家信息安全的核心技术之一。数据库技术已成为信息领域数据存储与处理的关键核心，也是计算机科学技术中发展最迅速、应用最广泛的技术之一。Oracle 数据库系统是目前最优秀关系数据库管理系统，它可移植性好、使用方便、功能强，适用于各类大、中、小及微机环境。随着 Oracle 版本的不断升级，其功能越来越强大。最新的版本 Oracle 11g 可以为各类用户提供完整、高效、可靠性好、适应高吞吐量的数据库解决方案，从而增强用户对外界变化的敏捷反应能力，提高用户的市场竞争力。

随着高等教育的技能化，面向应用型的数据库本科教学教材十分有限。为了适应大多数本科应用型学生学习与掌握数据库的基础知识、增强工程实践技能的需要，根据国家教育部教学指导小组制定的大纲要求及学生的实际学习情况，我们编写了《Oracle 数据库技术与应用》教材。该教材在内容的编写上坚持基础知识与应用实践相结合，重在基本概念、基本方法的表述。在保证教材结构体系完整的前提下，注重基本概念，追求过程简明、清晰和准确，重在原理，压缩烦琐的理论推导。做到重点突出、叙述简洁、易教易学。

本教材结合编者多年的教学经验和数据库技术目前的现状，以基本理论、基本分析方法和实际应用三个方面为出发点，以 Oracle 最新版本 Oracle 11g 为蓝本，在参考国内外相关教材的基础上，详细地讲解了 Oracle 数据库的概念、管理和应用开发等内容。主要包括数据库基础知识，Oracle 11g 简介，Oracle 实例，Oracle 数据库的创建、启动和关闭，存储和文件管理，创建和管理数据库对象，PL/SQL 编程，数据库备份和恢复，用户和角色，Oracle 数据库技术应用案例等内容。读者通过对本书的学习，能够了解数据库的基础理论，掌握 Oracle 数据库系统的管理和开发方法。

全书由王鲜芳担任主编，刘杨涛任副主编。其中第 1、2、3 章由王鲜芳负责编写；刘杨涛编写第 4、5 章；孙胜耀编写第 6、7 章；史军勇编写第 8、9 章和第 10 章部分内容。河南师范大学计算机学院研究生董佳乐、张园园、刘艳梅、杨晓晨、林丽等参与了教材部分章节的编写，给教材的编写提供了大量的素材和支持。全书由王鲜芳负责统稿，北京邮电大学周正教授担任主审。周教授在审稿过程中提出了许多宝贵意见，在此谨表示衷心感谢。

本书得到国家自然科学基金项目（61173071）和河南省高校创新人才支持计划项目（2012HASTIT011）的支持。

由于编者水平有限，本书内容难免有错误和疏漏之处，恳请广大读者批评指正。

编　者

2013 年 5 月

前　言

[illegible]

目 录

第 1 章　数据库基础知识

数据库是数据管理的最新技术，是计算机领域的一个重要分支，目前已经形成了较为完整的理论体系和实用技术。随着信息技术的迅速发展与广泛应用，建立一个满足各级部门信息处理的行之有效的信息系统已经成为一个企业或组织生存和发展的重要条件。因此，作为信息系统核心和基础的数据库技术得到越来越广泛的应用。

本章介绍数据库系统的基础知识，包括数据库和数据库系统、数据库管理系统、数据模型和关系模型、实体-关系图、数据库系统设计等。

1.1　数据库概述

1.1.1　数据库和数据库系统

1. 数据库(Database，DB)

数据库，顾名思义，是按照数据结构来组织、存储和管理数据的仓库。

随着信息技术和市场的发展，过去人们把数据存放在文件柜里，现在人们借助计算机和数据库技术科学地存储和管理数据，以便能方便而充分地利用这些宝贵的信息资源。

数据库的基本结构分物理数据层、概念数据层和逻辑数据层 3 个层次，反映了观察数据库的 3 种不同角度。

数据库中的数据具有永久存储、有组织和可共享 3 个基本特点，具有较小的冗余度(redundancy)、较高的数据独立性(data independency)和易拓展性，并可为各种用户共享。

2. 数据库系统(Database System，DBS)

数据库系统是为适应数据处理的需要而发展起来的一种较为理想的数据处理的核心机构，是一个实际可运行的存储、维护和应用系统提供数据的软件系统，是存储介质、处理对象和管理系统的集合体。

一般在不引起混淆的情况下，常常把数据库系统简称为数据库。

数据库系统在整个计算机系统中的地位如图 1.1 所示。

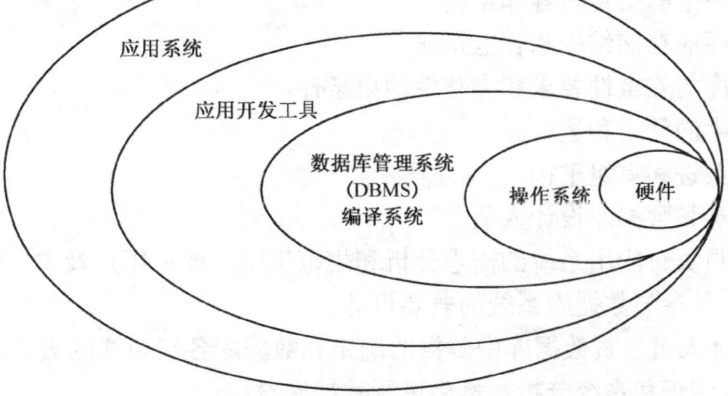

图 1.1　数据库在计算机系统中的地位

1.1.2 数据库系统的组成

数据库系统是指在计算机系统中引入数据库后的系统，一般由数据库、数据库管理系统(Database Management System，DBMS)及其开发工具、应用系统和数据库管理员(Database Administrator，DBA)组成。下面分别介绍这几个部分的内容。

1. 硬件平台及数据库

考虑到数据库的系统数据量和DBMS的自身规模都很大，数据库系统对硬件资源提出了较高的要求，这些要求如下：

(1) 足够大的内存。要有足够大的内存以存放操作系统、DBMS的核心模块、数据缓冲区和应用程序。

(2) 大容量的直接存取存储器。有足够大的磁盘或磁盘阵列等设备存放数据库，有足够的磁带(或光盘)作数据备份。

(3) 较高的通道能力。要求系统有较高的通道能力，以提高数据传送率。

2. 软件

(1) 数据库管理系统(DBMS)。DBMS是数据库系统的核心，用于数据库的建立、使用和维护。

(2) 支持DBMS运行的操作系统。

(3) 与数据库接口的高级语言及其编译系统。

(4) 以DBMS为核心的应用开发工具。应用开发工具是系统为应用开发人员和最终用户提供的高效率、多功能的应用生成器、第四代语言等各种软件工具。它们为数据库系统的开发和应用提供了良好的环境。

(5) 针对特定应用环境开发的数据库应用系统。

3. 人员

开发、管理和使用数据库系统的人员主要是：数据库管理员、系统分析员和数据库设计人员、应用程序员和最终用户。其各自的职责如下。

1) 数据库管理员

DBA负责全面管理和控制数据库系统。具体职责包括：

- 决定数据库中的信息内容和结构。
- 决定数据库的存储结构和存取策略。
- 定义数据库的安全性要求和完整性约束条件。
- 监控数据库的使用和运行。
- 数据库的改进和重组重构。

2) 系统分析员和数据库设计人员

- 系统分析员负责应用系统的需求分析和规范说明，要和用户及DBA相结合，确定系统的软硬件配置，并参与数据库系统的概要设计。
- 数据库设计人员负责数据库中数据的确定和数据库各级模式的设计。数据库设计人员必须参加用户需求调查和系统分析，然后进行数据库设计。

3）应用程序员

应用程序员负责设计和编写应用系统的程序模块，并进行调试和安装。

4）用户

这里的用户是指最终用户。最终用户通过系统的用户接口使用数据库。常用的接口方式有浏览器、菜单驱动、表格操作、图形显示和报表书写等。

1.1.3 数据库系统的特征

1. 数据结构化

数据库中的数据按照一定的数据模型组织、描述和存储，实现了整体数据的结构化。

所谓“整体”结构化是指在数据库中的数据不再仅仅针对某一个应用，而是面向全组织；不仅数据内部是结构化的，而且整体是结构化的，数据之间是具有联系的。

在数据库系统中，不仅数据是整体结构化的，而且存取数据的方式也很灵活，可以存取数据库中的某一个数据项、一组数据项、一个记录或一组记录。

2. 数据的共享性高，冗余度低，易扩充

数据库系统从整体角度看待和描述数据，数据不再面向某个应用而是面向整个系统，因此数据可以被多个用户、多个应用共享使用。数据共享可以大大减少数据冗余，节约存储空间。数据共享还能避免数据之间的不相容性与不一致性。

由于数据面向整个系统，是有结构的数据，不仅可以被多个应用共享，而且容易增加新的应用，这就使得数据库系统弹性大，易于扩充，可以适应各种用户的要求。

3. 数据的独立性高

数据独立性是指数据库中的数据独立于应用程序，包括数据的物理独立性和数据的逻辑独立性。

物理独立性是指用户的应用程序与存储在磁盘上的数据库中的数据是相互独立的。也就是说，数据在磁盘上的数据库中怎样存储是由DBMS管理的，用户程序不需要了解，应用程序要处理的只是数据的逻辑结构，这样当数据的物理存储改变时，应用程序不会改变。

逻辑独立性是指用户的应用程序与数据库的逻辑结构是相互独立的，也就是说，数据的逻辑结构改变了，用户程序也可以不变。

4. 数据由DBMS统一管理和控制

数据库中的多用户并发(Concurrency)共享数据必须通过DBMS进行统一管理和控制。

(1) 数据的安全性(Security)保护。数据的安全性是指保护数据，以防止不合法的使用造成数据的泄密和破坏。

(2) 数据的完整性(Integrity)检查。数据的完整性指将数据控制在有效的范围内或保证数据之间满足一定的关系，以保证数据的正确性、有效性和相容性。

(3) 并发(Concurrency)控制。当多个用户的并发进程同时存取、修改数据库时，必须对多用户的并发操作加以控制和协调。

(4) 数据库恢复(Recovery)。数据库的恢复功能是指当数据库系统发生故障时，DBMS必须将数据库从错误状态恢复到某一已知的正确状态(也称为完整状态或一致状态)。

1.1.4 数据库系统的结构

虽然实际的数据库管理系统产品种类很多，它们支持不同的数据模式，使用不同的数据库语言，建立在不同的操作系统之上，数据的存储结构也各不相同，但它们在体系结构上通常具有相同的特征，即采用三级模式结构，并提供两级映像功能。

1. 三级模式结构

数据库系统的三级模式结构是指数据库系统是由外模式、模式和内模式三级构成，如图 1.2 所示。

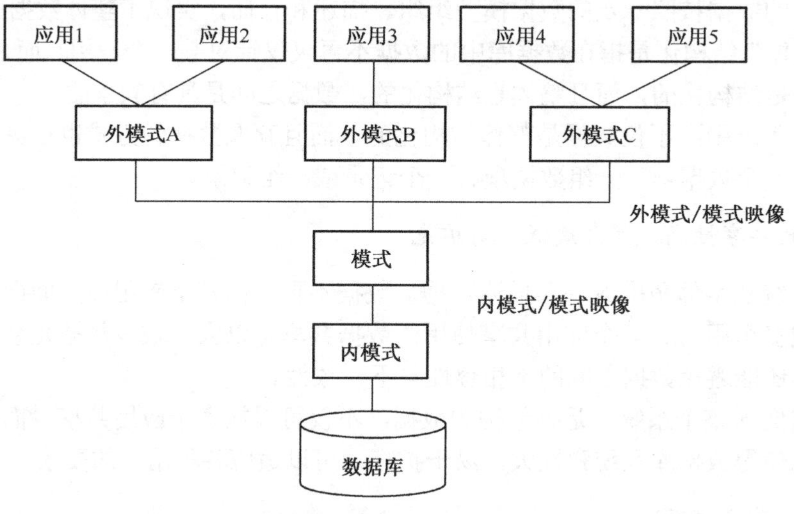

图 1.2 数据库系统的三级模式结构

1） 模式(Schema)

模式也称逻辑模式或概念模式(Conceptual Schema)，是数据库中全体数据的逻辑结构和特征的描述，是所有用户的公共数据视图。

模式实际上是数据库数据在逻辑级上的视图。一个数据库只有一个模式。定义模式时不仅要定义数据的逻辑结构，而且要定义数据之间的联系，定义与数据有关的安全性、完整性要求。

模式由 DBMS 提供的模式描述语言(模式 DDL)来定义和描述。

2） 外模式(External Schema)

外模式也称子模式(Subschema)或用户模式，它是数据库用户能够看见和使用的局部数据的逻辑结构和特征的描述，是数据库用户的数据视图，是与某一应用有关的数据的逻辑表示。

外模式通常是模式的子集。一个数据库可以有多个外模式。应用程序都是和外模式打交道的。外模式是保证数据库安全性的一个有力措施。每个用户只能看见和访问所对应的外模式中的数据，数据库中的其余数据对他们是不可见的。

子模式由 DBMS 提供的子模式描述语言(子模式 DDL)来定义和描述。

3） 内模式(Internal Schema)

内模式也称存储模式(Storage Schema)，一个数据库只有一个内模式。它是数据物理结构和存储方式的描述，是数据在数据库内部的表示方式。

内模式由 DBMS 提供的内模式描述语言（内模式 DDL，或存储模式 DDL）来定义和描述。

2. 两级映像功能和数据独立性

数据库系统的三级模式是对数据进行三个级别的抽象，使用户能够逻辑地、抽象地处理数据，而不必关心数据在计算机中的物理表示和存储。为了能够在系统内部实现这 3 个抽象层次的联系和转换，数据库管理系统在这三级模式之间提供了两层映像：外模式/模式映像和模式/内模式映像，保证了数据库系统中的数据能够具有较高的逻辑独立性和物理独立性。

1）外模式/模式映像

模式描述的是数据的全局逻辑结构，外模式描述的是数据的局部逻辑结构。对应于同一个模式可以有任意多个外模式。对于每一个外模式，数据库系统都有一个外模式/模式映像，它定义了该外模式与模式之间的对应关系。这些映像定义通常在各自的外模式中加以描述。

当模式改变时（如添加或删除新的实体、新的属性等），只要对外模式/模式映像做相应的改变，就可以使外模式保持不变，从而不必修改应用程序，保证了数据与程序的逻辑独立性。

2）模式/内模式映像

数据库中只有一个模式，也只有一个内模式，所以模式/内模式映像是唯一的，它定义了数据全局逻辑结构与存储结构之间的对应关系。

当数据库的存储结构改变时（如选用了另一种存储结构），只要对模式/内模式映像做相应的改变，就可以使模式保持不变，从而应用程序也不必改变，保证了数据与程序的物理独立性。

数据与程序之间的独立性，使得数据的定义和描述可以从应用程序中分离出去。另外，由于数据的存取有 DBMS 管理，用户不必考虑存取路径等细节，从而简化了应用程序的编制，大大减少了应用程序的维护和修改工作。

1.2 数据库管理系统

数据库管理系统是一种操纵和管理数据库的大型软件，用于建立、使用和维护数据库。

1.2.1 数据库管理系统的功能

数据库管理系统是数据库系统的核心组成部分，它的功能与具体的数据库系统有关，应具有如下功能。

1. 数据库定义

DBMS 提供数据定义语言 DDL（Data Definition Language），供用户定义数据库的三级模式结构、两级映像，以及完整性约束和保密限制等约束。这些定义存储在数据字典（Data Dictionary）中，是 DBMS 运行的基本依据。

2. 数据操作

DBMS 提供数据操作语言 DML（Data Manipulation Language），供用户实现对数据的追加、删除、更新、查询等操作。

3. 数据库事务管理和运行管理

这是指 DBMS 的运行控制和管理功能。包括多用户环境下的并发控制、安全性检查和存取限制控制、完整性检查和执行、运行日志的组织管理、事务的管理和自动恢复(即保证事务的原子性)。这些功能保证了数据库系统的正常运行。

4. 数据组织、存储和管理

DBMS 要分类组织、存储和管理各种数据，包括数据字典、用户数据、存取路径等，需确定以何种文件结构和存取方式在存储级上组织这些数据，如何实现数据之间的联系。数据组织和存储的基本目标是提高存储空间利用率，选择合适的存取方法提高存取效率。

5. 数据库的建立和维护

包括数据库的初始建立、数据转换和转储、数据库的重组合重构及性能监控等功能，这些功能分别由各个应用程序来完成。

6. 通信

DBMS 具有与操作系统的联机处理、分时系统及远程作业输入的相关接口，负责处理数据的传送。对网络环境下的数据库系统，还应该包括 DBMS 与网络中其他软件系统的通信功能，以及数据库之间的互操作功能。

7. 其他功能

包括一个 DBMS 与另一个 DBMS 或文件系统的数据转换功能，异构数据库之间的互访和互操作功能等。此外，随着技术的发展，许多新的应用对 DBMS 提出了新的需求。DBMS 需要不断发展新的数据管理技术，如 XML 数据、流数据、多媒体数据等。

1.2.2 数据库管理系统的组成

DBMS 通常由系统运行程序组、语言处理程序组和公用程序组 3 部分程序模块组成。

1. 系统运行程序组

(1) 系统总控程序。它是 DBMS 程序的中枢，用以控制和协调各程序活动，保证数据库系统的正常运行。

(2) 授权检查程序。它用于检查用户的存取请求是否合法，核对用户的标识符、口令，核对授权表的密码等，并决定是否执行用户要求的操作。

(3) 并发控制程序。它用来协调各个应用程序对数据库的操作，保证数据库数据的一致性。

(4) 数据存取控制程序。它是直接与操作系统有关的接口程序，实施对数据库数据的查询、插入、修改和删除等操作。

(5) 数据存储管理程序。它包括文件读写与维护程序、存取路径管理与维护程序、缓冲管理程序等。这些程序负责管理和维护数据库的数据和存取路径，提供有效的存取方法。

(6) 数据完整性检查程序。它用来检查完整性约束条件，决定是否执行对数据库的操作。

(7) 通信控制程序。它用来实现用户程序与 DBMS 之间的通信、DBMS 与操作系统之间的通信。

2. 语言处理程序组

该程序组用于对定义、建立、操作和维护数据库的语言程序进行处理，有如下几类程序：

1）数据库各级模式的语言处理程序

它的作用是通过执行数据描述语言的编译程序，将各级源模式编译成各级目标模式。

2）数据操纵语言 DML 处理程序

它的作用是将应用程序中的 DML 语句转换成可执行的程序。通常有以下两种处理方式。

(1) 对 DML 语句进行预处理，将 DML 语句转换成主语言编译程序能处理的形式。

(2) 扩展主语言编译程序的功能，使主语言编译程序能直接编译 DML 语句。

3）终端查询语言解释程序

它的作用是解释终端查询语句的含义，并决定其操作的执行过程。

4）数据库控制语言解释程序

它的作用是解释执行每个数据库的控制命令。

3. 公用程序组

公用程序组也称服务性程序组，它由一组定义公用程序和维护公用程序组成，负责对数据库进行日常管理，包括下列程序。

1）定义公用程序组

这组程序提供概念模式、外部模式及存储模式的定义功能，安全性定义功能，完整性定义功能及信息格式定义功能等。这些 DDL 程序模块接收相应的定义，进行语法、语义检查，并把它们翻译成内部格式存储在数据字典中供系统使用。

2）维护公用程序组

这组程序包含数据装入程序、数据库恢复程序、数据库重构程序、统计分析程序、工作日志程序、转储程序、数据编辑和打印公用程序等。

1.3 数据模型和关系模型

1.3.1 数据模型

数据模型(Data Model)是对现实世界数据特征的抽象，是用来描述数据、组织数据和对数据进行操作的。数据模型是数据库系统的核心和基础。各种机器上实现的 DBMS 软件都是基于某种数据模型或是支持某种数据模型的。

1. 两类数据模型

数据模型根据不同的应用层次可划分为两类。第一类是概念模型，第二类是逻辑模型和物理模型。

1）概念模型(Conceptual Model)

概念模型也称信息模型。它是面向数据库用户的现实世界的模型，主要用来描述世界的概念化结构，它使数据库的设计人员在设计的初始阶段，摆脱计算机系统及 DBMS 的具体技术问题，集中精力分析数据及数据之间的联系等，与具体的 DBMS 无关。概念模型必须转换成逻辑模型，才能在 DBMS 中实现。

概念模型用于信息世界的建模，一方面应该具有较强的语义表达能力，能够方便直接地表达应用中的各种语义知识；另一方面它还应该简单、清晰、易于用户理解。

2）逻辑模型和物理模型

逻辑模型(Logical Model)是用户从数据库所看到的模型，是具体的DBMS所支持的数据模型，主要包括层次模型(Hierarchical Model)、网状模型(Network Model)、关系模型(Relational Model)和面向对象模型(Object Oriented Model)。此模型既要面向用户，又要面向系统，主要用于DBMS的实现。

物理模型是面向计算机物理表示的模型，描述了数据在储存介质上的组织结构，它不但与具体的DBMS有关，而且还与操作系统和硬件有关。每一种逻辑数据模型在实现时都有其对应的物理数据模型。DBMS为了保证其独立性与可移植性，大部分物理数据模型的实现工作由系统自动完成，而设计者只设计索引、聚集等特殊结构。

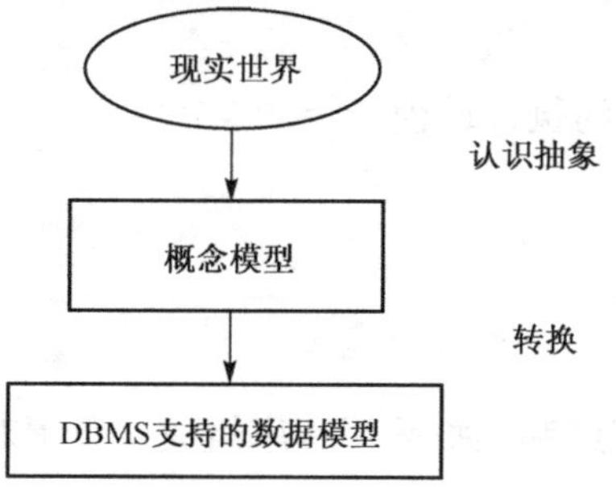

图 1.3　现实世界中客观对象的抽象过程

为了把现实世界的具体事物抽象、组织为某一DBMS支持的数据模型，通常首先把现实世界中的客观对象抽象为概念模型，然后把概念模型转化为某一DBMS支持的数据模型，这一过程如图1.3所示。

2. 数据模型的组成要素

一般来讲，数据模型是严格定义的一组概念的集合。这些概念精确地描述了系统的静态特性、动态特性和完整性约束条件(Integrity Constraints)。因此数据模型通常由数据结构、数据操作和完整性约束3部分组成。

1）数据结构

数据结构用于描述系统的静态特性，包括数据的类型、内容、性质及数据之间的联系等。它是数据模型的基础，也是刻画一个数据模型性质最重要的方面。在数据库系统中，人们通常按照其数据结构的类型来命名数据模型，如层次结构、网状结构和关系结构的数据模型分别命名为层次模型、网状模型和关系模型。

2）数据操作

数据操作用于描述系统的动态特性，包括数据的插入、修改、删除和查询等。数据模型必须定义这些操作的确切含义、操作符号、操作规则及实现操作的语言。

3）数据的完整性约束条件

数据的约束条件实际上是一组完整性规则的集合。完整性规则是指给定数据模型中的数据及其联系所具有的制约和存储规则，用以限定符合数据模型的数据库及其状态的变化，以保证数据的正确性、有效性和相容性。

1.3.2 关系模型

关系模型是目前最重要的一种数据模型。关系数据库系统采用关系模型作为数据的组织方式。

1970年美国IBM公司San Jose研究室的研究员E F Codd首次提出了数据库系统的关系模型，开创了数据库的关系方法和关系数据理论的研究，为数据库技术奠定了理论基础。由于E F Codd在关系模型理论方面的杰出工作，他于1981年获得ACM图灵奖。

20 世纪 80 年代以来，计算机厂商新推出的数据库管理系统几乎都支持关系模型，非关系系统的产品也大都加上了关系接口，数据库领域当前的研究工作也都是以关系方法为基础的。

1. 关系模型的数据结构

关系模型建立在集合代数的基础上，它的数据结构非常单一。在关系模型中，现实世界的实体及实体间的各种联系均用关系来表示。在用户看来，关系模型中的数据结构是一张二维数据表。

1）关系模型术语

下面以学生登记表为例，介绍关系模型中的一些术语，如表 1.1 所示。

表 1.1　学生登记表

学　号	姓　名	年　龄	性　别	专　业
2008001	刘莎莎	19	女	计算机技术
2008002	王小明	18	男	网络工程
2008003	张媛媛	19	女	计算机技术
…	…	…	…	…

(1) 关系(Relation)：一个关系对应通常所说的一张表。如表 1.1 中的这张学生登记表。

(2) 元组(Tuple)：表中的一行即为一个元组。

(3) 属性(Attribute)：表中的一列即为一个属性，给每个属性起一个名称即属性名。如表 1.1 中有 5 列，对应 5 个属性(学号，姓名，年龄，性别，专业)。

(4) 码(Key)：也称为码键。表中的某个属性组，它可以唯一确定一个元组。如表 1.1 中的学号，可以唯一确定一个学生，即成为本关系的码。

(5) 域(Domain)：属性的取值范围。如表 1.1 中性别的域是(男，女)。

(6) 分量：元组中的一个属性值。

(7) 关系模式：对关系的描述，一般表示为

关系名(属性 1，属性 2，…，属性 *n*)

如表 1.1 中的关系可描述为：学生(学号，姓名，年龄，性别，专业)。

2）关系模型的规范化

关系模型要求关系必须是规范化的，即要求关系必须满足一定的规范条件，这些规范条件中最基本的一条是，关系的每一个分量必须是一个不可分的数据项，也就是说，不允许表中还有表。

如表 1.2 中工资和扣除是可分的数据项，工资又分为基本工资、津贴和职务工资，扣除又分为房租和水电。因此，表 1.2 不符合关系模型要求。

表 1.2　工资表(表中有表)

职工号	姓名	职称	工　资			扣　除		实发
			基本工资	津贴	职务工资	房租	水电	
0801	张晓明	教授	1500	1000	50	150	98	2302
…	…	…	…	…	…	…	…	…

关系模型中常用的关系操作包括查询(Query)操作和插入(Insert)、删除(Delete)、修改(Update)操作两大部分。

关系的查询表达能力很强，是关系操作中最主要的部分。查询操作又可分为：选择(Select)、投影(Project)、连接(Join)、除(Divide)、并(Union)、差(Except)、交(Intersection)、笛卡儿积等。其中选择、投影、并、差、笛卡儿积是 5 种基本操作，其他操作可以用基本操作来定义和导出。

关系操作的特点是集合操作方式，即操作的对象和结果都是集合。这种操作方式也称为一次一集合(set-at-a-time)的方式。

2. 关系模型的完整性约束

关系模型中有 3 类完整性约束：实体完整性、参照完整性和用户定义的完整性。其中实体完整性和参照完整性是关系模型必须满足的完整性约束条件，被称作关系的两个不变性，应该由关系系统自动支持。用户定义的完整性是应用领域需要遵循的约束条件，体现了具体领域中的语义约束。

1) 实体完整性(Entity Integrity)

实体完整性是指，若属性(指一个或一组属性)A 是基本关系 R 的码，则 A 不能取空值。所谓空值(null value)就是“不知道”或“不存在”的值。

实体完整性是针对基本关系而言的，一个基本表通常对应现实世界的一个实体集。现实世界中的实体是可区分的，即它们具有某种唯一性标识。关系模型中以码作为唯一性标识。码中的属性不能取空值，否则，就说明存在某个不可标识的实体，即存在不可区分的实体，这与现实世界的实际情况相矛盾，这样的实体就不是一个完整实体。按实体完整性要求，码不得取空值，如果码是多个属性的组合，则这多个属性均不得取空值。

例如，在表 1.1 中将学号作为码，那么，该列不得有空值，否则无法对应某个具体的学生，这样的表不完整，对应关系不符合实体完整性的约束条件。

2) 参照完整性(Referential Integrity)

在关系模型中，实体及实体间的联系都是用关系来描述的，从而使得关系与关系之间存在相互引用。

设 F 是基本关系 R 的一个或一组属性，但不是关系 R 的码。K 是基本关系 S 的码。如果 F 与 K 相对应，则称 F 是 R 的外码(Foreign Key)。并称基本关系 R 为参照关系(Referencing Relation)，基本关系 S 为被参照关系(Referenced Relation)或目标关系(Target Relation)。关系 R 和 S 不一定是不同的关系。显然，目标关系 S 的码 K 和参照关系 R 的外码 F 必须定义在同一个(或同一组)域上。

参照完整性是指，若属性(或属性组)F 是基本关系 R 的外码，它与基本关系 S 的码 K 相对应，则对于 R 中每个元组在 F 上的值或者取空值(F 的每个属性值均为空值)，或者等于 S 中某个元组的码值。

例如，在学生管理数据库中将选课表作为参照关系，学生表作为被参照关系，以“学号”作为两个关系进行关联的属性，则“学号” 是学生关系的码，是选课关系的外码。选课关系通过外码“学号” 参照学生关系。

3) 用户定义的完整性(User-defined Integrity)

用户定义的完整性是针对某一具体应用所涉及的数据提出约束性条件。这一约束机制一般不应由应用程序提供，而应由关系模型提供定义并检验，用户定义完整性主要包括字段有效性约束和记录有效性。

例如，在表 1.1 中必须给出学生姓名，就可以要求学生姓名不能取空值。

1.4 实体-关系图

实体-关系图(Entity-Relationship Diagram)，简称 E-R 图，用来描述现实世界的概念模型，是抽象和描述现实世界的有力工具。

1. 基本概念

1) 实体(Entity)

客观存在并可相互区别的事物称为实体。实体可以是具体的人、事、物，也可以是抽象的概念或联系。例如，一个学生、学生的一次选课、学生和老师之间的关系等都是实体。

2) 关系(Attribute)

实体之间可能会有各种关系。例如，“学生”与“课程”之间有“选课”的关系。

3) 属性(Attribute)

实体所具有的某一特征称为实体的属性。一个实体可以由若干个属性来刻画。例如，学生实体可以由学号、姓名、年龄、性别、专业等属性组成。

联系也可以有属性。例如，学生选修某门课程的成绩，它既不是学生的属性，也不是课程的属性，因为它既依赖于某个特定的学生，又依赖于某门特定的课程，所以它是学生与课程之间的联系“选课”的属性。

4) 实体型(Entity Type)

具有相同属性的实体必然具有共同的特征和性质。用实体名及其属性名集合来抽象和刻画同类实体，称为实体型。例如，学生(学号，姓名，年龄，性别，专业)就是一个实体型。

2. 关系的分类

1) 两个实体型之间的关系

(1) 一对一关系(1:1)。如果对于实体集 A 中每一个实体，实体集 B 中至多有一个(也可以没有)实体与之联系，反之亦然，则称实体集 A 与实体集 B 具有一对一关系，记为 1:1。

例如，学校里面，一个班级只有一个班长，而一个班长只在一个班级里任职，则班级与班长之间具有一对一关系。

(2) 一对多关系(1:n)。如果对于实体集 A 中的每一个实体，实体集 B 中有 n 个实体($n \geq 0$)与之联系，反之，对于实体集 B 中的每一个实体，实体集 A 中至多有一个实体与之联系，则称实体集 A 与实体集 B 具有一对多关系，记为 1:n。

例如，一个班级有若干名学生，而每个学生只在一个班级里学习，则班级与学生之间具有一对多关系。

(3) 多对多关系(m:n)。如果对于实体集 A 中的每一个实体，实体集 B 中有 n 个实体($n \geq 0$)与之联系，反之，对于实体集 B 中的每一个实体，实体集 A 中也有 m 个实体($m \geq 0$)与之联系，则称实体集 A 与实体集 B 具有多对多关系，记为 m:n。

例如，一门课程同时有若干个学生选修，而一个学生可以同时选修多门课程，则课程与学生之间具有多对多关系。

实际上，一对一关系是一对多关系的特例，而一对多关系又是多对多关系的特例。

可以用图形来表示两个实体型之间的这三类关系，如图 1.4 所示。

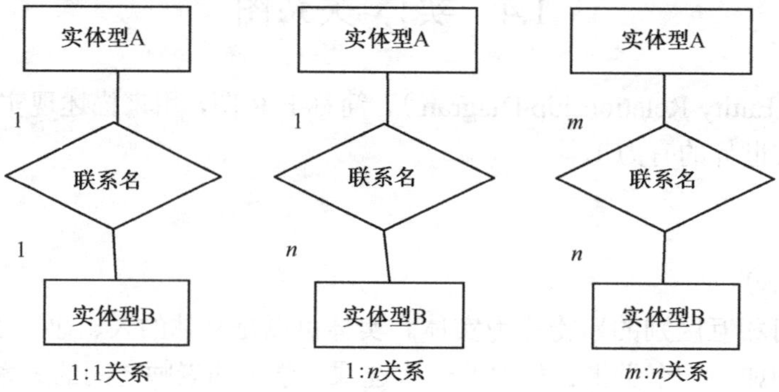

图 1.4　两个实体型之间的三类关系

2）两个以上实体型之间的关系

一般地，两个以上实体型之间也存在着一对一、一对多、多对多关系。

如果实体型 E_1，E_2，…，E_n 之间也存在联系，对于实体型 E_j ($j=1,2$，…，$i-1$，$i+1$，…，n) 中的给定实体，最多只和 E_i 中的一个实体相联系，则说 E_i 与 E_1，E_2，…，E_{i-1}，E_{i+1}，…，E_n 之间的关系是一对多的。

类似地可以得到多实体型之间一对一、多对多的定义。

例如，对于课程、教师与参考书 3 个实体型，如果一门课程可以由若干个教师讲授，使用若干本参考书，而每一个教师只讲授一门课程，每一本参考书只供一门课程使用，则课程与教师、参考书之间的联系是一对多的关系，如图 1.5 所示。

3）单个实体型内的关系

同一个实体集内的各实体之间也可以存在一对一、一对多、多对多关系。

例如，职工实体型内部具有领导与被领导的联系，即某一职工(干部)“领导”若干名职工，而一个职工仅被另外一个职工直接领导，因此这是一对多的联系，如图 1.6 所示。

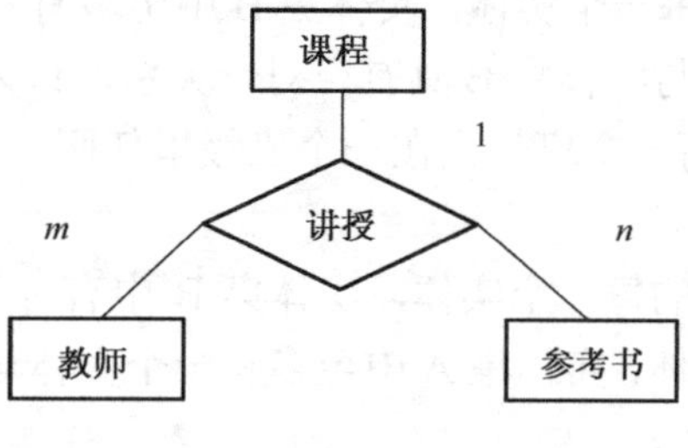

图 1.5　三个实体型之间的关系示例

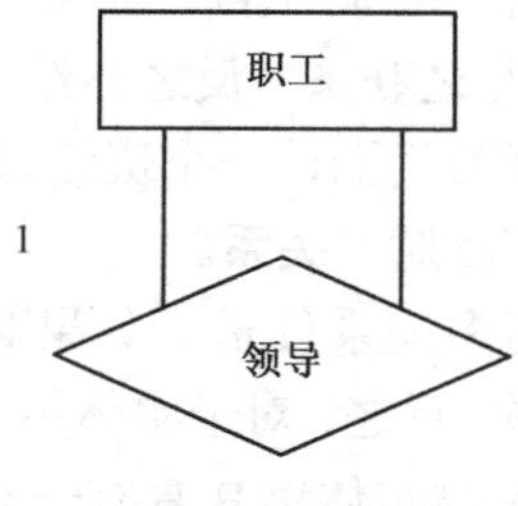

图 1.6　单个实体型之间的一对多关系示例

3. 实体-关系图

实体-关系图(E-R 图)用来描述现实世界的概念模型。

E-R 图提供了表示实体型、属性和关系的方法。

1) 实体型

用矩形表示，矩形框内写明实体名。

2) 属性

用椭圆形表示，并用无向边将其与相应的实体型或关系连接起来。

例如，学生实体具有学号、姓名、年龄、性别、专业等属性，用E-R图表示如图1.7所示。

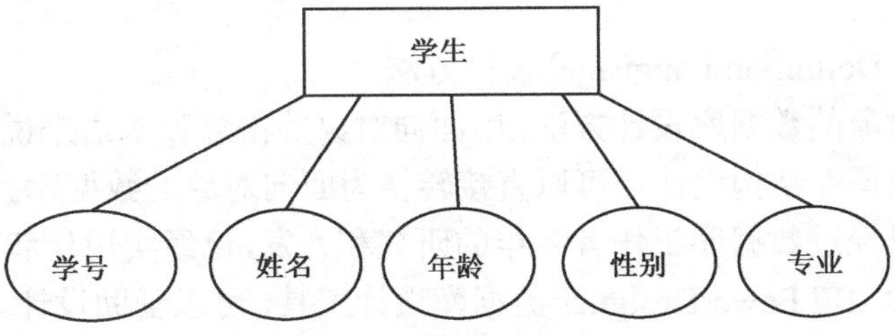

图1.7 学生实体及属性

3) 关系

用菱形表示，菱形框内写明联系名，并用无向边分别与有关实体型连接起来，同时在无向边旁标上关系的类型(1:1，1:n或m:n)。

1.5 数据库系统设计

在数据库领域内，通常把使用数据库的各类信息系统都统称为数据库应用系统。数据库设计(Database Design，DBD)是指对于一个给定的应用环境，构造优化的数据库逻辑模式和物理结构，并据此建立数据库及其应用系统，使之能够有效地存储和管理数据，满足各种用户的应用需求，包括信息管理要求和数据操作要求。

1. 数据库设计的特点

(1) 三分技术，七分管理，十二分基础数据。要建设好一个数据库系统，开发技术固然重要，但是相比之下管理则更加重要。这里的管理不仅仅包括数据库建设作为一个大型的工程项目本身的项目管理，而且包括其他的业务管理。十二分基础数据则强调了数据的收集、整理、组织和不断更新是数据库建设中的重要环节。

(2) 结构(数据)设计和行为(处理)设计相结合。数据库设计应该和应用系统设计相结合。也就是说，在整个设计过程中要把数据库结构设计和对数据的处理设计密切结合起来。

2. 数据库设计的方法

早期数据库设计主要采用手工与经验相结合的方法，设计的质量与设计人员的经验和水平有直接关系，缺乏科学理论和工程方法的支持，设计的质量难以保证。常常是数据库运行一段时间后又不同程度地发现各种问题，增加了系统维护的代价。

为此，人们努力探索，提出了各种数据库设计方法。例如：

1) 新奥尔良(New Orleans)方法

该方法把数据库设计分为若干阶段和步骤，并采用一些辅助手段实现每一过程。它运用软件工程的思想，按一定的设计规程用工程化方法设计数据库，属于规范设计法。

规范设计法从本质上看仍然是手工设计方法，它的基本思想是过程迭代和逐步求精。

2）基于 E-R 模型的数据库设计方法

该方法用 E-R 模型来设计数据库的概念模型，是数据库概念设计阶段广泛采用的方法。

3）3NF(第三范式)设计方法

该方法以关系数据库理论为指导来设计数据库的逻辑模型，设计关系数据库时在逻辑阶段可以采用该方法。

4）ODL(Object Definition Language)设计方法

该方法是面向对象的数据库设计方法，用面向对象的概念和术语来说明数据库结构。ODL 可以描述面向对象数据库结构设计，可以直接转换为面向对象的数据库。

数据库设计工具经过数据库工作者多年的研究和开发，已经实用化和产品化。例如，Oracle Designer 2000 和SYBASE PowerDesigner 数据库设计工具，可以辅助设计人员完成数据库设计过程中的很多任务，已经普遍地应用于大型数据库设计之中。

3. 数据库设计的基本步骤

按照规范设计的方法，考虑数据库及其应用系统开发全过程，数据库设计的基本步骤如图 1.8 所示。

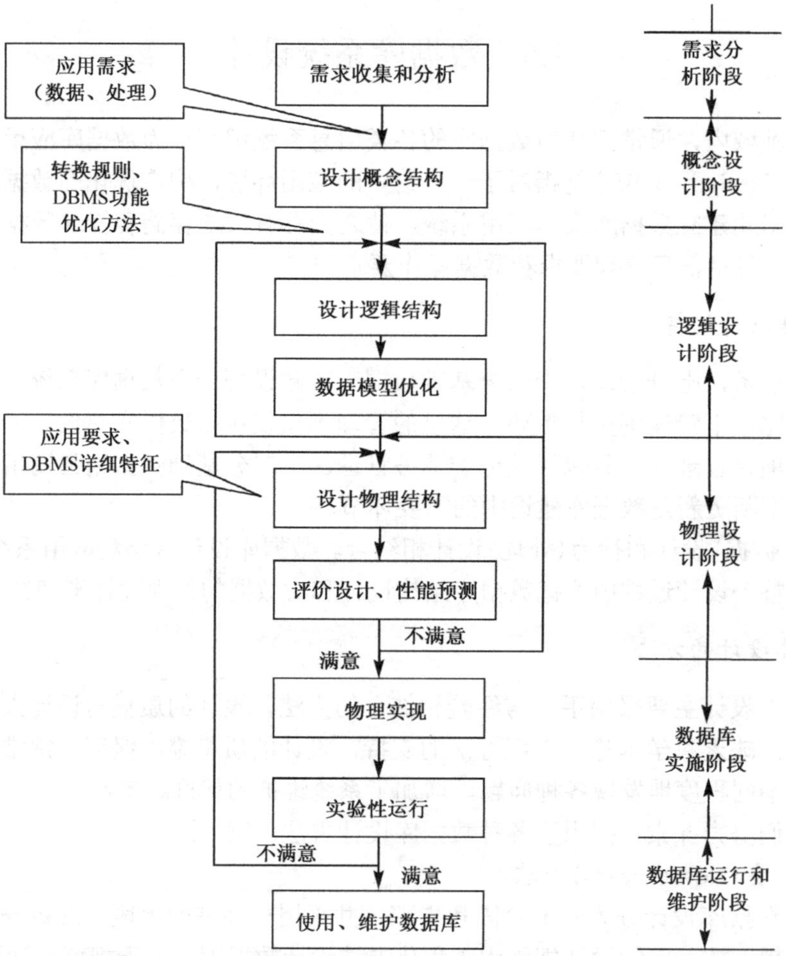

图 1.8　数据库设计步骤

1）需求分析阶段

进行数据库设计首先必须准确了解、分析用户需求，包括数据与处理。需求分析是整个设计过程的基础，是最困难、最耗费时间的一步。

2）概念设计阶段

概念设计是整个数据库设计的关键，它通过对用户需求进行综合、归纳与抽象，形成一个独立于具体DBMS的概念模型。

3）逻辑设计阶段

逻辑设计是将概念结构转换为某个DBMS所支持的数据模型，并对其进行优化。

4）物理设计阶段

物理设计是为逻辑数据模型选取一个最适合应用环境的物理结构，包括存储结构和存取方法。

5）数据库实施阶段

数据库实施阶段，设计人员运用DBMS提供的数据库语言(如SQL、Oracle)、工具及其宿主语言，根据逻辑设计和物理设计的结果建立数据库，编制与调试应用程序，组织数据入库，并进行试运行。

6）数据库运行和维护阶段

数据库应用系统经过试运行后即可投入正式运行。在数据库系统运行过程中必须不断地对其进行评价、调整与修改。

设计一个完善的数据库应用系统不可能一蹴而就，它往往是上述6个阶段的不断反复。

在设计过程中把数据库的设计和对数据库中数据处理的设计紧密结合起来，将这两个方面的需求分析、抽象、设计、实现在各个阶段同时进行，相互参照，相互补充，以完善两方面的设计。

1.6 本章小结

本章介绍了数据库系统的基础知识，包括数据库和数据库系统、数据库管理系统、数据模型和关系模型、实体-关系图、数据库系统设计等。

数据库是按照数据结构来组织、存储和管理数据的仓库。数据库中的数据具有永久存储、有组织和可共享3个基本特点。

数据库系统是指在计算机系统中引入数据库后的系统，介绍了数据库系统的组成、特征和结构。在一般不引起混淆的情况下常常把数据库系统简称为数据库。

数据库管理系统是一种操纵和管理数据库的大型软件，用于建立、使用和维护数据库。介绍了DBMS的功能和组成。

数据模型是对现实世界数据特征的抽象，用来描述数据、组织数据和对数据进行操作。数据模型是数据库系统的核心和基础。关系模型是目前最重要的一种数据模型。

实体-关系图用来描述现实世界的概念模型，是抽象和描述现实世界的有力工具。方法简单、清晰，应用十分广泛。

最后介绍了数据库系统设计的特点、方法和基本步骤。

学习这一章节应把注意力放在掌握基本概念和基本知识方面，为进一步学习下面章节打好基础。

思 考 题

1．试述数据库、数据库系统、数据库管理系统的概念。

2．试述数据库系统的组成和特征。

3．试述数据库系统的三级模式结构和两级映像，这种结构的优点是什么？

4．数据库管理系统的主要功能有哪些？

5．DBA 的职责是什么？

6．试述数据模型的概念和组成要素。

7．定义并解释关系模型中以下术语：

（1）关系，（2）元组，（3）属性，（4）码，（5）域，（6）分量，（7）关系模式。

8．试给出 3 个实际情况的 E-R 图，要求实体型之间具有一对一、一对多、多对多各种不同的关系。

9．试述数据库系统设计的特点。

10．试述数据库系统设计的基本步骤。

第 2 章　Oracle 11g 简介

Oracle 数据库是世界上第一个支持 SQL 语言的数据库，随着 Oracle 的功能和可用性不断增加，其版本也在不断向前发展。Oracle 11g 是 Oracle 公司推出的最新版本的 Oracle 数据库软件，它在以前版本的基础上得到了进一步的改进和发展。本章主要介绍 Oracle 的发展历史，Oracle 11g 的新特性，Oracle 11g 的安装、卸载，以及 Oracle 11g 的常用工具。

2.1　Oracle 发展历史

Oracle 的创始人是劳伦斯·埃里森(图 2.1)。他出生于美国纽约，自学了计算机编程。1977 年，劳伦斯·埃里森与创建 Oracle 公司的另外两位重要人物 Bob Miner 和 Edward Oates 在硅谷共同出资创办了一家软件开发公司 RSI。

Oracle 公司位于美国加州，是 20 世纪 70 年代发展起来的，最初是一个小型的关系数据库公司，迄今已经成为领导数据库发展潮流的大型公司，其软件可以在 100 多种不同的计算机上运行。

图 2.1　Oracle 创始人劳伦斯·埃里森

Oracle 公司的 Oracle 数据库，自 20 世纪 70 年代开发推出，历经多次版本更新。其发展历程如下:

(1) 1977 年 RSI(Relational Software Inc.)公司推出 Oracle 数据库原型。

(2) 1979 发行第一个产品 Oracle RDBMS(版本 2)。

(3) 1982 年改名为 Oracle 公司，1983 推出版本 3。

(4) 1984 年，Oracle 发布了第 4 版产品，这一版产品的稳定性得到了一定的增强，并增加了数据库读一致性(read consistency)。

(5) 1985 年，Oracle 发布了 5.0 版，是首批可以在 Client/Server 模式下运行的 RDBMS 产品；1986 年发布了 5.1 版，支持分布式查询。

(6) 1988 年推出 Oracle 6，引入了行锁定模式，支持多处理和 PL/SQL 语言。

(7) 1992 年推出 Oracle 7，该版本增加了许多新特性及新功能，如存储过程、触发器等，使数据库真正具有可编程能力；还引入了基于开销的优化器 CBO。

(8) 1997 年推出 Oracle 8，支持面向对象的开发及新的多媒体应用。从这一版本开始具有了同时处理大量用户和海量数据的特性。

(9) 1999 年推出 Oracle 8i，“i”代表 Internet，是世界上第一个全面支持 Internet 的数据库。

(10) 2001 年推出 Oracle 9i，它实际上是 Oracle 公司推出的一整套网络数据库应用解决方案的总称。

(11) 2003 年推出 Oracle10g，“g”代表“grid，网格”。新版最大的特性是加入了网格计算的功能。

(12) 2007 年 11 月，Oracle 发布了 11g 版本。该版本大大提高了系统性能的安全性，并有多项创新，如实现了信息生命周期管理，全新的 Data Guard 将可用性最大化，同时利用数据压缩技术，大幅降低了数据存储的支出，缩短了应用程序测试环境部署所花费的时间。

Oracle 数据库发展到现在的 Oracle 11g 版本已经历经了 30 余年，Oracle 公司的 Oracle 产品也成为家喻户晓的产品。

2.2 Oracle 11g 新增功能

Oracle 11g 是目前使用比较广泛的一个版本，也是性能比较稳定的版本。Oracle 11g 在以前版本的基础上又增加了很多新的特性，扩展了 Oracle 具有的提供网格计算优势的功能，可以利用它来提高用户服务水平、减少停机时间，并且更加有效地利用 IT 资源，同时，还可以增强全天候业务应用程序的性能、可伸缩性和安全性。

2.2.1 企业网格管理的高可用性

网格计算是在 Oracle 10g 中被引入的，网格计算提供了一种以池的形式管理硬件的方法，提高了企业资源的利用率，而且计算机的分离状态被消除了。通过将低成本的商品服务器和模块化的存储阵列集群到一个网格中组织，能够构建提供最高级别的可管理性、可用性和性能的 IT 系统。Oracle 11g 扩展了 Oracle 网格计算的功能。

1. 自动存储管理(ASM)

利用自动存储管理，Oracle 11g 可以在可用的存储设备间自动镜像和平衡数据，以保护数据并优化性能，即使添加或移除新磁盘时也可以。Oracle 11g 提供了以下几个针对自动存储管理的重要的高可用性的特性：

(1) 支持滚动升级。

(2) 自动坏块检测。

(3) 镜像盘里有效的数据块可以修复损坏的数据块。

(4) ASM 可以自动把损坏的磁盘块上面的数据重新部署到磁盘其他未损坏的部分上。

(5) 自动存储管理的性能增强使得大型数据库可以更快地打开 SGA 并减少内存消耗，这些增强还允许 DBA 增强存储分配单元大小以加快大型序列输入/输出(I/O)。

2. DATA GUARD

DATA GUARD 是所有 Oracle 数据库灾难恢复计划的基础。DATA GUARD 支持两种类型的备份数据库——基于重做日志应用的物理备用数据库和基于 SQL 应用的逻辑备用数据库。Oracle 11g 在这两方面都有所改善。

1) 物理备用数据库

Oracle 11g 中当备用数据库以只读方式打开的时候，允许继续进行介质恢复，也就是物理备用同时允许实时查询，就避免了物理备用数据库不能与生产数据库同步的问题。另外，Oracle 11g 还引入了快照备用的新功能，这样可以使物理备用数据库以读写模式打开用于测试活动而不影响灾难保护的功能。

2) 逻辑备用数据库

Oracle Database 11g 增强和扩展了逻辑备用数据库的功能，极大地提高了 SQL Apply 的性能，并更易于使用。在 Oracle Database 11g 中，SQL Apply 增加了对附加数据类型及 PL/SQL 的支持。

3. 用户服务水平

用户期望能快速、安全地访问全天候应用程序，IT 管理人员必须在不增加成本和资源的情况下提供该服务，故管理服务水平目标是一个持续的挑战。Oracle 11g 中的可管理特性旨在帮助组织轻松管理基础架构网格，并成功地满足其用户对服务水平的期望。其新增的可管理性和增强功能可以帮助提高数据库管理员(DBA)的效率，减少管理成本，同时还可以增强全天候业务应用程序的性能、可伸缩性和安全性。

4. 利用真正应用测试尽量降低更改的风险

Oracle 11g 降低了数据库升级及其他硬件和操作系统更改的成本，显著简化了更改前后的系统测试，以便可以识别和解决问题。例如：

(1) 利用 Database Replay，可以在数据库级别轻松捕获实际的生产负载，并在测试系统上重新播放，这样就可以全面测试系统更改(包括关键的并发特性)的影响。

(2) SQL Performance Analyzer 识别结构化查询语言执行计划更改和性能回退。然后，可以使用 SQL Tuning Advisor 解决识别的问题，方法是还原到原始的执行计划或进一步优化。

5. 故障诊断

Oracle 11g 中新增的故障诊断功能使客户在发生错误后能更简单地捕获诊断所需的数据，可以加速问题的解决，减少客户重现问题的需要。

6. 闪回事务

使用闪回事务可以回退事务，即使是已经提交的事务。这对于更正一些用户错误非常有用。比如，用户不小心执行了一些事务，并且在这些事务里对数据库的数据做了一些更改，当用户提交事务后，发现这些更改是错误的，想要回退这些更改，这时就可以使用闪回事务。DBA 只需要简单地将这些事务闪回，即可把用户犯下的错误更正过来。

7. 管理自动化

从 Oracle 9i 到 Oracle 11g 都具有显著简化和完全自动化 DBA 任务。Oracle 11g 具有的新功能如下：

(1) 利用自学功能自动进行 SQL 优化。

(2) 系统全局区(SGA)和程序全局区(PGA)的内存缓存区的自动、统一调整。

(3) 新的 advisor 用于分区、数据恢复、流性能和空间管理。

(4) 针对自动数据库诊断监视器(ADDM)的增强，能够提供 Oracle 真正应用集群(RAC)环境中的更好的性能全局视图及改进的性能比较分析功能。

8. 联机操作

Oracle 11g 中对联机重新定义操作有了很大的改进，如允许增加新的列和过程而不会引发不必要的相关对象重新编译。

(1) 易于执行的联机更改表操作。

(2) 带默认值的快速“添加列”。

(3) 联机索引构建和数据处理语言(DDL)操作可同时进行。

2.2.2 性能优化

对数据库管理员和应用程序开发人员而言，应用程序调优是一个非常重要的领域，Oracle 11g 在性能优化方面有了很大的提高。

1. 触发器

在 Oracle 11g 中除了以前的触发器外，还引入了一个复合触发器。复合触发器就是在一个触发器中使用 4 部分内容，即申明部分、before 过程部分、after each row 过程部分和 after 过程部分。此外，在 Oracle 11g 中还可以设置触发器的顺序，如为一个表设置几个触发器，还可以指定先执行哪个触发器的内容。

2. 利用 SecureFiles 安全、高性能地存储数据

SecureFile 用于在数据库中存储大型对象，如图像、大型文本对象等高级数据类型。SecureFile 不仅具有文件系统的性能，而且它还提供高级功能，如透明加密、智能压缩及透明的重复删除。

3. 真正应用集群(RAC)

Oracle 11g 中增加了 Clusterware，使得部署一个新的集群节点更加容易，并且 Oracle 11g 为 RAC 环境提供了滚动补丁。Oracle 11g 优化了 Oracle RAC 缓存融合协议，以便为许多常用情景提供更加完善的性能，如访问运行时间较长的查询和访问存储为 SecureFiles 的 LOB 数据类型。

4. PL/SQL

PL/SQL 部分是指一些 SQL 语句的变化，增强了 Oracle 11g 中 SQL 语句的功能，最重要的是 SQL 语法中的改进。在 SQL 语法中，我们在调用某一函数时，可以通过=>来为特定的函数参数指定数据。

5. 利用 Oracle TimesTen 加快响应速度

Oracle 内存数据库 TimesTen 提供瞬间快速响应和实时数据缓存。新的 Oracle TimesTen 版本与 Oracle 数据类型、SQL、PL/SQL、Oracle 调用接口(OCI)、全球化和管理基础架构的兼容性得到了提高，同时该版本还提供了更加完善的缓存和故障切换功能，以进一步提高性能和可用性。

Oracle 11g 除了以上的性能得到优化，还有以下性能得到了提高：

(1) 更快的升级。

(2) 与网络文件系统存储设备更快、更可靠的直接连接。

(3) 结果缓存加快了访问只读或主读数据的查询和函数调用的重复执行。

(4) 提高了备份压缩的效率。

(5) 提高了大型文件备份/还原的速率。

除了在企业网格管理的高可用性和性能优化部分新增加的特性外，同时还提供了在线升级等功能。总之，Oracle 11g 是 Oracle 版本中功能最强的版本。

2.3 Oracle 数据库结构

Oracle 数据库的结构属于典型的 C/S 模式(Client/Server)，Oracle Server 运行于数据库服务器，用户可以在 Client 端通过客户端软件访问数据库服务器。同时 Oracle 数据库也提供对 N-tier 体系结构的支持。一个运行着的 Oracle 数据库就可以看成是一个 Oracle Server，由实例(Instance)和数据库(Database)组成。

2.3.1 Oracle 体系结构

Oracle 11g 具有丰富的、强大的体系结构。数据库的体系结构是指数据库的组成、工作过程与原理，以及数据在数据库中的组织与管理机制，如图 2.2 所示。

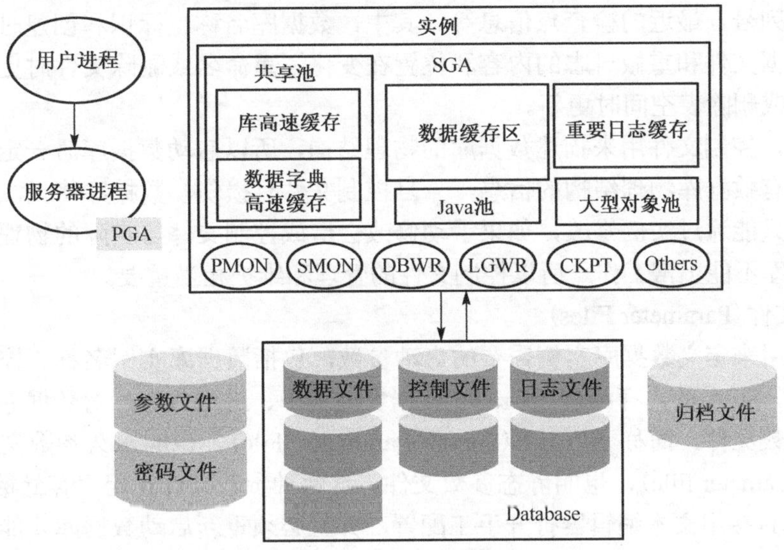

图 2.2　Oracle 11g 基本架构

1. 物理结构

物理数据库结构是由构成数据库的操作系统文件所决定的，Oracle 数据库文件如下。

1) 数据文件(Data File)

数据文件用来存储数据库中的全部数据和 Oracle 系统数据的文件，包括数据字典数据、用户表数据、用户索引等。例如，数据库表中的数据和索引数据通常为*.dbf 格式，是磁盘物理文件，如 userCIMS.dbf。

2) 重做日志文件(Redo Log Files)

重做日志文件也叫联机重做日志文件(Online Redo Log Files)，是数据库必需文件，用于记录数据库所有发生过的变化，包括用户数据的变化及数据库内部变化，重做日志文件主要用于数据恢复，包括实例恢复和介质恢复。如果因为断电、操作系统异常等问题导致实例失败，Oracle 会在实例重启时利用重做日志文件将系统恢复到失败前的时刻，如果出现介质损坏，Oracle 也能使用数据文件和重做日志文件将磁盘驱动器的内容恢复到某个时间点。重做日志文件是保证数据库安全与数据库备份和恢复有直接关系的文件。

当用户执行一些 SQL 语句后提交时，数据库首先将这些事务变化存储到重做日志文件中

（由 LGWR 进程负责），只有写入日志文件成功，事务才算完成，可以将成功信息返回给用户，这时系统并不关心 SGA 中的脏数据块是否被全部成功写入了数据文件中，这就是所谓的快速提交机制。数据库可以从日志文件中获取所有数据库中所发生的数据交易信息。通过这种优先写日志文件的方式，提高执行效率并保证数据的正确和一致性。基于这种机制，重做日志文件在数据库的实例恢复和介质恢复时至关重要，是 Oracle 数据库最重要的物理文件之一。

3）控制文件（Control File）

每个 Oracle 数据库都有相应的控制文件，它们是较小的二进制文件，用于记录数据库的物理结构，如数据库名、数据库的数据文件，日志文件的名字和位置等信息，用于打开、存取数据库。控制文件和数据文件一样，也是数据库的必备文件。文件名通常为*.ctl 格式，如 Ctrl1CIMS.ctl。

控制文件的内容包括数据库的名称和创建时间，数据文件的名称和位置，表空间的信息，当前的日志序列号，最近的检查点信息等。其中，数据库名称、标识和创建时间在数据库创建时写入；数据文件和重做日志的内容和位置在变化，重命名或删除文件时更新数据；表空间信息在增加或删除表空间时更新。

简单地说，控制文件用来描述数据库的物理结构，所以启动数据库时一定要首先在控制文件中获得所有数据库物理结构的信息，一旦控制文件有损伤，数据库将无法顺利启动。而且，控制文件只能通过实例修改，如果手动修改会造成控制文件与实际的物理信息不符合，也会导致数据库不能正常工作。所以控制文件的管理和维护相当重要。

4）参数文件（Parameter Files）

参数文件用来定义数据库实例需要的启动参数，包括数据库实例名称、控制文件所在的路径和文件名、SGA 的内存结构、Oracle 数据块的大小、进程数等，对数据库的性能影响很大。服务器参数文件，简称 SPFILE（Server Parameter File），也叫永久参数文件；另外还有 PFILE（Text Parameter File），也叫静态参数文件。这两种参数文件是用来存储数据库参数的，但 PFILE 可以直接用文本编辑器打开手工配置，并且必须重新启动数据库才能使参数生效；而 SPFILE 通常是由数据库自动维护，如果要修改，必须在数据库启动后，通过 SQL 命令在线修改，所修改的参数自动写入 SPFILE 中。

5）密码文件/跟踪文件/警告日志

（1）密码文件是数据库系统用于验证特权用户（SYSDBA 和 SYSOPER）权限的二进制文件。

（2）跟踪文件包括后台跟踪文件和用户进程跟踪文件，记载出错时写入的信息。

（3）警告日志记录数据库的启动关闭、增加或删除数据文件、新建或删除表空间等例行操作，以及一些重要的错误信息，如数据库损坏错误、Oracle 内部错误等。从 Oracle 11g 版本开始，以 XML 与传统的文本两种格式提供警告日志。数据库管理员应该经常检查该日志，并对出现的问题做出及时处理。

2. 逻辑结构

Oracle 数据库的逻辑结构描述了数据库从逻辑上如何存储数据库中的数据。逻辑结构包括表空间、段、区、数据块和模式对象。数据库的逻辑结构将支配一个数据库如何使用系统的物理空间，模式对象及其之间的联系则描述了关系数据库之间的设计。

一个数据库从逻辑上说是由一个或多个表空间（table space）所组成，表空间是数据库中物理编组的数据仓库，每一个表空间是由段（segment）组成，一个段是由一组区（extent）组成，一个区是由一组连续的数据库块(database block)组成，而一个数据库块对应硬盘上的一个或多个物理块。一个表空间存放一个或多个数据库的物理文件(即数据文件)，一个数据库中的数据被逻辑地存储在表空间上。

1）表空间

Oracle 数据库被划分为一个或多个称为表空间的逻辑结构，表空间由一个或多个数据文件组成，一个数据文件只能属于一个表空间。在 Oracle 数据库安装并创建了数据库后，系统自动创建多个表空间，包括 SYSTEM 表空间、SYSAUX 表空间和 USES 表空间等。

(1) 系统表空间用于存放 Oracle 数据库系统表和数据字典，一般不放用户的数据表。

(2) SYSAUX 表空间是 Oracle 11g 新增加的表空间，用来存放 Oracle 数据库中样例用户中的对象，这个表空间不建议用户使用，由数据库内部维护。

(3) 用户表空间一般用来存取用户数据。

如果一个表空间被指定为临时表空间，则这个表空间是永久性的，但是保存的数据段是临时的。Oracle 使用临时表空间来支持如创建索引和连接处理这样的排序操作。临时数据段和永久对象不应该存储在相同的表空间中。将不同用途的数据存放在不同表空间中，这样可以平衡系统 I/O，提高数据库的整体性能。

2）数据库块

数据库块也称逻辑块或 Oracle 块，它对应磁盘上一个或多个物理块，是数据库的最小 I/O 处理单元。

3）区

区也被称为扩展，是由一组连续的数据块所组成的数据库存储空间分配的逻辑单位，由相邻的数据块组成。当一个区被占满，再有新的数据插入时，Oracle 会自动扩展该表段，分配一个新的区。

4）段

段是一个或多个不连续的区的集合，它包括一个表空间内特定逻辑结构的所有数据，段不能跨表空间存放。Oracle 数据库包括数据段、索引段、临时段和回滚段等。

5）模式对象(schema object)

Oracle 数据库的模式对象包括表、视图、序列、同义词、索引、触发器和存储过程。

从逻辑结构看，一个表空间包含许多段，每个段由一些可以不连续的区组成，每个区由一组连续的数据块组成，数据块是数据库进行操作的最小单位。

从物理结构看，多个数据文件、组成和控制文件，以及重做日志文件构成数据库(Database)，数据库通过实例(Instance)来管理。

从逻辑结构和物理结构的关系看，一个表空间由一到多个数据文件组成，一个 Oracle 块由多个操作系统块构成。

2.3.2 Oracle 服务器结构

Oracle 11g 的服务器由 Oracle 数据库和 Oracle 实例组成。下面通过几方面来介绍 Oracle 服务器结构。

1. 系统全局区(SGA)

系统全局区(System Global Area)是所有用户进程共享可读写的内存区域，也就是说，SGA

中的数据资源可以被多个用户进程共同使用，与 Oracle 后台程序组成数据库实例。SGA 主要由高速数据缓冲区、共享池、重做日志缓存区、Java 池和大型池等内存结构组成，如图 2.3 所示。SGA 随着数据库实例的启动而加载到内存中，当数据库实例关闭时，SGA 区域也就消失了。

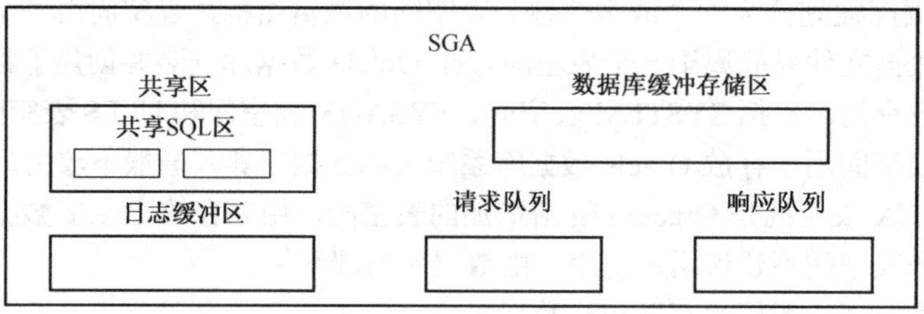

图 2.3　系统全局区

2. 程序全局区(PGA)

程序全局区(Program Global Area)也可称作用户进程全局区，它的内存区在进程私有区而不是共享区中。虽然 PGA 是一个全局区，可以把代码、全局变量和数据结构都存放在其中，但区域内的资源并不像 SGA 一样被所有的用户进程所共享，而是每个 Oracle 服务器进程都只拥有属于自己的那部分 PGA 资源。

在程序全局区(PGA)中，一个服务进程只能访问属于它自己的那部分 PGA 资源区，各个服务进程的 PGA 区的总和即为实例的 PGA 区的大小。PGA 的可变区域部分分为 3 个主要区域：私有 SQL 区域、游标和 SQL 区域、会话内存。

3. 前台进程

(1) 用户进程。用户进程是指那些能够产生或执行 SQL 语句的应用程序，无论是 SQL*Plus，还是其他应用程序，只要是能生成或执行 SQL 语句，都被称作用户进程。

(2) 服务器进程。服务器进程用于处理用户会话过程中向数据库实例发出的 SQL 语句或 SQL*Plus 命令，它可以分为专用服务器模式和共享服务器模式。

4. 后台进程

Oracle 后台进程是一组运行于 Oracle 服务器端的后台程序，是 Oracle 实例的重要组成部分。进程包括 DBWR、CKPT、LGWR、ARCH、SMON、PMON、LCKN、RECO、DNNN、SNPN。其中 SMON、PMON、DBWR、LGWR 和 CKPT 这 5 个后台进程必须正常启动，否则将导致数据库实例崩溃。

(1) PMON 进程监视，监控用户进程是否正常。

(2) SMON 系统监视，实时监控整个 Oracle 状况。

(3) DBWR 数据写入进程，负责把缓冲区的脏数据写到磁盘上。

(4) LGWR 日志写入进程，把 SGA 中 redo log buffer 的信息写到 redo log file 的进程。

(5) CKPT 检查点进程，用来更新数据文件头。

除了以上 5 种后台进程，此外还有很多辅助进程，用于实例相关的辅助功能，如果这些辅助进程发生问题，只是某些功能受到影响，一般不会导致数据库实例崩溃。

2.4 Oracle 11g 的安装和卸载

在学习 Oracle 之前，我们首先需要下载和安装这个软件。Oracle 可以在 Windows 系统、Linux 系统、苹果的操作系统等多个操作系统上使用。鉴于目前用户大多使用的是 Windows 操作系统，为了方便读者学习，本节将讲授 Oracle 11g 在 Windows XP 系统中的安装过程。

2.4.1 安装环境

一个软件的使用对计算机的环境都是有要求的，这个要求既包括计算机的硬件环境，也包括计算机的软件环境。下面讲述 Oracle 11g 第二版安装与运行的条件。

1. 硬件环境

在安装 Oracle 之前，请检查一下自己的计算机硬件是否符合 Oracle 要求的最低硬件配置，如表 2.1 所示。

表 2.1 硬件要求

硬件项目	项目要求	硬件项目	项目要求
物理内存	1GB 以上	硬盘空间	10GB
可用物理内存	50MB 以上	系统体系结构	32bit
虚拟内存	物理内存的 2 倍左右	处理器	550MHz 以上，建议 1GMHz 以上

2. 软件环境

除了满足计算机硬件条件外，Oracle 11g 对软件环境也有一定的要求。在有些操作系统上就无法安装该软件，如 Windows 98、Windows NT 等。满足要求的软件安装环境如表 2.2 所示。

表 2.2 软件要求

软 件 项 目	项 目 要 求
操作系统	Windows 2000 SP1 版以上 Windows Serber 2003 所有版本 Windows Server 2003 R2 所有版本 Windows XP 专业版 Windows Vista 商务版、企业版、全功能版 Windows 2008
网络协议	支持 TCP/IP、SSL 加密的 TCP/IP、命名管道

2.4.2 数据库服务器的安装

Oracle 的安装对初学者来说并不复杂，只要按照向导提示操作就能够完成。本节主要讲解 Oracle 11g 在 Windows XP 系统中的具体安装步骤。

1. 获取安装文件

(1) 用户可以从多种途径获取 Oracle 安装软件，最方便的办法就是从 Oracle 的官方网站下载该软件。 Oracle 软件用于个人学习是免费的，但如果是商业用途，则需要缴纳费用。Oracle 的官方网站地址是：http://www.oracle.com/index.html。

(2) 安装程序成功下载后，将会得到如图 2.4 所示的 2 个文件。

(3) 对安装程序进行解压，解压到同一个目录下，得到 database 文件夹，文件组织如图 2.5 所示。其中 setup.exe 就是安装 Oracle 的可执行文件。

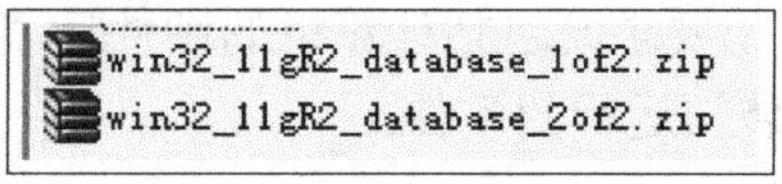

图 2.4　Oracle 安装程序

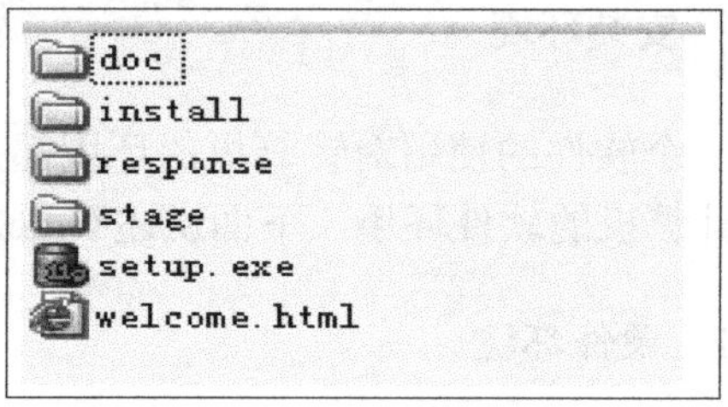

图 2.5　Oracle 安装程序解压文件

2. 安装 Oracle 11g 软件

(1) 配置安全更新。双击如图 2.5 所示的 setup.exe 文件，弹出如图 2.6 所示的安装界面。填写自己的电子邮件， 一般不勾选复选框。如果没有填写电子邮件地址，将会出现如图 2.7 所示的提示信息，不影响安装。单击“是(Y)”，继续安装。

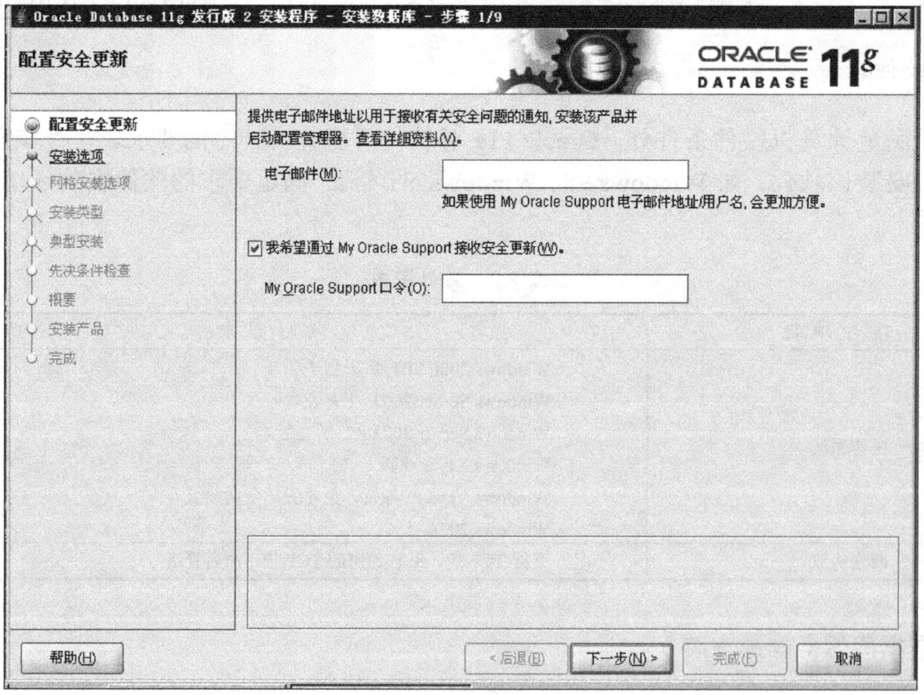

图 2.6　配置安全更新

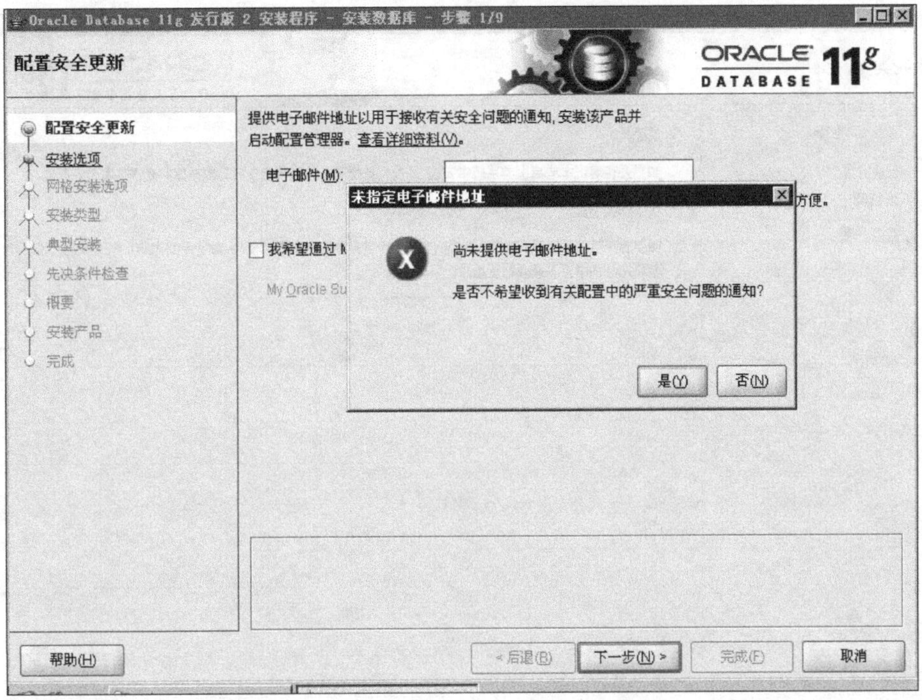

图 2.7　提示信息

(2) 选择“安装选项”。单击“下一步”按钮，打开如图 2.8 所示的界面，选择安装选项。

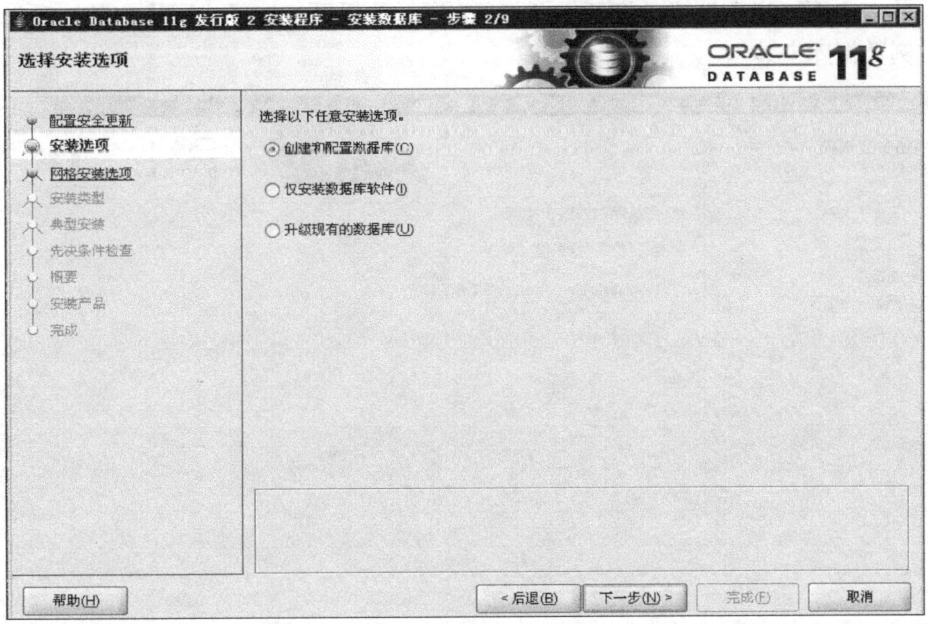

图 2.8　选择安装选项

这里有 3 个选项，选择“创建和配置数据库”。如果选择“仅安装数据库软件”，需要在安装完成后自行创建数据库。

(3) 单击“下一步”按钮，打开如图 2.9 所示的界面，选择“系统类”。勾选第二个，选择“服务器类”，因为“桌面类”没有高级选项的功能。

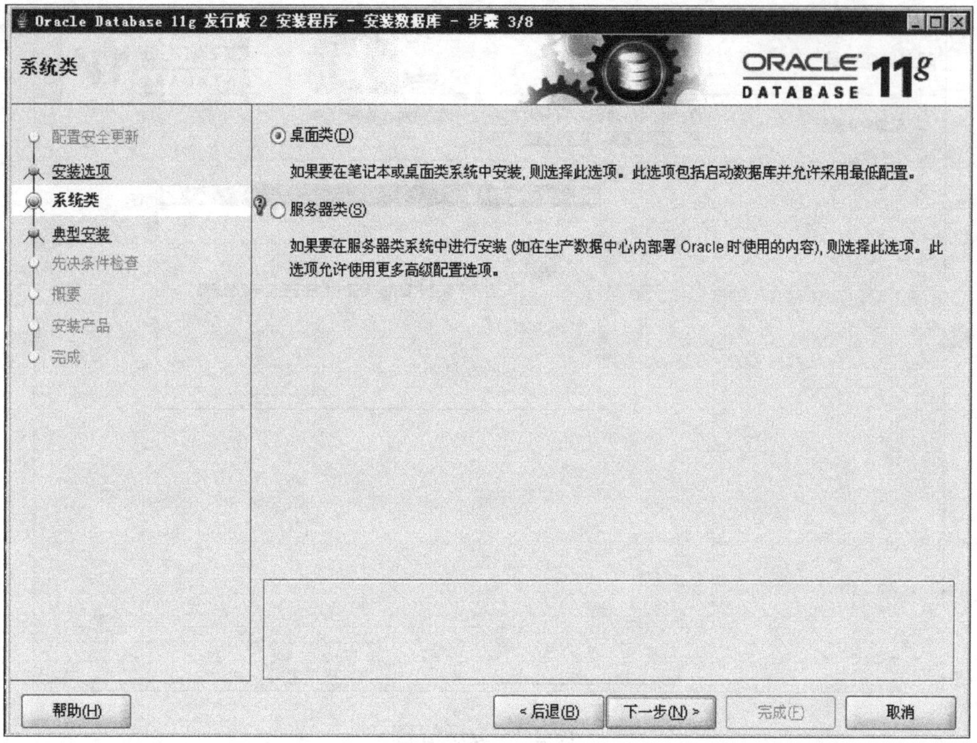

图 2.9　选择系统类

(4) 单击“下一步”按钮，打开如图 2.10 所示的界面，选择“网格安装选项”。这里选择“单实例数据库安装”。

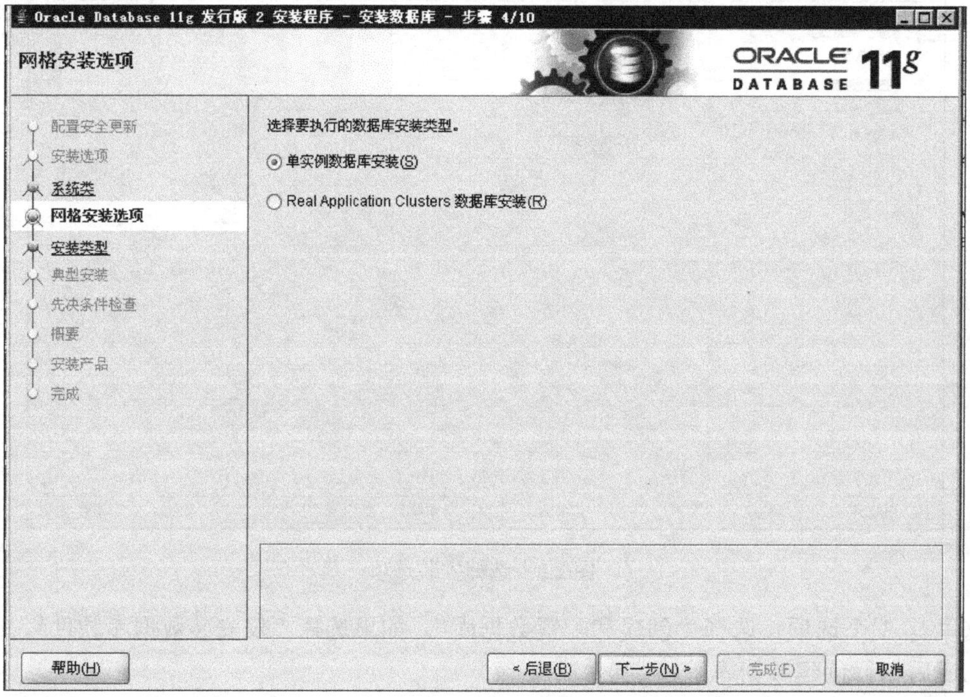

图 2.10　网格安装选项

单击“下一步”按钮，进入如图 2.11 所示的安装类型选项。选择“高级安装”。

单击“下一步”按钮，进入如图 2.12 所示界面。选择高级语言，如果数据库内没使用别的语言，使用默认的就可以。

单击“下一步”按钮，进入如图 2.13 所示界面，选择安装版本。这里使用的是“企业版”。

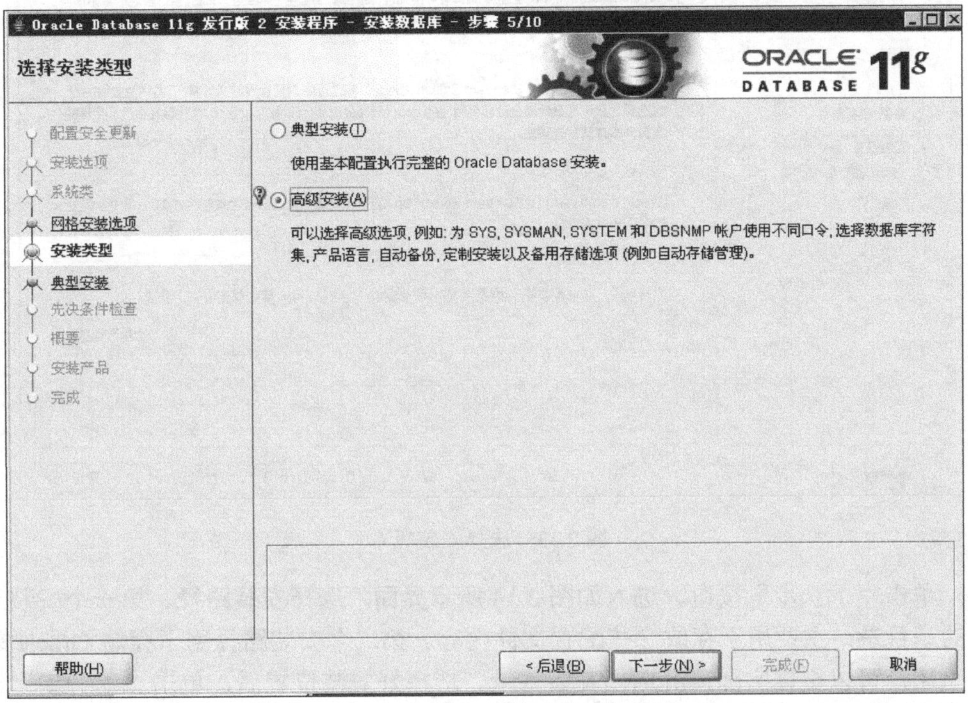

图 2.11　选择安装类型

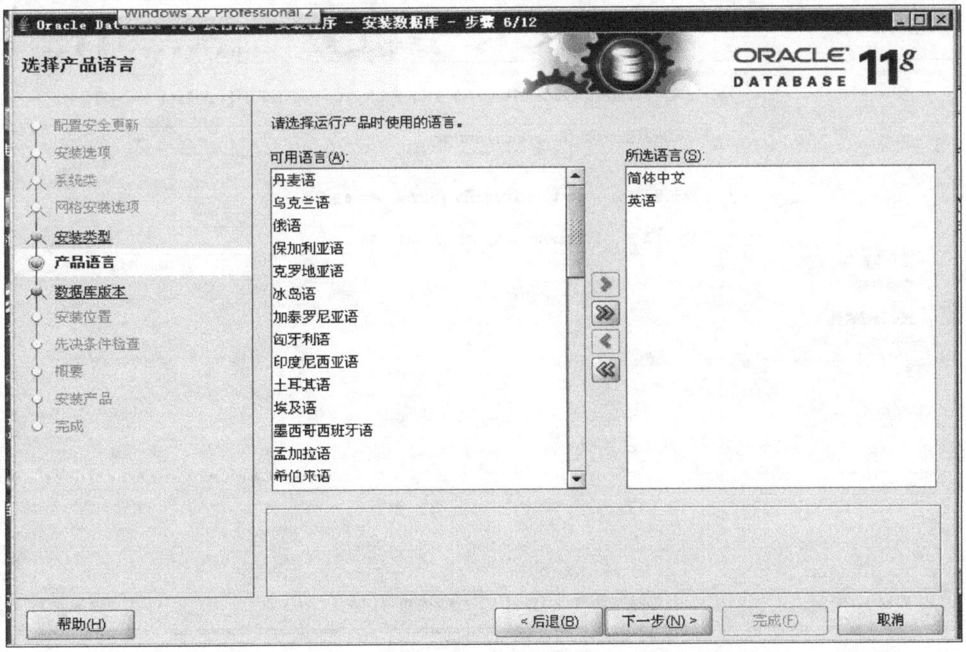

图 2.12　选择产品语言

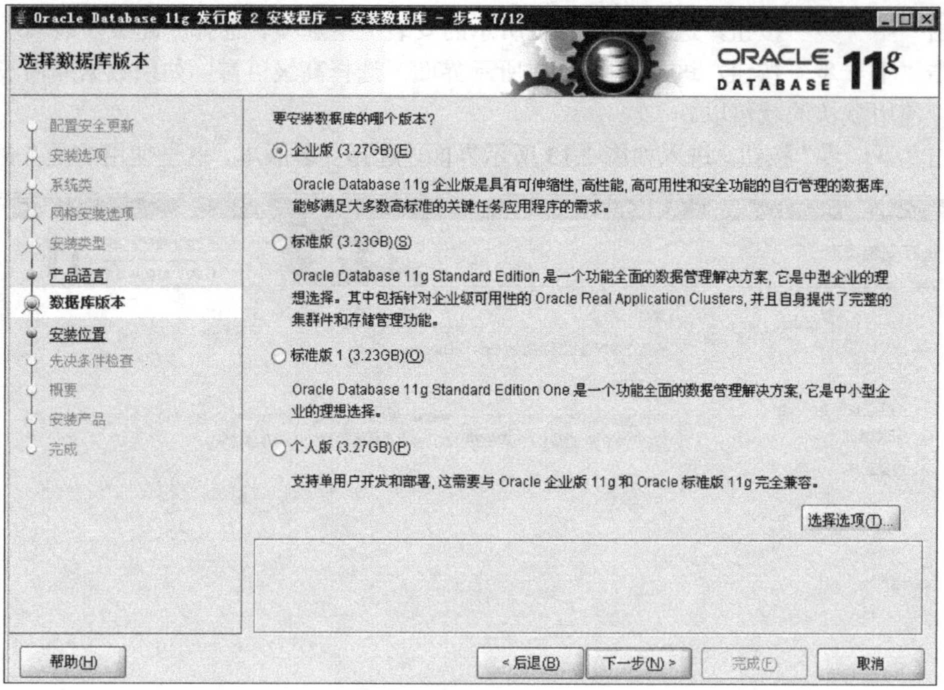

图 2.13　选择安装版本

（5）单击“下一步”按钮。进入如图 2.14 所示界面，选择安装路径。第一个安装路径是 Oracle 的基目录，主要用于存放一些配置文件内容。第二个安装路径用于存储 Oracle 软件文件。这里用户可以根据实际情况选择安装目录。选择好安装位置后，单击“下一步”按钮，打开如图 2.15 所示的“选择配置类型”界面。选择“一般用途/事务处理”选项。

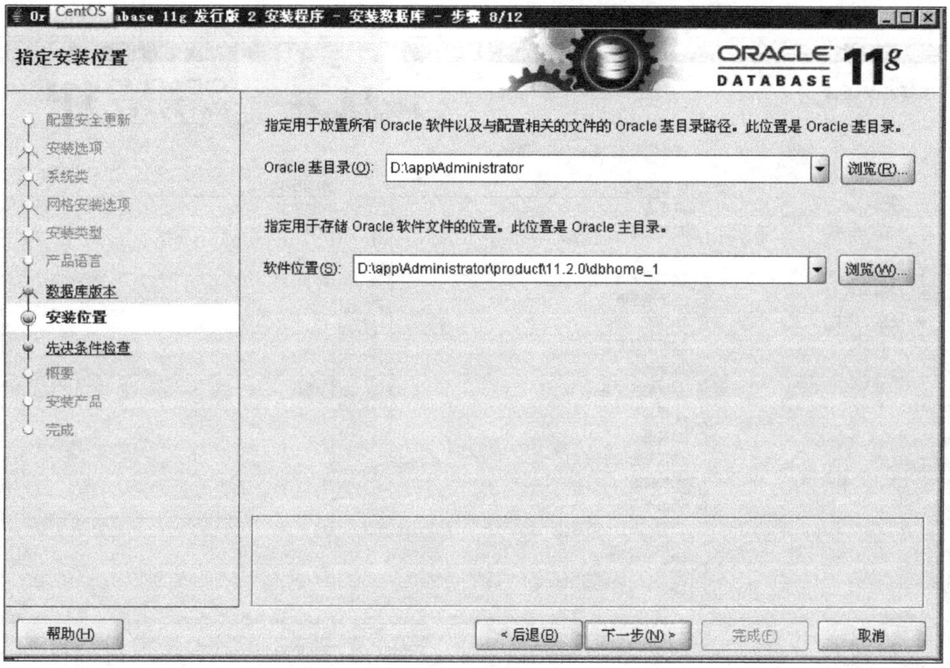

图 2.14　选择安装位置

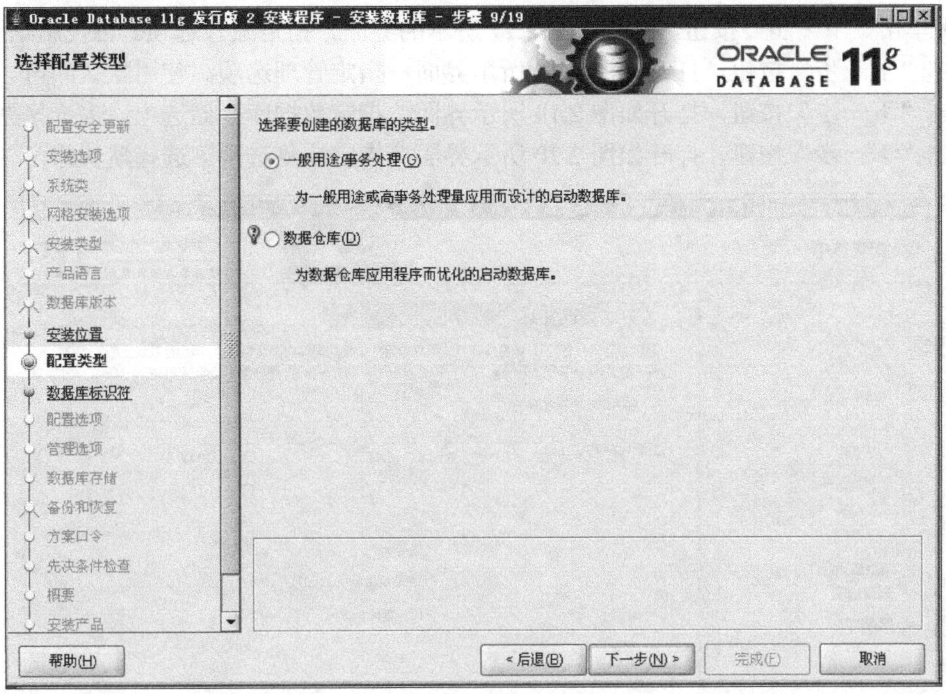

图 2.15　选择配置类型

(6) 指定数据库标识符及其他配置选项。单击“下一步”按钮，打开如图 2.16 所示的界面。“全局数据库名”是提供给数据库的名称，可唯一地标识数据库，以使数据库与网络中的其他数据库区分开，可以自己定义。Oracle 服务标识符也可以自己定义。一般这两项使用默认的即可。

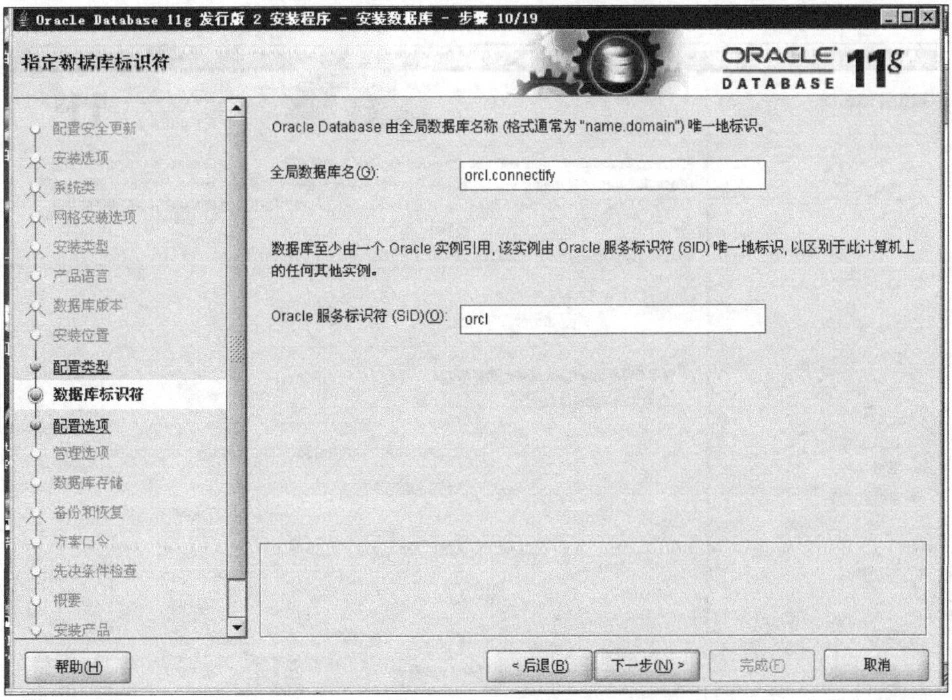

图 2.16　指定数据库标识符

(7) 单击“下一步”按钮，打开如图 2.17 所示的界面，指定配置选项。可使用默认的值。单击“下一步”按钮，打开如图 2.18 所示界面，指定管理选项。使用默认即可。单击“下一步”按钮，打开如图 2.19 所示界面，指定数据库存储选项。也选择默认。单击“下一步”按钮，打开如图 2.20 所示界面，指定恢复选项。选择默认即可。

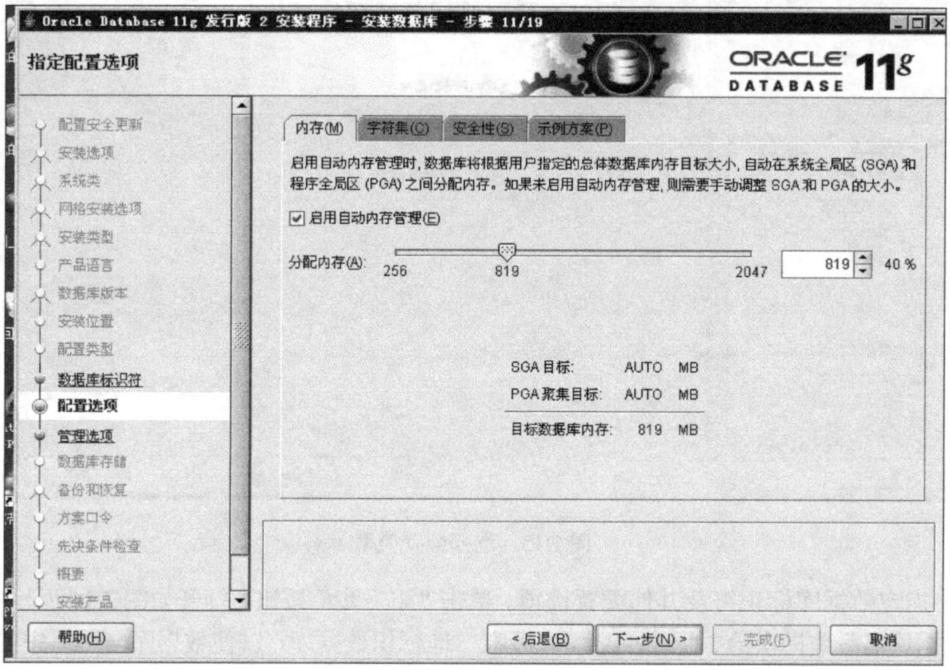

图 2.17　指定配置选项

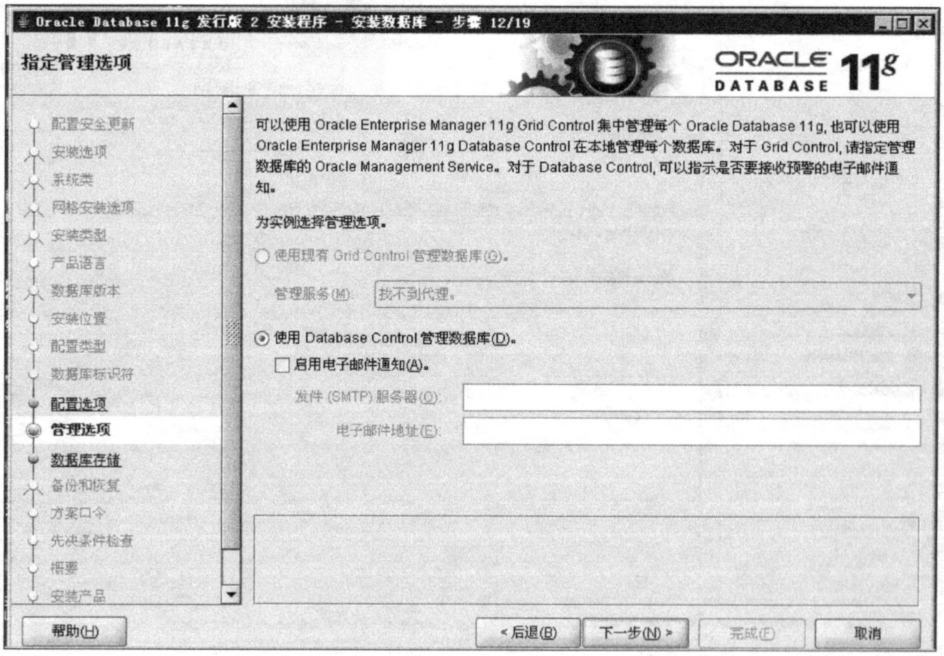

图 2.18　指定管理选项

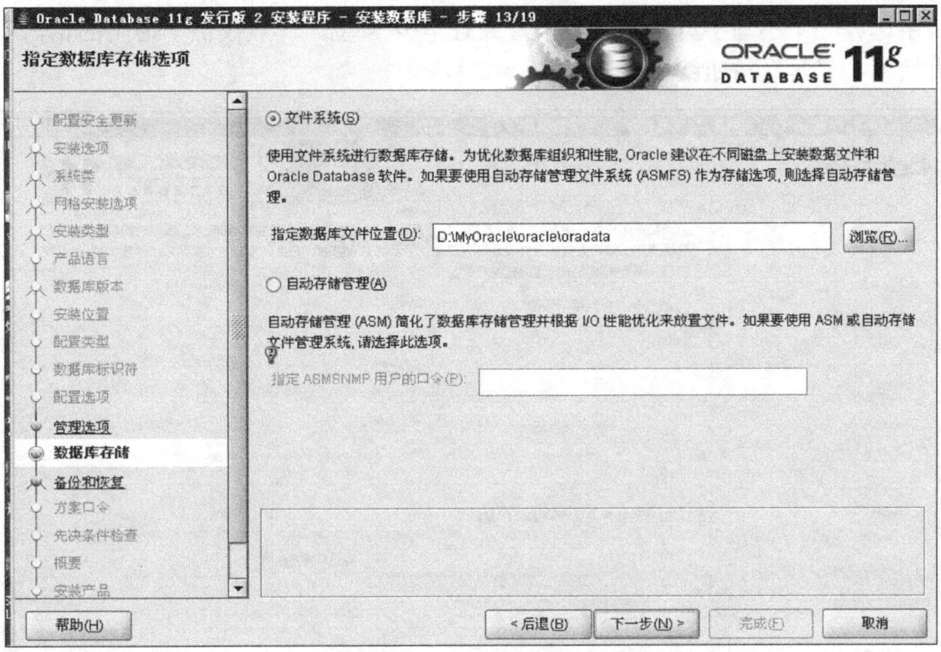

图 2.19　指定数据库存储选项

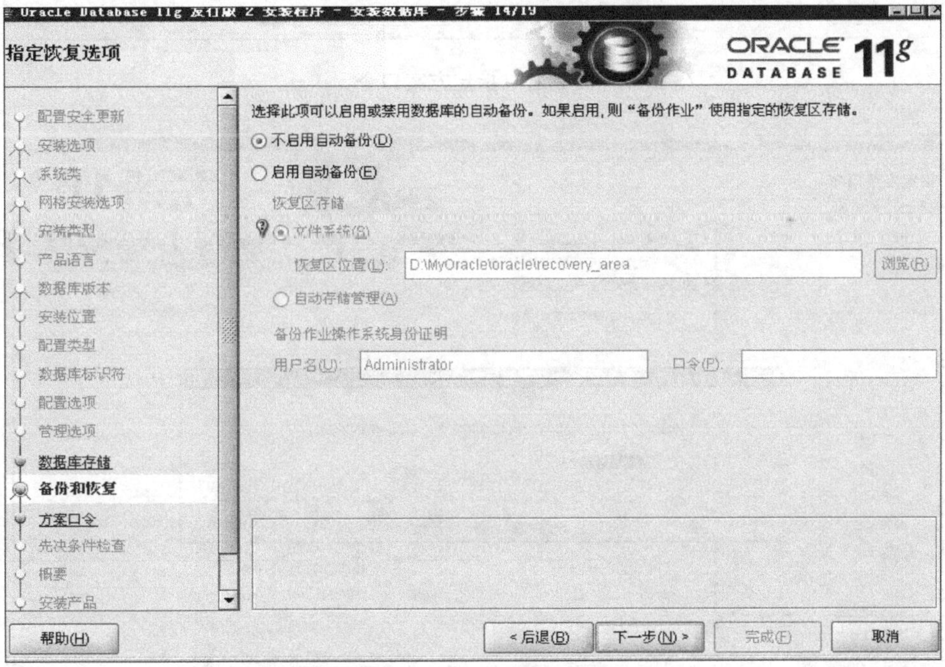

图 2.20　指定恢复选项

(8) 配置口令。单击“下一步”按钮，打开如图 2.21 所示界面，指定方案口令。如果仅仅是为了学习的话，对所有账户使用相同的口令就行。如果有高级应用，可以分别设置口令，这几个用户权限是不同的。注意，设置的这个口令，必须以字母开头，以数字开头的话，后面会有很多问题的。

有时输入口令后，会弹出如图 2.22 所示窗口。在这里需注意，Oracle 推荐口令包含至少一个大写字母、一个小写字母、一个数字，并且至少 8 位，一般仅供学习用的话，不用在意这个，直接单击“是”按钮就行。

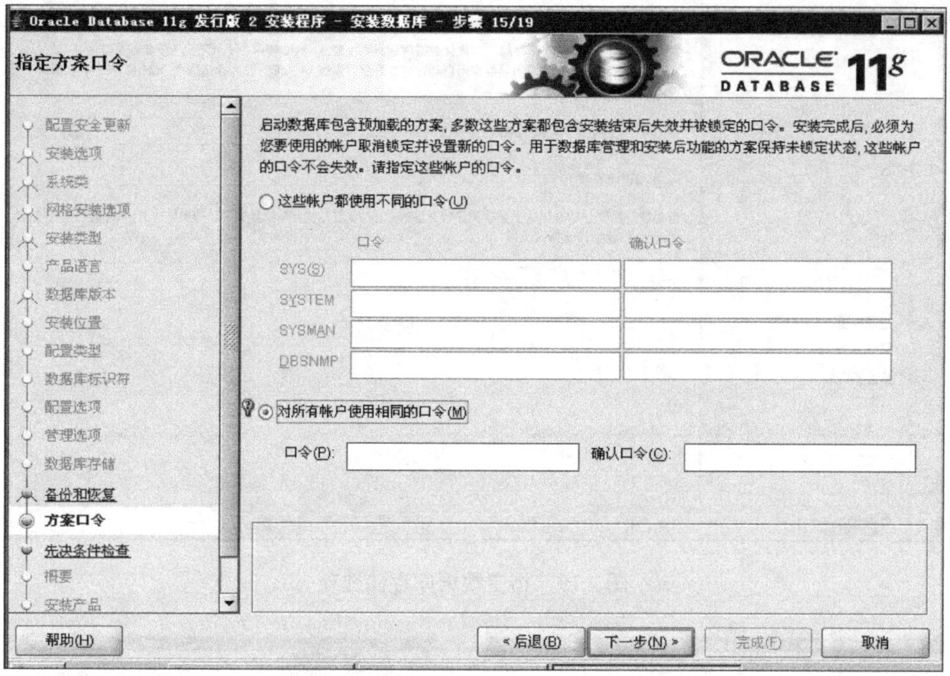

图 2.21　指定方案口令

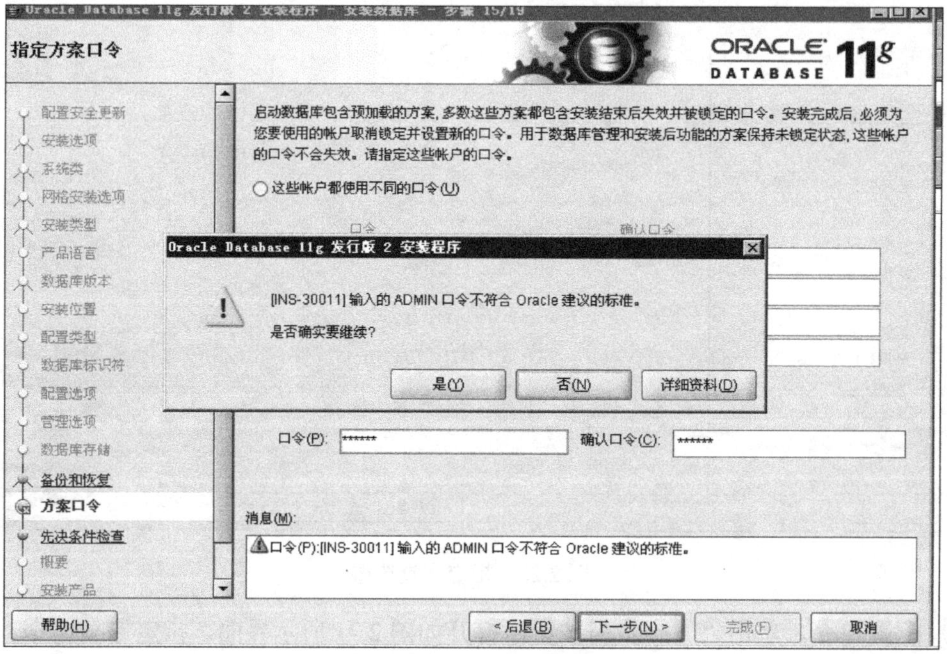

图 2.22　口令警示信息

(9) 检查安装环境。单击“下一步”按钮，打开如图 2.23 所示界面，执行先决条件检查。环境检测完后，有的可以直接单击“下一步”按钮，有的会出现如图 2.24 所示界面，这时若是如图 2.24 所示，全部选择“忽略”即可。单击“下一步”按钮，会出现图 2.25 所示界面。

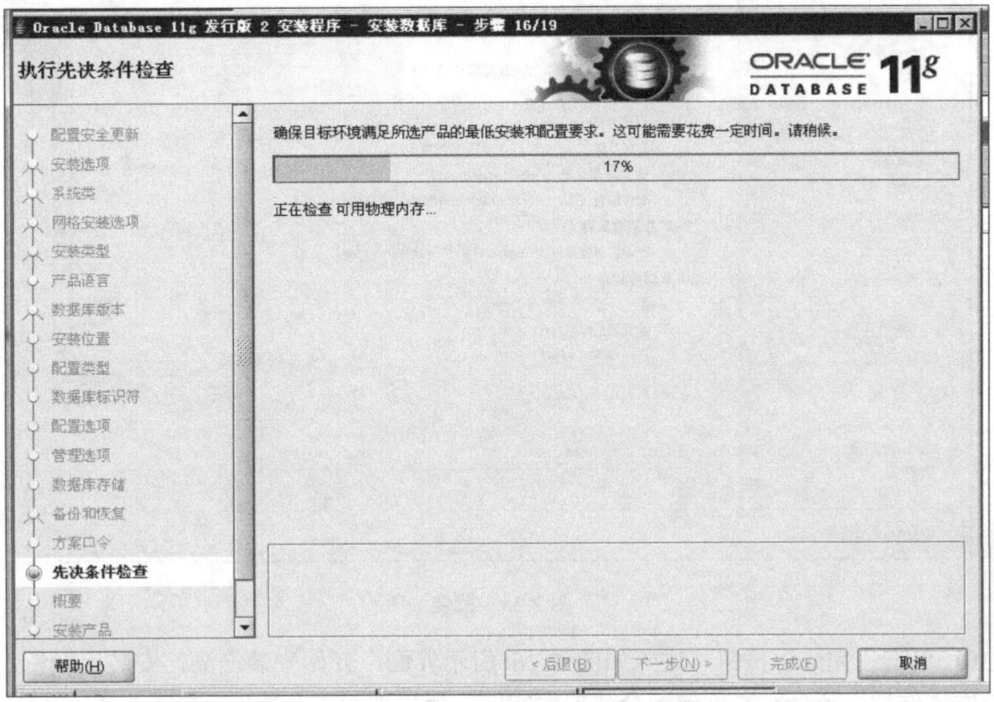

图 2.23　执行先决条件检查

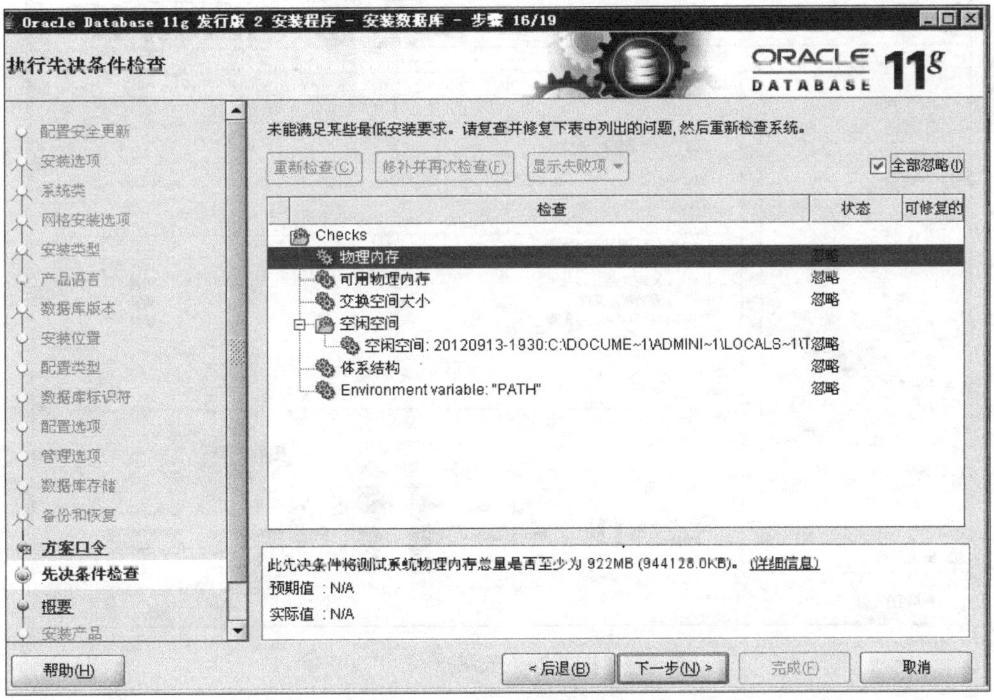

图 2.24　先决条件检查结果

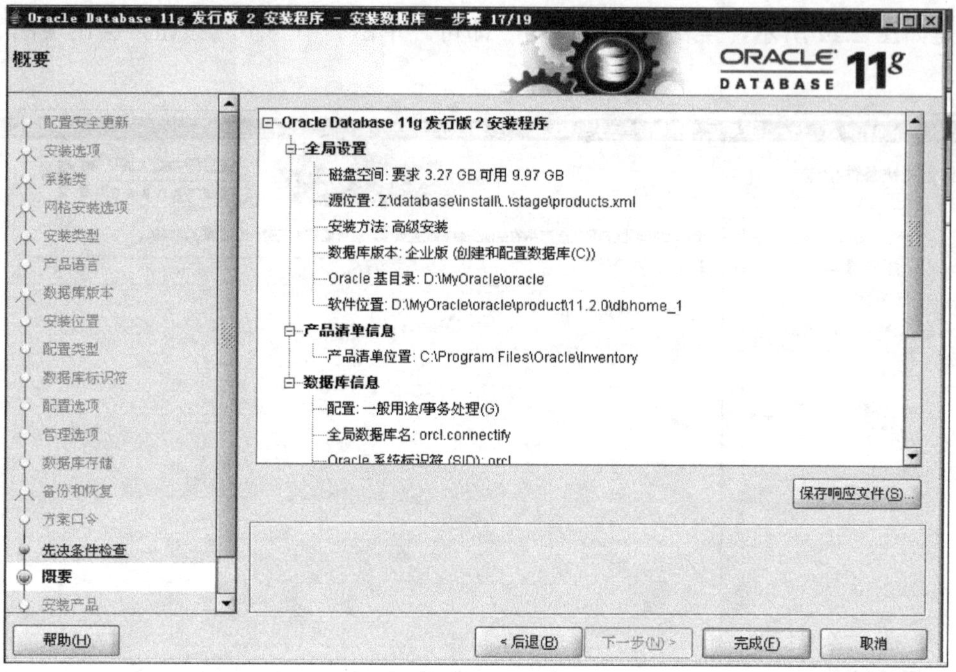

图 2.25　概要

（10）单击“完成”按钮，进入如图 2.26 所示界面，开始安装产品。安装比较慢，安装完数据库软件后，还会接着创建一个数据库实例，所以要等上一段时间。

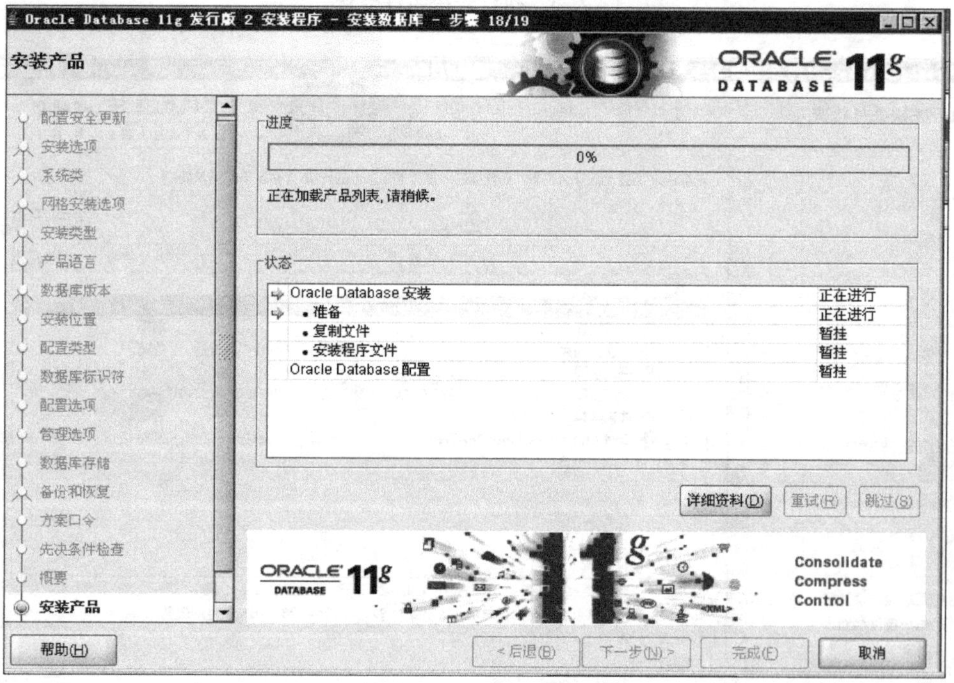

图 2.26　安装产品

安装完后出现如图 2.27 所示界面，单击“确定”按钮，至此 Oracle 的安装就完成了。

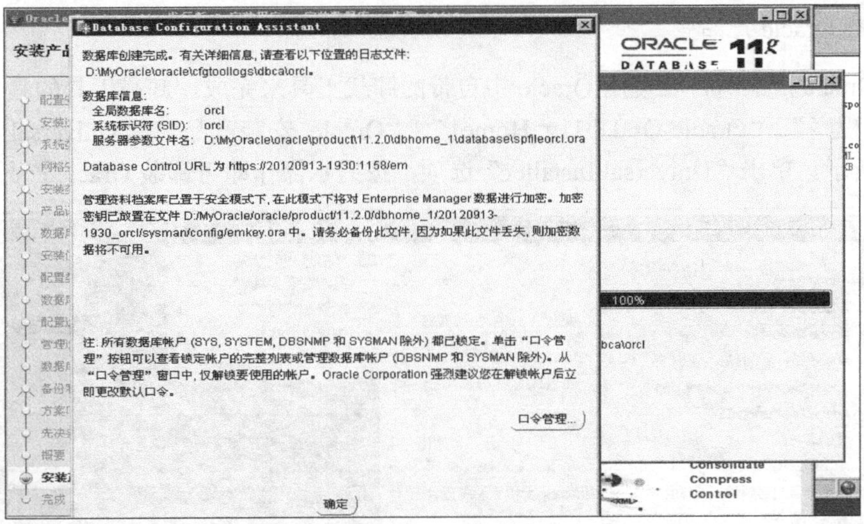

图 2.27　安装成功

2.4.3　Oracle 11g 的卸载

有时候 Oracle 会存在卸载不干净、导致再次安装失败的情况。本节主要讲解如何完全移除 Oracle。

1. 停止服务

Windows 7 用户可以在 Windows 中选择“任务管理器”|“服务”，关闭其中以 Oracle 开头的所有服务；Windows XP 用户可以在“我的电脑”中右击“管理”，选择“服务和应用程序”|“服务”，找到所有以 Oracle 开头的服务，关闭它们。

用户也可以在“开始”|“运行”框中输入 services.msc 命令，打开服务列表，关闭所有以 Oracle 开头的服务，如图 2.28 所示。

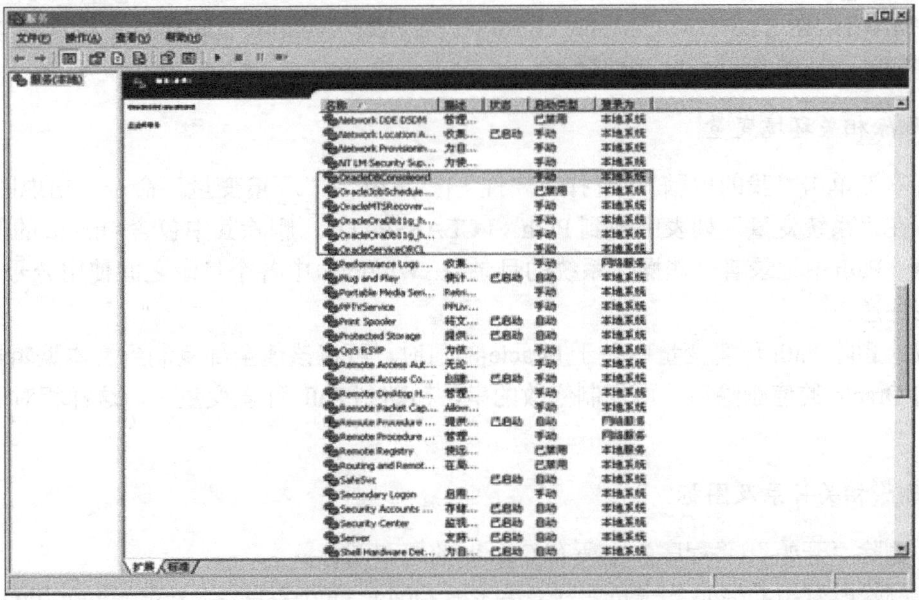

图 2.28　服务列表

2. 卸载 Oracle 产品

卸载 Oracle 产品时，要使用 Oracle 中自带的卸载工具来完成。卸载工具的具体路径为："开始" | "程序" | "Oracle-OraDb11g_Home1" | "Oracle 安装产品" | "Universal Installer"，如图 2.29 所示。单击"Universal Installer"选项，按提示操作即可卸装 Oracle 产品。

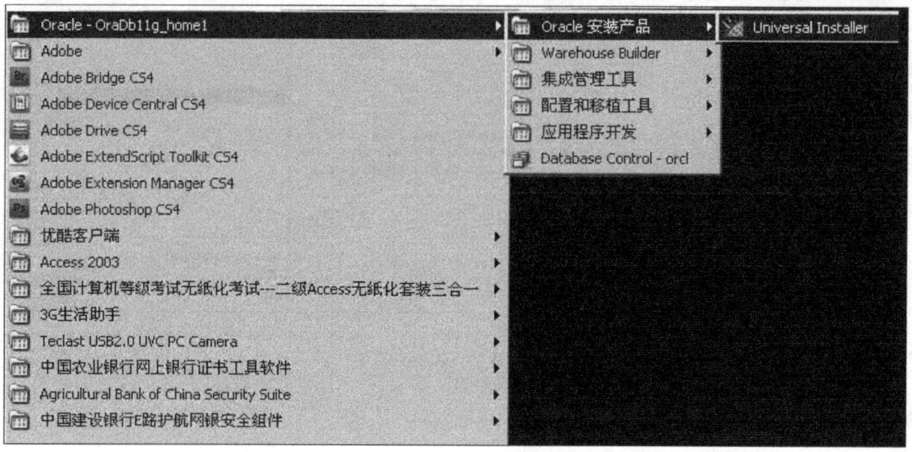

图 2.29　卸载软件

3. 删除注册表相关项

选择"开始" | "运行"，在文本框中输入 regedit 命令，可直接进入注册表菜单窗口。

删除 HKEY_LOCAL_MACHINE/SOFTWARE/ORACLE 目录。该目录是 Oracle 在注册表中的主项，注册着 Oracle 数据库的软件安装信息。

删除 HKEY_LOCAL_MACHINE/SYSTEM/CurrentControlSet/Services 中以 Oracle 开头的键，这个键标识了 Oracle 在 Windows 下注册的各种服务。

将 HKEY_LOCAL_MACHINE/SYSETM/CurrentControlSet/Services/Eventlog/application HKEY_LOCAL_MACHINE/SYSETM/CurrentControlSet/Services/Eventlog/application 中所有以 Oracle 开头的键删除。该键是 Oracle 事件日志。

4. 删除相关环境变量

鼠标右键单击"我的电脑"，选择"属性" | "高级" | "环境变量"命令，出现图 2.30 所示界面。在"系统变量"列表中找到 Path 和 CLASSPATH，删除其中包含 Oracle 的值。

注意　Path 中记录着一些操作系统的目录，在 Windows 中各个目录之间使用分号(;)隔开，删除时应注意。

建议　删除 Path 环境变量中关于 Oracle 的值时，可将该值全部复制到文本编辑器中，找到对应的 Oracle 的值删除后，再复制修改的串，粘贴到 Path 环境变量中，这样相对而言比较安全。

5. 删除相关目录及图标

(1) 删除"开始" | "程序"中所有 Oracle 的组和图标。

(2) 删除所有与 Oracle 相关的目录。包括：Oracle 的安装目录、c:\Program file\Oracle 目录、c:\Documents and Settings\系统用户名\LocalSettings\Temp 目录下的临时文件。

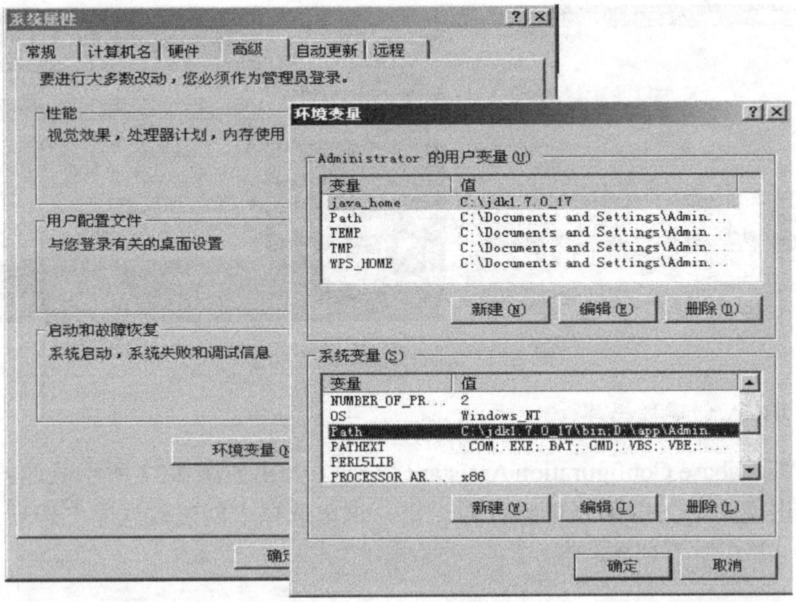

图 2.30　删除环境变量

注意　在删除安装目录下的 Oracle 相关文件时，可能存在个别文件无法删除的现象，如 BIN 目录下的 oci.dll 文件，它是软件安装后(不管成功与否)自动加载到系统中的。解决这个问题的唯一方法就是重启系统，然后再次对此文件进行删除。这样才算是彻底删除了 Oracle 软件。

2.5　Oracle 11g 的常用工具

2.5.1　数据库配置助手

1. 数据库配置助手概述

数据库配置助手(DataBase Configuration Assistant，DBCA)是基于 Java 的工具，主要用来创建数据库，以及在数据库中配置数据库选项，删除数据库和管理数据库模板。

当安装 Oracle 数据库应用，或在安装完 Oracle 数据库应用的操作系统中作为独立的工具时，都可以运行它。它提供了一个图形用户界面，按步骤指导数据库的创建及删除过程。启动 DBCA 之后，就可以通过图形界面进行数据库各项参数的配置。通过 DBCA 选择数据库选项后，许多通常需要手动执行的数据库创建任务会自动执行。使用 DBCA 可以从预定义的数据库模板列表中进行选择，也可以使用现有数据库作为创建模板的样本。

2. 数据库配置助手的启动

DBCA 的启动可以在命令行下直接运行：dbca。也可以直接在“开始”菜单中选择“程序”|“Oracle-OraDb11g_home1”|“配置移植工具”|“Database Configuration Assistant”选项，如图 2.31 所示。

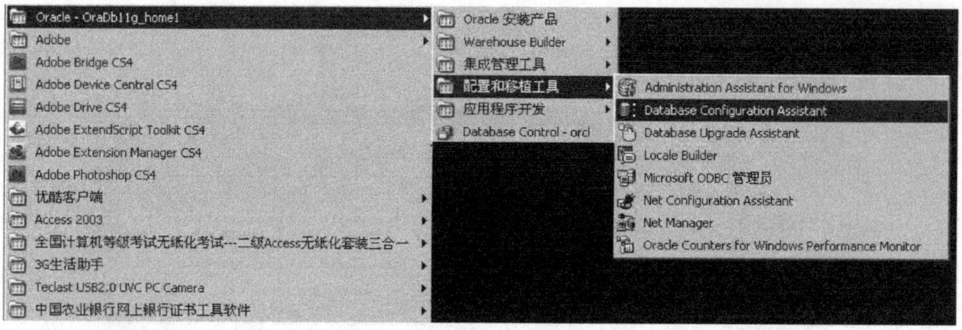

图 2.31　启动数据库配置助手

3. 使用 DBCA 创建数据库

(1) 选择“Database Configuration Assistant”选项，弹出如图 2.32 所示欢迎界面。单击“下一步”按钮，出现如图 2.33 所示的操作对话框，这里选择“创建数据库”选项。

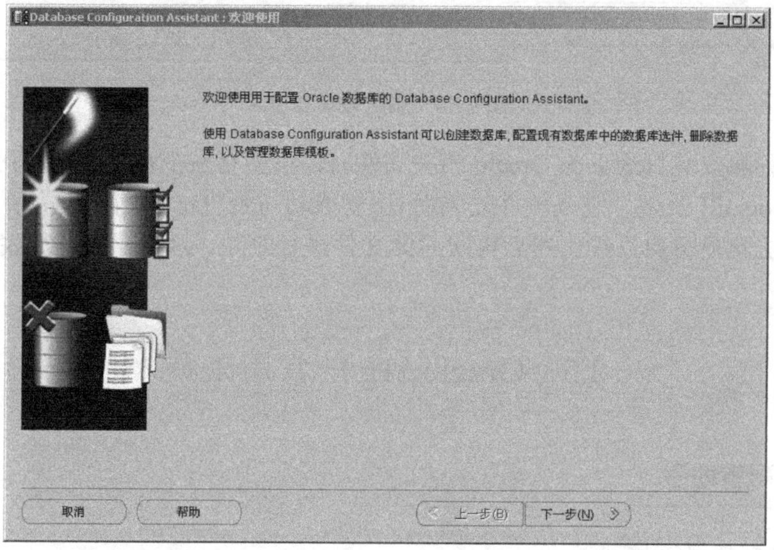

图 2.32　欢迎界面

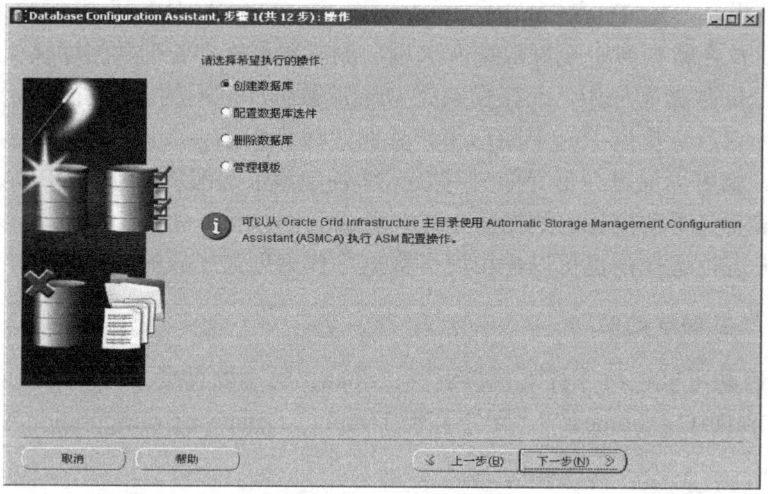

图 2.33　操作对话框

（2）单击“下一步”按钮，出现“数据库模板”对话框，模板是数据库的定义。在该对话框列出了 3 种模板供用户选择，如图 2.34 所示，选择默认选项即可。

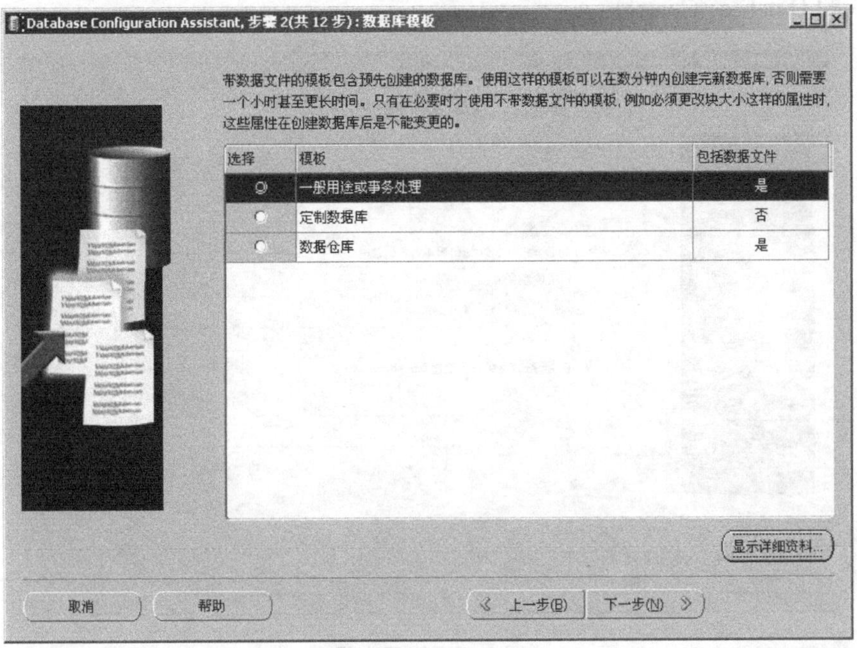

图 2.34　数据库模板

（3）单击“下一步”按钮，出现“数据库标志”对话框，如图 2.35 所示。需要定义一个数据库名称和 SID，SID 在同一计算机上不能重复，用于唯一地标识一个实例。

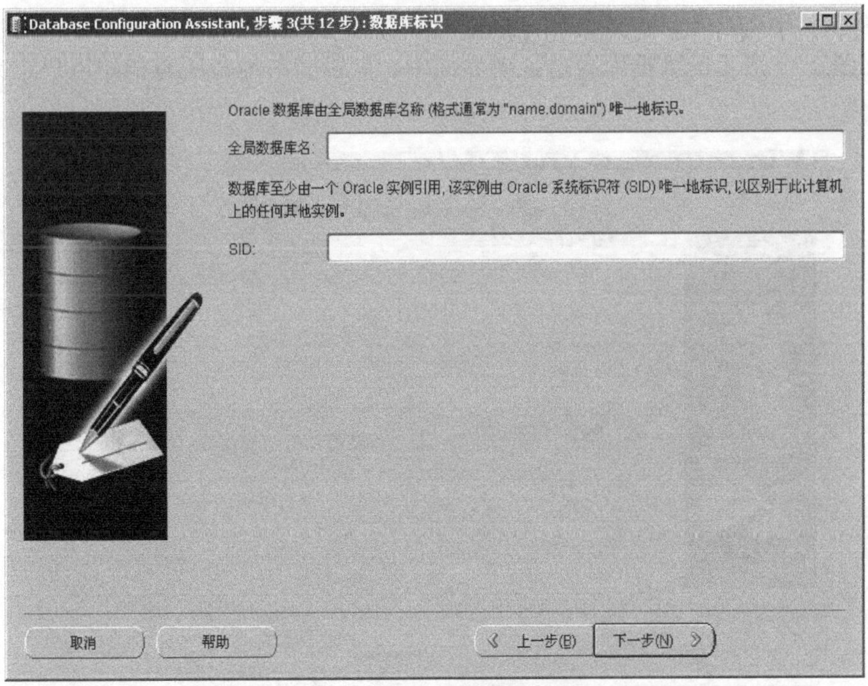

图 2.35　数据库标识

(4) 单击“下一步”按钮，进入如图 2.36 所示的“管理选项”界面。选择“配置 Enterprise Manger”配置数据库复选框即可，选择了这个选项，创建数据库时会自动配置 Oracle 10g 基于 Web 方式的 Database Control。

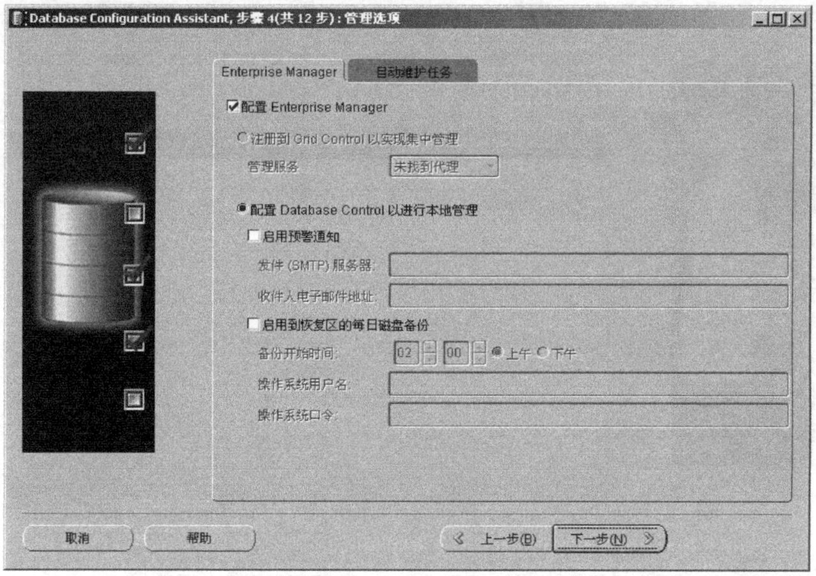

图 2.36　管理选项

(5) 单击“下一步”按钮，进入如图 2.37 所示的“数据库身份证明”界面。在 Oracle 9i 之前，数据库会为数据库用户指定缺省口令，SYS 用户的缺省口令为 change_on_install，SYSTEM 的缺省口令为 manager。但是很多用户经常忘记修改缺省口令，进而可能为数据库留下安全隐患。所以从 Oracle 9i 开始，Oracle 要求用户在创建数据库时自行指定用户口令。因此，在如图 2.37 所示的数据库身份证明界面中，可以简单地为所有初始用户定义一个缺省口令。

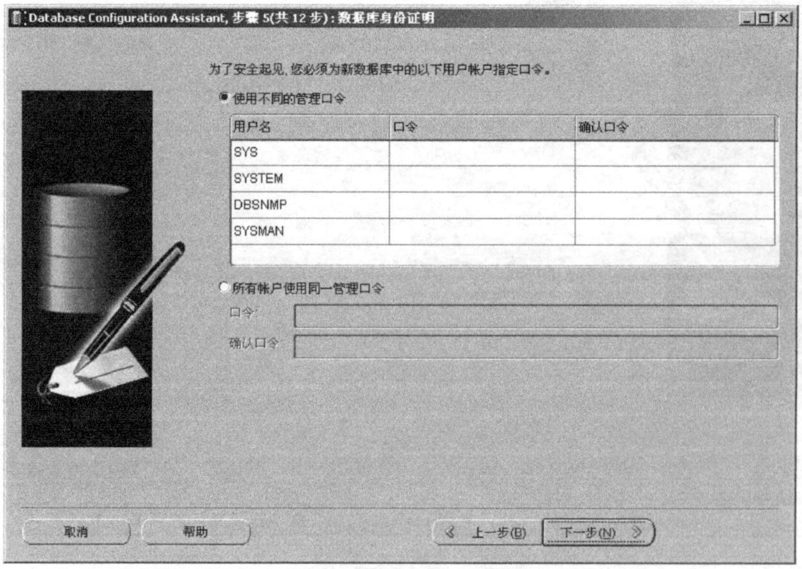

图 2.37　数据库身份证明

(6) 单击“下一步”按钮，进入如图 2.38 所示的“数据库文件所在位置”界面。该界面用于选择数据库的存储机制，存储类型通常可以选择文件系统存储。从 Oracle 10g 开始，Oracle 引入了自动存储管理(Automatic Storage Management)的新特性，存储位置可根据需要自行选择。

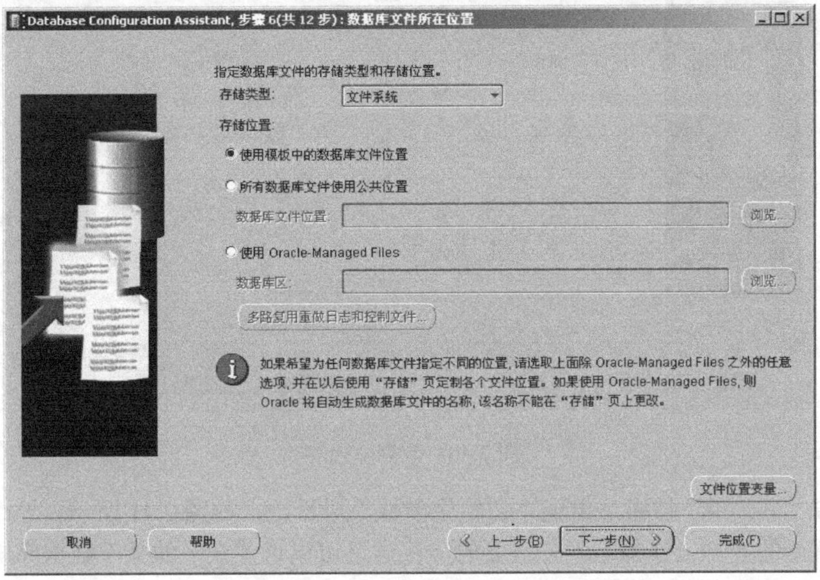

图 2.38　指定数据库所在位置

(7) 单击“下一步”按钮，进入如图 2.39 所示的“恢复配置”界面。该界面用于指定快速恢复区(Flash Recovery Area)，简化用户的备份管理。快速恢复区可以是磁盘上的一个存储目录，也可以使用 ASM 存储，这里可以按照具体的需要设置。同时还可以在这个界面上选择是否启动数据库的归档模式。

(8) 单击“下一步”按钮，进入如图 2.40 所示的“数据库内容”界面。在“定制脚本”选项卡中，可以指定在安装过程中脚本生成某些数据和对象等。

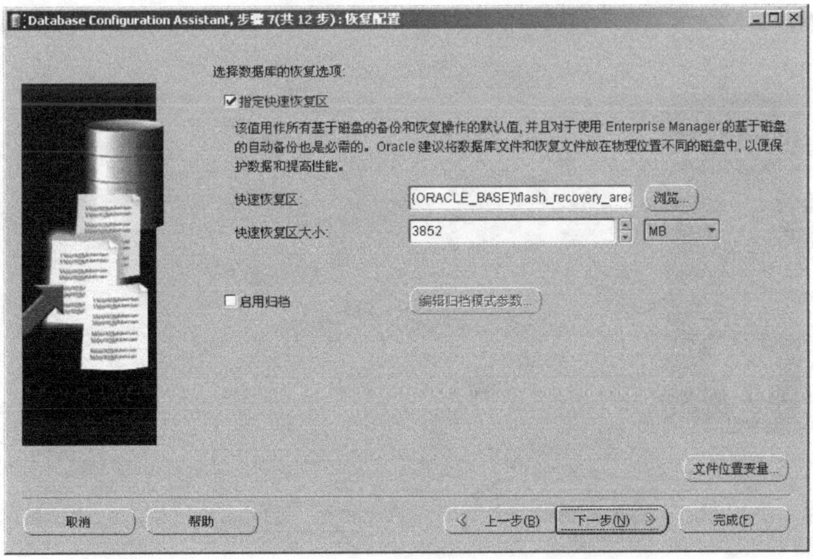

图 2.39　恢复配置

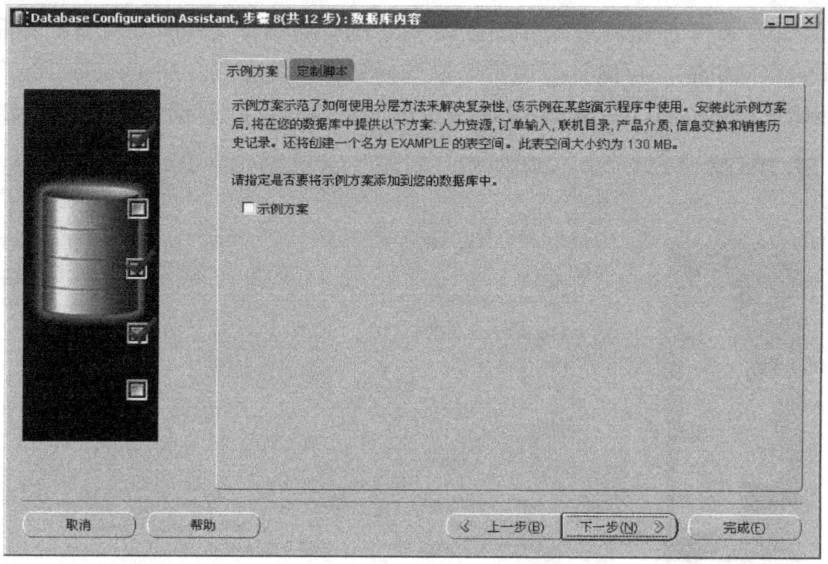

图 2.40　数据库内容

(9) 单击“下一步”按钮，出现“初始化参数”对话框，如图 2.41 所示。这个对话框对于数据库实例整个的建立工作都是十分重要的，在这里可以设置众多的关于数据库实例的选项。

- “内存”选项卡用来设置数据库的内存参数。
- “调整大小”选项卡用来选择数据块大小，一旦创建数据库之后，这个参数将不可修改(从 Oracle 9i 开始，Oracle 支持在同一数据库中容纳不同 block_size 的表空间，但是初始定义的 block_size 将用于 SYSTEM、UNDO 等表空间，不可修改)。
- “字符集”部分也需要认真选择，在中文的 Windows 平台上，默认的字符集就是 ZHS16GBK，可以不需要修改。但是在 Linux/UNIX 下，如果系统语言环境默认不是中文，则可在这里根据需要进行调整。
- “连接模式”选项卡可以选择数据库默认的连接方式。这里选择“专用服务器模式”。

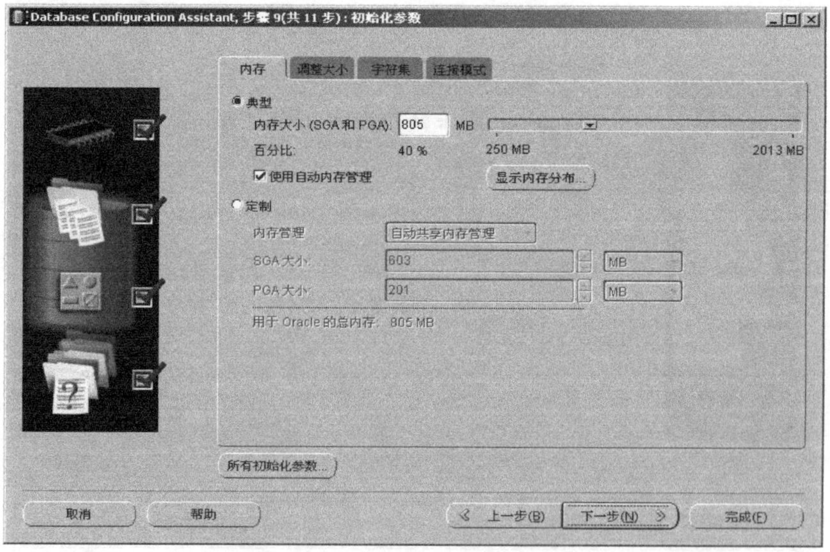

图 2.41　初始化参数

(10) 单击“下一步”按钮，进入如图 2.42 所示的“数据库存储”界面。这里给出了存储及文件信息，可以按照需要进行调整，通常选择默认设置即可。

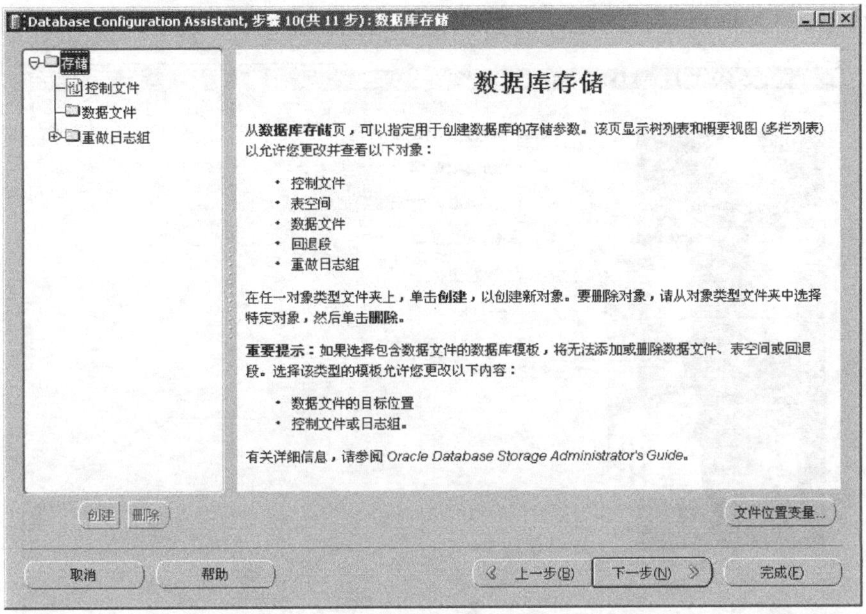

图 2.42 数据库存储

(11) 单击“下一步”按钮，进入如图 2.43 所示的“创建选项”界面。这里可以选择将此前的设置存储为一个数据库模板，并生成创建数据库的脚本。如果接受“创建数据库”选项，接下来就可以进行数据库的创建了(此处仅选择生成了模板和创建脚本)。

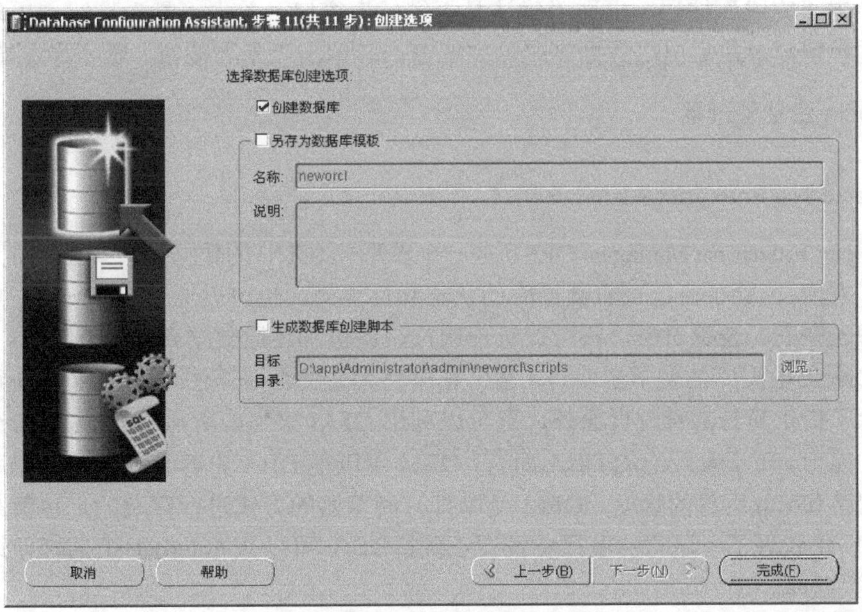

图 2.43 创建选项

单击“完成”按钮，系统则开始进行数据库的创建。

4. 使用 DBCA 删除数据库

(1) 打开 Database Configuration Assistant，在启动向导中单击“下一步”按钮，出现“操作”对话框，如图 2.44 所示。在此对话框中选择“删除数据库”选项。

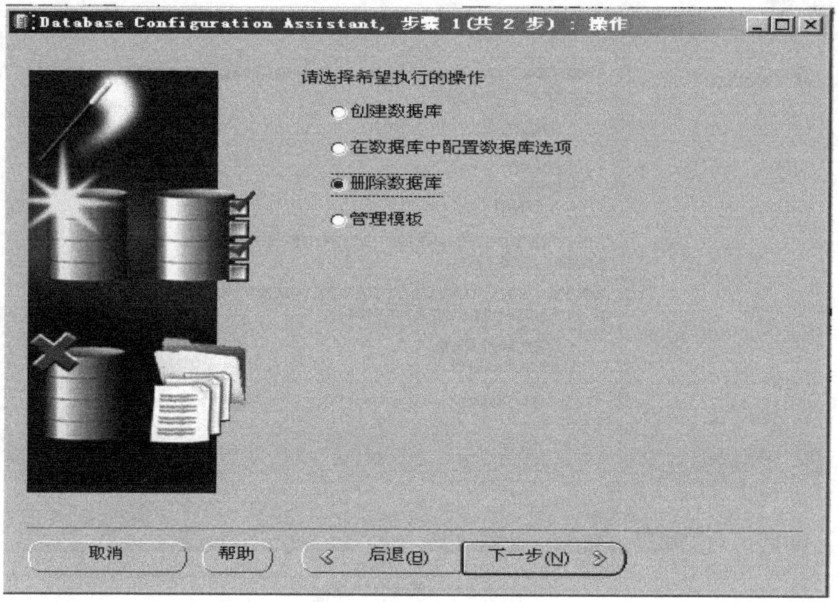

图 2.44　删除数据库

(2) 单击“下一步”按钮，出现“数据库”窗口，在数据库列表中选择一个要删除的数据库。

(3) 单击“完成”按钮，出现“确认是否继续”窗口。单击“是”按钮，出现自动删除数据库的过程窗口，最后出现数据库删除完毕窗口。单击“是”按钮，数据库删除完毕。

2.5.2　Oracle 企业管理器

1. Oracle 11g Enterprise Manager 概述

Oracle 11g Enterprise Manager(OEM)是一个图形化(GUI)的数据库管理工具，为数据库的使用提供了方便， 除了可以查看数据库的状态和性能外，也可以通过 Enterprise Manager 来创建和管理表空间、表等对象，还可以管理用户、备份和还原数据库。

对于 Oracle 数据库的初学者而言，常常记不住大量的命令语法，这时，OEM 将会成为你的最爱。除了提供简易的管理页面外，更可以利用 OEM 来生成所需要的 SQL 命令，逐渐强化初学者的能力。对于有经验的 DBA 而言，OEM 可以使 DBA 更容易地管理数据库的各个部分，包括网格(Grid)运算的管理。OEM 是以打开浏览器的方式进行存取的，也就是说，它已经完全 Web 化管理了，这意味着只要设置正确，DBA 可以从 Internet 上的任何地方来管理 Oracle 11g 数据库。

2. OEM 的功能

Oracle 11g 中的 OEM 提供的功能如图 2.45 所示，即 OEM 的主页面。

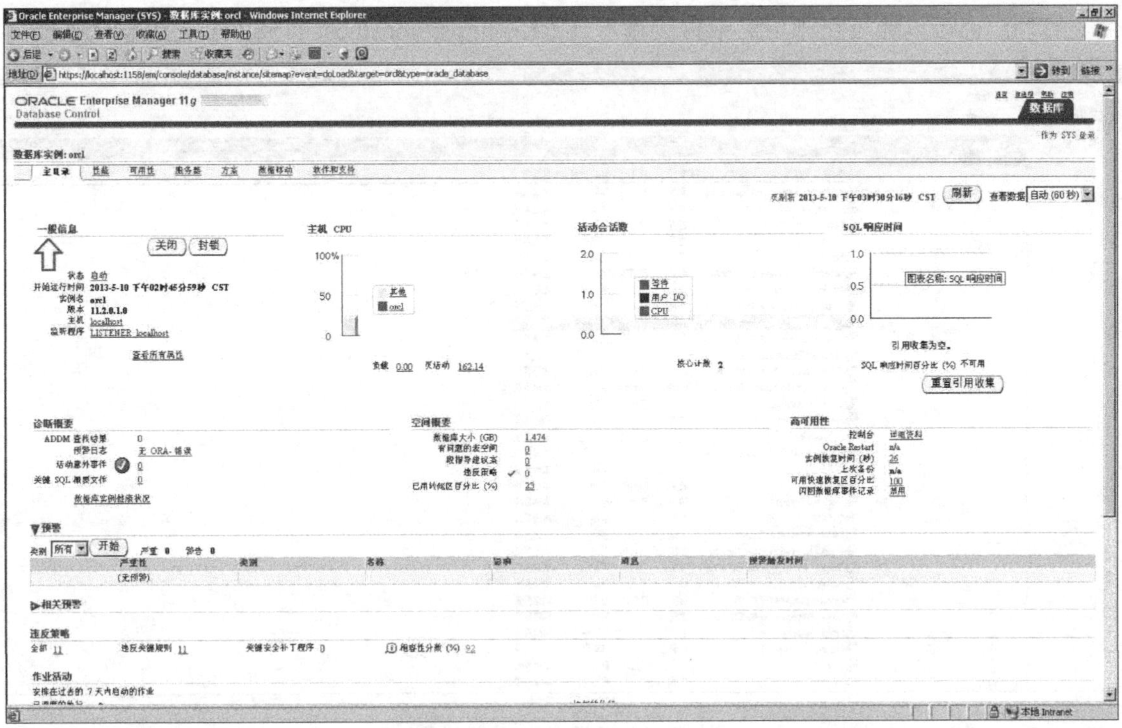

图 2.45　OEM 主界面

从 OEM 的主页面中就可以看到 OEM 中提供的功能，每一个菜单项就是一个操作数据库的内容。具体菜单如下：

(1) 主目录：主要用于显示当前数据库中的状态，提供数据库中的容量、活动会话数、SQL 响应时间等性能的显示功能。

(2) 性能：主要是以图表的形式显示数据库的运行状态，有主机的 CPU 占用率、平均活动会话数等图表显示。

(3) 可用性：主要提供数据库的备份和恢复的工作。

(4) 服务器：主要是对控制文件、表空间、数据库配置等信息的管理。

(5) 方案：主要是对数据库对象、程序、用户定义类型等信息的管理。

(6) 数据移动：主要是对数据库中导入导出数据等操作的管理。

(7) 软件和支持：主要是对数据库的配置和测试等信息的管理。

3. *启动 OEM*

(1) 启动 Enterprise Manager dbconsole 进程。要从客户端浏览器访问 Oracle Enterprise Manager 11g，则必须启动 dbconsole 进程。dbconsole 进程在安装之后自动启动。如果该进程没有启动，则必须从服务窗口人工启动它。如图 2.46 所示，选中 Oracledbconsole 进程，单击鼠标右键，启动它。

(2) 打开 OEM。启动 OEM 有多种方法，如图 2.47 所示，直接在“开始”菜单中选择“程序”|“Oracle-OraDb11g_home1”|“Database Control-oracle”选项，单击后会出现图 2.48 所示的 OEM“安全警报”界面。单击“是”按钮，接受该证书，即可转到图 2.49 所示的 OEM 登录界面。

另外，也可以通过在浏览器中直接输入 URL：https://localhost:1158/em 来打开 OEM。

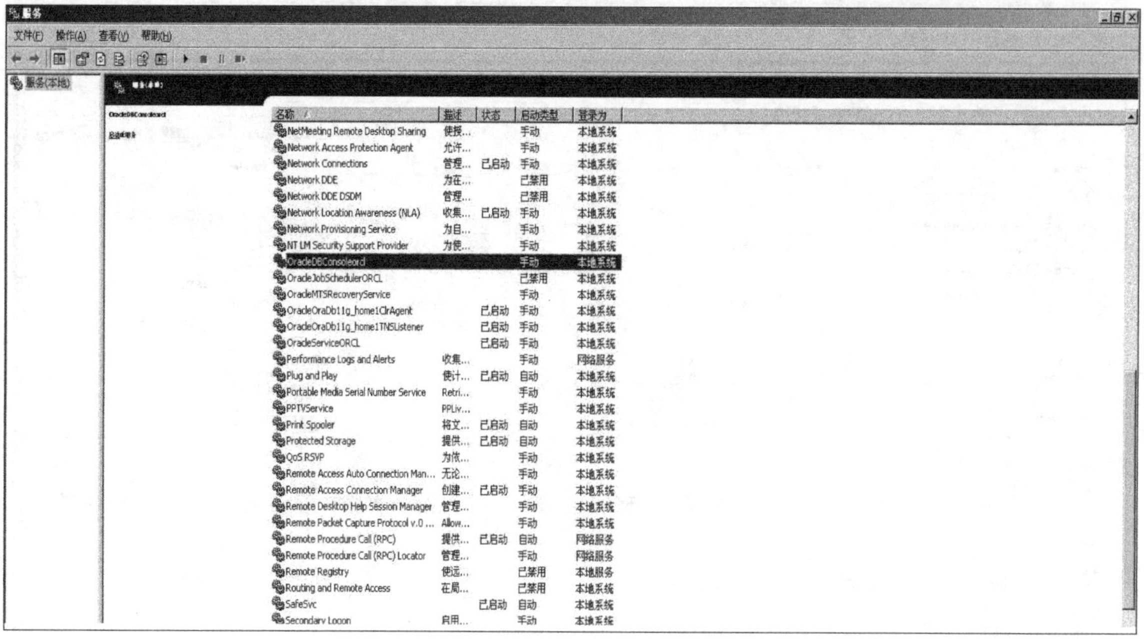

图 2.46　打开 dbconsole 进程

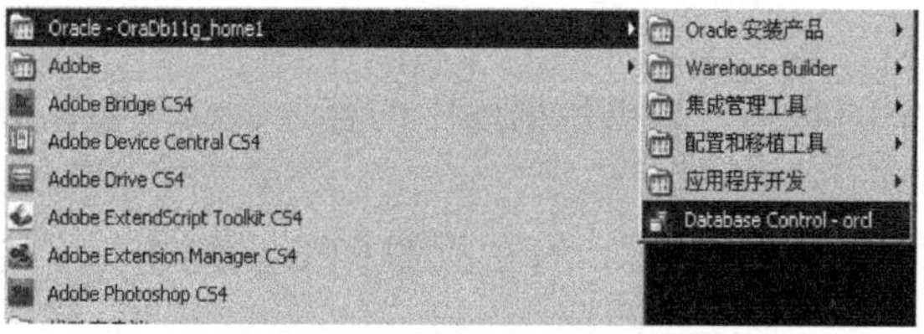

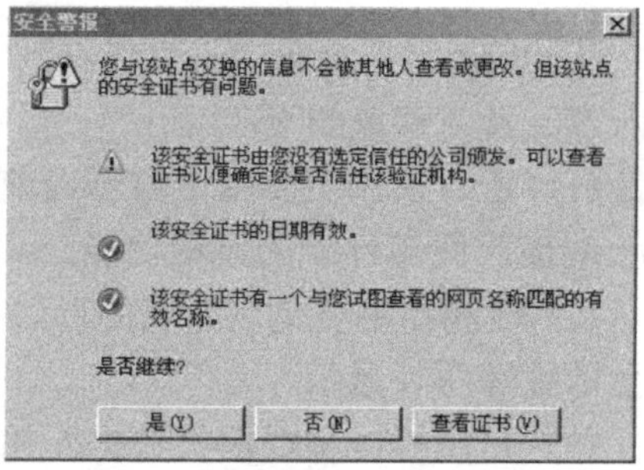

图 2.47　启动 OEM　　　　图 2.48　安全警报

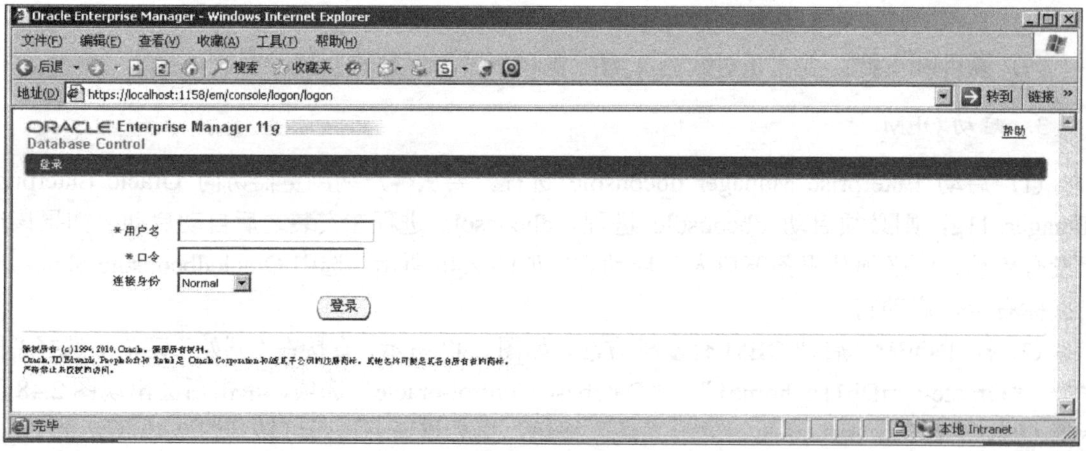

图 2.49　OEM 登录界面

（3）登录 OEM。在登录页面输入用户名和口令，并选择连接身份即可登录 OEM。连接身份 SYSDBA 代表的是系统管理员的身份，Normal 代表普通用户身份，登录的身份不同能够使用的功能也不同。登录成功即可进入图 2.45 所示的 OEM 主页面。

2.5.3 SQL*Plus

1. Sql*plus 的介绍

Sql*plus 是 Oracle 提供的一个工具程序，是与 Oracle 一起安装的，既可以在 Oracle 服务器使用，也可以在 Oracle 客户端使用，它是在 DOS 界面下操作的一个数据库工具。除了 SQL*PLUS 之外，现在还有 iSQL*PLUS 这个操作数据库的工具，iSQL*Plus 使用的是 Web 界面。

2. Sql*plus 的功能

Sql*plus 是一个最常用的工具，具有很强的功能。通过 Sql*plu 可以完成的操作如下：

（1）数据库的维护，如启动、关闭等，一般在服务器上操作。

（2）执行 SQL 语句执行 pl/sql。

（3）执行 SQL 脚本。

（4）数据的导出，报表。

（5）应用程序开发、测试 pl/sql。

（6）生成新的 SQL 脚本。

（7）供应用程序调用，如安装程序中进行脚本的安装。

3. Sql*Plus 的使用

1）Sql*Plus 的启动

在使用 SQL*Plus 前，要确保 Oraclc 数据库成功安装， 在连接 SQL*Plus 时需要用户名和密码，所以在连接 SQL*Plus 之前最好在数据库中查询好用户名和密码。

启动 SQL*Plus 的方式有多种，可以直接在“开始”菜单中选择“程序”|“Oracle-OraDb11g_home1”|“应用程序开发”|“SQL Plus”选项，如图 2.50 所示，即可启动如图 2.51 所示的 SQL*Plus 的连接界面。

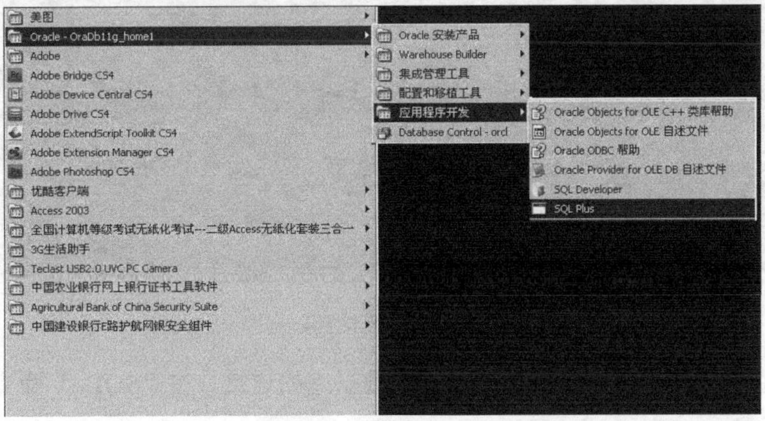

图 2.50 启动 SQL*Plus

还可以用 Windows 的 DOS 窗口来启动 SQL*Plus。在“开始”菜单中选择“运行”选项，出现如图 2.52 所示的“运行”对话框。在其中输入 sqlplus 命令，也可进入图 2.51 所示的 SQL*Plus 连接界面。

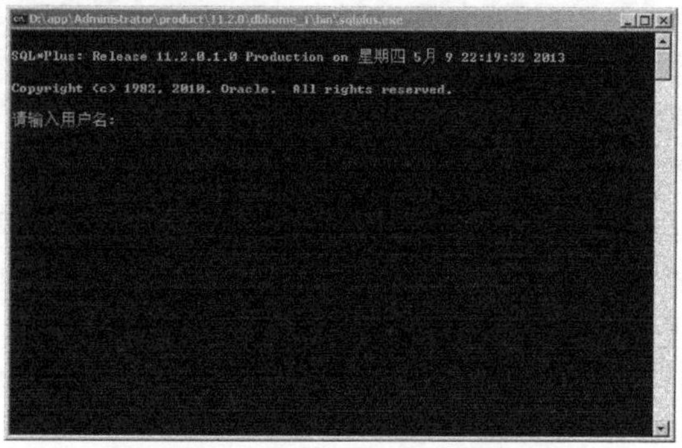

图 2.51　SQL*Plus 的连接界面

图 2.52　“运行”对话框

2）连接至数据库

在 SQL*Plus 的连接界面显示了它的版本号、日期和版权信息，并提示输入用户名。因为 Oracle 保护对它所有数据的访问，所以与它连接通常需要一个用户标识(user-name)和口令(password)。

输入用户名后按“RETURN”键，SQL*Plus 提示输入口令，如果口令输入正确，SQL*Plus 将显示如图 2.53 所示界面。出现键“SQL>”就说明连接默认数据库成功，已进入 SQL*Plus 中，并等待你的指示。如果输入的用户名或口令不正确，在向 Oracle 3 次注册失败后，屏幕上将出现终止服务信息，并退出 SQL*Plus。

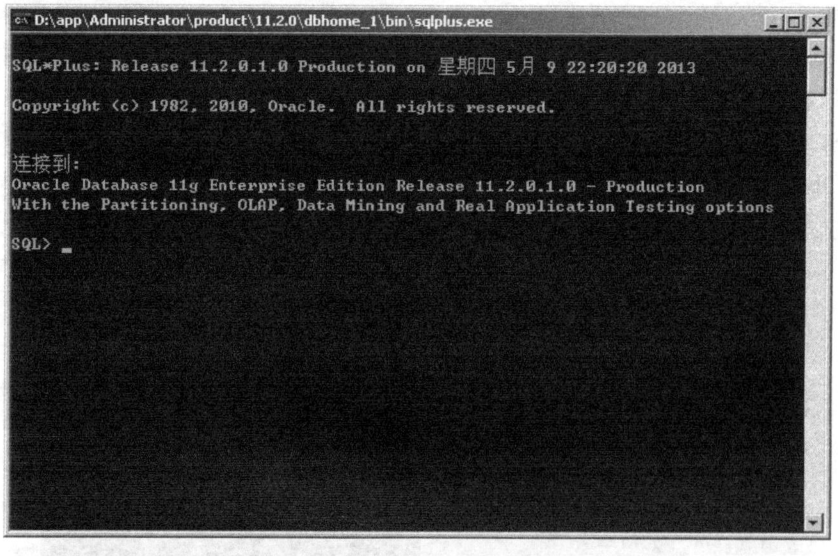

图 2.53　成功连接到数据库

在连接到默认数据库之后，还可进行其他数据库的连接。在“SQL>”命令后输入以下语句即可：

```
SQL>connect username/password @Oracle net 名称
```

3）退出 SQL*Plus

当想停止工作并离开 SQL*Plus 时，则可以输入 EXIT 或 QUIT 命令。

```
SQL>EXIT
```

4. SQL*Plus 命令

SQL*Plus 可接收两种类型的命令：SQL 命令和 SQL*Plus 命令。SQL 命令主要用来对数据库进行操作，而 SQL*Plus 命令主要用来设置查询结果的显示格式，设置一些环境选项。

1）SQL 命令

SQL 命令主要用于 ORACLE 数据库中创建、存储、改变、检索和维护信息。当输入 SQL 命令时，SQL*Plus 将其保存在内部缓冲区中，这个内部缓冲区称为 SQL 缓冲区。SQL 缓冲区只保存一条 SQL 命令，当输入新的 SQL 命令时，原来保存的 SQL 命令就被删除。用户可以利用 SQL 缓冲区在不重新输入命令的情况下，编辑、运行上一次执行的 SQL 命令。

SQL 命令可以分一行或多行输入，如果在一行输入，为如下形式：

```
SQL> SELECT EMPNO,ENAME,JOB,SAL,FROM EMP WHERE SAL<2500;
```

在 SQL 命令输入过程中，如果按“RETURN”键，则表示命令分多行输入，在下一行的开始处将自动出现一个行号。如：

```
SQL>SELECT  EMPNO,ENAME,JOB,SAL
2 FROM EMP
  3 WHERE SAL<2500;
```

SQL 命令完成，可以用分号(;)、斜线(/)或空行来结束命令的输入。输入分号并按“RETURN”键，则结束 SQL 命令的输入，并运行 SQL 缓冲区中的命令。在单独的一行上键入斜线并按“RETURN”键，SQL*Plus 将运行 SQL 命令。如果输入一个空行，即在命令的最后一行后按“RETURN”键，则 SQL*Plus 显示一个行号，此时再按“RETURN”键，SQL*Plus 则结束 SQL 命令的输入，回到 SQL*Plus 的提示符状态。

2）SQL*Plus 命令

SQL*Plus 命令用于设置查询结果的输出格式，形成复杂的报表，编辑 SQL 命令，设置系统变量，并可提供帮助信息。

SQL*Plus 的很多命令可简写成一个或几个字母，SQL*Plus 命令的输入与 SQL 命令不同，例如，若想改变 EMP 表的 SAL 列的显示格式，可以键入：

```
SQL>COLUMN SAL FORMAT $99,999 HEADING SALARY
```

COLUMN 命令为 SAL 列的数据显示设置了“$”和“,”，并给出了新的列标题。通过运行前面的 SQL 命令可以清楚地看到 SQL*PLUS 命令的结果。

在输入 SQL*Plus 命令过程中，按“RETURN”键表示输入完成，而不必输入分号(;)。如果命令输入占满一行，光标会自动移到下一行，可以继续输入，直到按“RETURN”键结束输入。

2.6 本 章 小 结

本章首先简单介绍了 Oracle 的概况，然后从企业网格管理的高可用性和性能优化两方面讲解了 Oracle 11g 的新特性；Oracle 数据库的结构属于典型的 C/S 模式， Oracle 数据库由实例和数据库组成；数据库的体系结构是指数据库的组成、工作过程与原理，以及数据在数据库中的组织与管理机制；Oracle 服务器结构主要由 4 部分组成：系统全局区、程序全局区、前台进程和后台进程。在了解了 Oracle 的基本知识后，本章介绍了在 Windows XP 环境下安装和卸载 Oracle 11g 第二版的整个过程。在安装时需要注意安装的基本条件：硬件方面要求内存 1GB 以上，硬盘空间 10GB 以上。Oracle 11g 安装分为 10 个步骤，用户可以参考。除了要会安装，还要会卸载，卸载时必须完成 5 个步骤，否则 Oracle 卸载不干净，很可能导致下次安装失败。在本章的最后，介绍了 Oracle 11g 的常用工具：数据库配置助手、Oracle 企业管理器及 SQL*Plus，用户要了解如何使用这些工具。

思 考 题

1．简述 Oracle 11g 的新特性。

2．简述 Oracle 数据库体系结构的组成及其关系。

3．说明数据库、表空间、数据文件及数据库对象之间的关系。

4．安装 Oracle 需要的物理内存的容量至少为多少？虚拟内存的容量为多少？

5．常用的安装 Oracle 的操作系统有哪些？

6．Oracle 的卸载需要几个步骤？分别是什么？

7．数据库配置助手主要是用来做什么的？

8．企业管理器的功能有哪些？

9．如何启动 SQL*Plus？

10．SQL 命令和 SQL*Plus 命令分别是用来做什么的？

第 3 章　Oracle 实例

数据库实例是用户与数据库进行交互的中间层。本章将介绍 Oracle 数据库实例的构成及其工作方式。

3.1　Oracle 实例与数据库

1. 数据库

数据库是一个数据的集合，不仅是指物理上的数据，也指物理、存储及进程对象的一个组合。Oracle 是关系型数据库管理系统(RDBMS)。

2. 实例

Oracle 数据库主要由两部分构成：放在磁盘中的物理数据库和对物理数据库进行管理的数据库管理系统。其中数据库管理系统是处于用户与物理数据库之间的一个中间层软件，又称为实例。实例就是用来访问一个数据库文件集的一个存储结构及后台进程的集合。

在启动数据库时，Oracle 首先在内存中获取一定的空间，启动各种用途的后台进程，即创建一个数据库实例，然后由实例装载数据文件和重做日志文件，最后打开数据库。用户操作数据库的过程实质上是与数据库实例建立连接，然后通过实例来连接、操作数据库的过程。

决定实例的组成及大小的参数存储在 init<sid>.ora 文件中。

3. 实例与数据库关系

实例与数据库的概念完全不同，它们之间存在这样的关系：数据库可以由多个实例装载和打开，而实例可以在任何时间点装载和打开一个数据库。准确地讲，实例在其整个生存期中最多能装载和打开一个数据库。一般来说，一个数据库对应一个实例，它们是一一对应的关系，如图 3.1 所示。而在并行 Oracle 数据库服务器结构中，一个数据库可以被多个实例访问，此时它们是一对多的关系，如图 3.2 所示。可以这样形象地理解，数据库好比一张相片底片，实例如同相纸，一张底片可以冲印多张相纸，但一张相纸最多冲一张底片。多个“实例”同时驱动一个数据库的架构称作“集群”。同一时间一个用户只能与一个实例联系，当某一个实例出现故障时，其他实例照常运行，从而保证了数据库的安全运行。另外，当向数据库写数据或读数据时，只能通过实例来进行，所以说实例是访问数据库的手段。

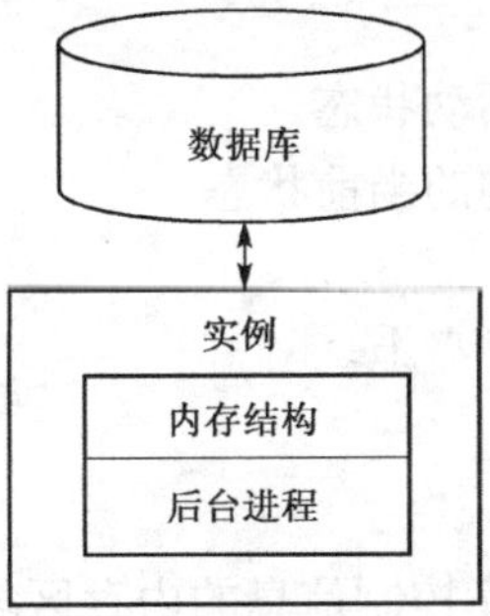

图 3.1　单实例数据库系统

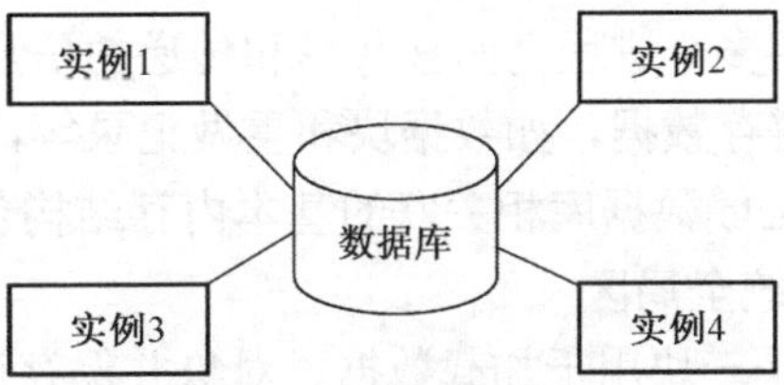

图 3.2　多实例数据库系统

3.2　Oracle 实例结构

Oracle 实例由一系列内存结构和后台进程组成，如图 3.3 所示。其中，内存结构包括系统全局区(SGA)、程序全局区(PGA)和用户全局区(UGA)。后台进程包括 DBWn、LGWR、CKPT、SMON、PMON 进程等。在本章后面的章节中将详细介绍这些知识。

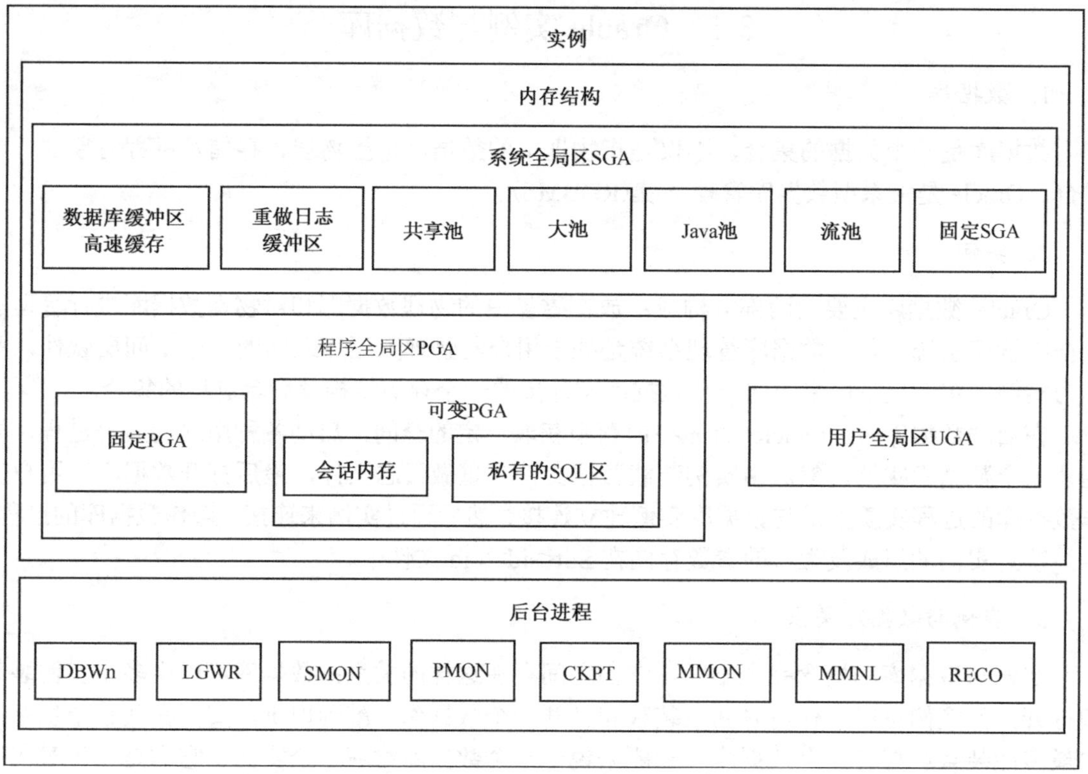

图 3.3　Oracle 数据库实例结构

3.3　数据库内存结构

内存是 Oracle 数据库重要的信息缓存和共享区域，当实例启动时，Oracle 数据库分配内存区，并启动后台进程。内存区存储如下信息：

(1) 程序代码。

(2) 有关每个已连接会话的信息，无论其当前是否处于活动状态。

(3) 在程序执行期间所需的信息，如正在索取数据的查询的当前状态。

(4) 在多个进程之间被共享和传递的信息，如锁信息。

(5) 缓存数据，如数据块和重做记录等，它们也存在于磁盘上。

与 Oracle 数据库相关联的基本内存结构包括如下内容。

1) 系统全局区

SGA 是一块用于加载数据、对象并保存运行状态和数据库控制信息的内存区域，在实例启动时(NOMOUNT)分配，关闭时释放。是一组称为 SGA 组件的共享内存结构，其中包含一个 Oracle 数据库实例的数据和控制信息。SGA 由所有服务器进程和后台进程共享。例如，SGA 中存储的数据包括数据块缓存和共享 SQL 区。

2）程序全局区

PGA 是服务器进程使用的一块包含数据和控制的新的内存区域，非共享，在进程启动或创建时分配(在进程运行时还可能进一步分配)，对其他服务器进程来说不可访问，所以 PGA 中的数据结构不需要 Latch 保护。Oracle 进程启动时，Oracle 数据库会为其创建 PGA。

每个服务器进程和后台进程都存在一个 PGA。所有单个 PGA 的集合即是总实例 PGA，或实例 PGA。数据库初始化参数设置实例 PGA 的大小，而不是单个 PGA 的大小。

3）用户全局区

UGA 由用户会话数据、游标状态和索引区组成。在共享服务器模式下，一个共享服务进程被多个用户进程共享，此时 UGA 是共享池或大池的一部分，而在专有服务器模式下，UGA 则是 PGA 的一部分。UGA 中的内存分配可以通过内部表 x$ksmup 查询得到。

图 3.4 说明了这些内存结构之间的关系。

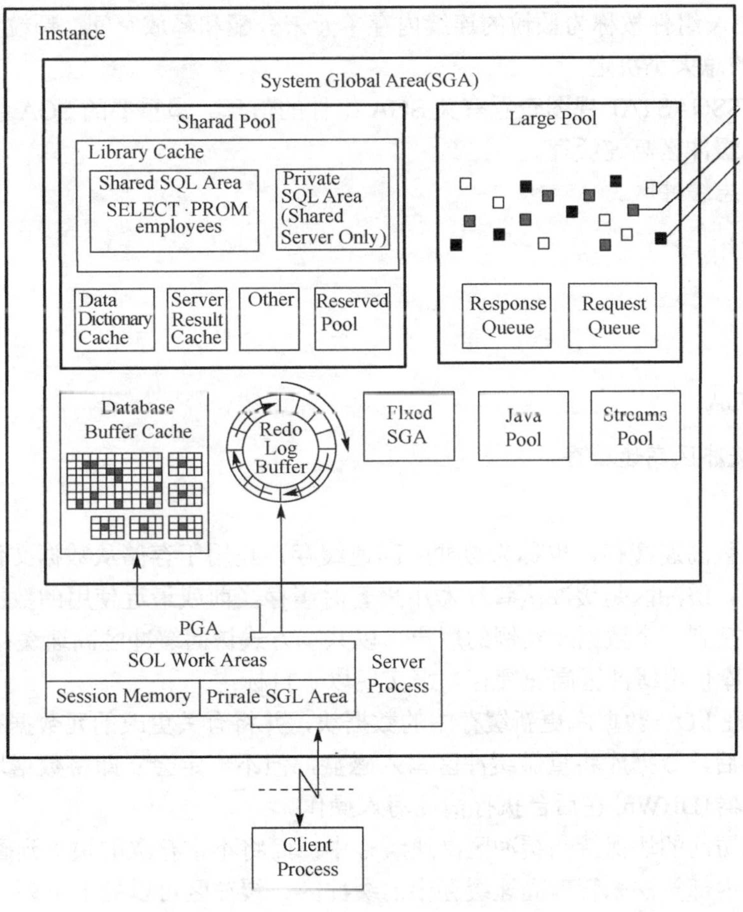

图 3.4 Oracle 数据库内存结构

3.3.1 系统全局区 SGA

SGA 是一个可读写的内存区，与 Oracle 后台进程一起组成数据库实例。所有以用户名义执行的服务器进程，都可以读取 SGA 实例中的信息。在数据库操作过程中，有几个进程会对 SGA 进行写入操作。

每个数据库实例都有其自己的 SGA。当实例启动时，Oracle 数据库自动为其 SGA 分配内存，并在该实例关闭时回收内存。当使用 SQL*Plus 或 Oracle 企业管理器启动实例时，会显示 SGA 的大小，如下所示：

```
SQL> STARTUP
ORACLE  instance  started.
Total System Global Area     368283648 bytes
Fixed Size                   1300440 bytes
Variable Size                343935016 bytes
Database Buffers             16777216 bytes
Redo Buffers                 6270976 bytes
Database mounted.
Database opened.
```

SGA 由几个用来满足特定类别的内存分配请求的内存池的内存组件组成。除重做日志缓冲区外，所有 SGA 组件按称为颗粒的连续内存单元来分配和释放空间。颗粒大小是特定于平台的，由 SGA 的总大小决定。

可以查询 V$SGASTAT 视图查看有关 SGA 组件的信息。最重要的 SGA 组件如下：

(1) 数据库缓冲区高速缓存。

(2) 重做日志缓冲区。

(3) 共享池。

(4) 大池。

(5) Java 池。

(6) 流池。

(7) 固定 SGA。

1. 数据库缓冲区高速缓存

1) 概述

数据库缓冲区高速缓存，也称为缓冲区高速缓存，是用于存储从数据文件读取的数据块副本的内存区域。缓冲区是缓冲区管理器用来暂时缓存当前或最近使用的数据块的主内存地址。所有同时连接到一个数据库实例的用户，以共享方式访问缓冲区高速缓存。

Oracle 数据库使用缓冲区高速缓存，来实现以下目标：

(1) 优化物理 I/O。数据库更新缓存中的数据块，并将有关更改的元数据存储在重做日志缓冲区。提交之后，数据库将重做缓冲区写入磁盘，但不一定会立即将数据块写入磁盘。相反，数据库写入器(DBWn)在后台执行惰性写入操作。

(2) 将频繁访问的块保持在缓冲区高速缓存中，而将不常存取的块写到磁盘。

数据库使用内部算法来管理高速缓存中的缓冲区。缓冲区可以处于下列互斥状态之一：

① 未使用的。缓冲区可供使用，因为它从未使用过，或者当前未使用。这种类型的缓冲区是数据库最容易使用的。

② 干净的。此缓冲区在之前曾被使用过，而现在包含某个数据块在某个时间点的读取一致版本。块包含数据但是干净的，因此它不需要执行检查点操作，数据库可以“订住”该块并重用它。

③ 脏的。缓冲区包含已修改、但尚未写入到磁盘的数据。数据库重用该数据块之前必须对其执行检查点操作。

每个缓冲区具有两种访问模式之一：订住的或空闲的(未订住)。缓冲区被“订住”在缓存中，以便当其被某个用户会话访问时，它不会因为内存不足被换出内存。多个会话不能在同一时间修改某个已被订住的缓冲区。

数据库使用复杂的算法以使缓冲区访问高效。最近最少使用(LRU)列表有一个热端和冷端，同时存在指向同一 LRU 上的脏缓冲区和非脏缓冲区的指针。冷缓冲区是最近未被使用的；热缓冲区是被频繁访问并在最近已使用的。注意，从概念上讲，只有一个 LRU，但为了并发，数据库实际上使用多个 LRU。

数据库写入器(DBWn)进程定期将冷的、脏的缓冲区写入磁盘。DBWn 在以下情况下会将缓冲区写出：

(1) 服务器进程找不到干净的缓冲区，所以将新块读入数据库缓冲区高速缓存。随着缓冲区变脏，可用缓冲区的数量就会减少。如果该数值低于一个内部阈值，而又需要干净的缓冲区，则服务器进程将通知 DBWn 执行写出操作。

(2) 数据库使用 LRU 来确定哪些脏缓冲区被写出。当脏缓冲区到达 LRU 的冷端时，数据库将其从 LRU 上移出到写出队列。DBWn 将队列中的缓冲区写到磁盘，如果可能使用多块写，则用之。此机制可以防止 LRU 尾端被脏缓冲区塞满，并保证有干净的缓冲区可供重用。数据库必须推进检查点，即重做线程中进行实例恢复的起点。

(3) 表空间被更改为只读状态，或脱机。

2) 缓冲区搜索

当客户端进程请求一个缓冲区时，服务器进程在缓冲区高速缓存中搜索缓冲区。如果数据库在内存中找到缓冲区，则发生缓存命中。搜索顺序如下：

(1) 服务器进程在缓冲区高速缓存中搜索整个缓冲区。如果该进程发现整个缓冲区，则数据库对此缓冲区执行一个逻辑读取。

(2) 服务器进程在闪存缓存 LRU 列表中搜索缓冲区头。如果该进程找到了缓冲区头，则数据库执行一个优化的物理读取，将缓冲区正文从闪存缓存读入到内存内缓存。

(3) 如果该进程没有在内存中找到该缓冲区(缓存未命中)，则服务器进程将执行以下步骤：

① 将该块从数据文件复制到内存中(物理读取)。

② 对已读入到内存中的缓冲区执行一个逻辑读取。

图 3.5 说明了缓冲区的搜索顺序。扩展的缓冲区高速缓存包括包含整个缓冲区的内存内缓冲区缓存和缓冲区正文的闪存缓存。在图中，数据库在缓冲区高速缓存中搜索某个缓冲区，但未能找到，因此将其从磁盘中读入内存。

一般情况下，通过缓存命中访问数据比通过缓存未命中要快。缓冲区高速缓存命中率用于测量数据库在缓冲区高速缓存中找到请求的块，而不需要从磁盘中读取的比率。

3) 缓冲池

缓冲池是缓冲区的集合。数据库缓冲区高速缓存被划分为一个或多个缓冲池。可能的缓冲池如下：

(1) 缺省池。该池是块通常被缓存的地方。除非手动配置单独的池，默认池将是唯一的缓冲池。

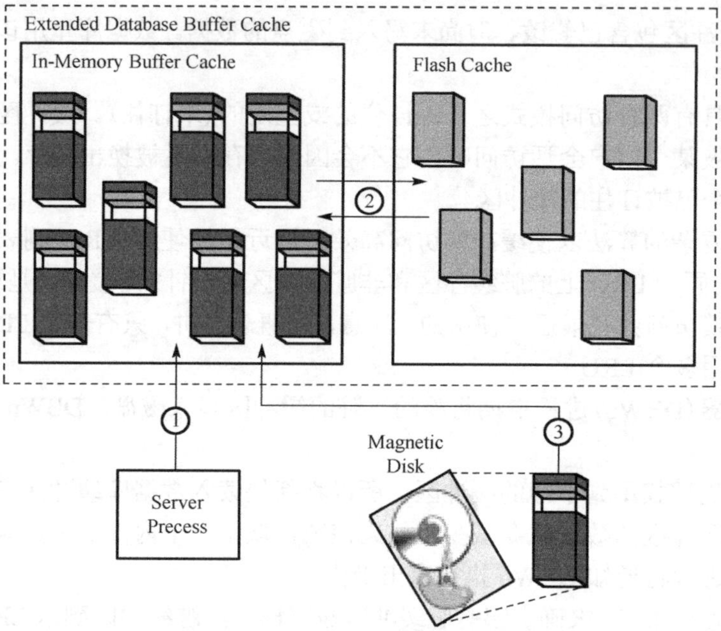

图 3.5 缓冲区搜索

(2) 保留池。该池用于被频繁访问的块，使其不会由于缺省池的空间不足而被移出。保留缓冲池的目标是将对象保留在内存中，从而避免 I/O 操作。

(3) 循环池。该池用于不被频繁使用的块。循环池防止对象在缓存中占用不必要的空间。

2. 重做日志缓冲区

重做日志缓冲区是 SGA 中的一个循环式缓冲区，用来存储对数据库所做更改的重做条目。重做条目包含用于重建(或重做)由 DML 或 DDL 操作对数据库所做更改所需的信息。数据库恢复将重做条目应用到数据文件，以重建丢失的更改。

Oracle 数据库进程将重做条目从用户内存空间复制到 SGA 的重做日志缓冲区中。重做条目占用缓冲区中连续、顺序的空间。日志写入器(LGWR)后台进程将重做日志缓冲区写入磁盘上的活动联机重做日志组。这种重做缓冲区活动如图 3.6 所示。

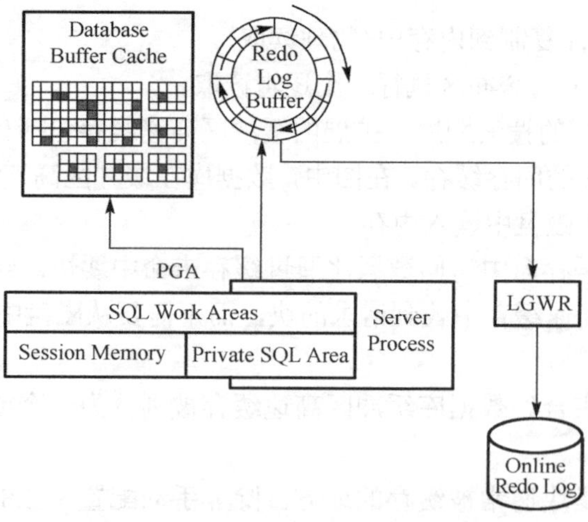

图 3.6 重做日志缓冲区

LGWR 进程将重做信息顺序写入磁盘，而 DBWn 进程将数据块分散写入磁盘。分散写入往往要比顺序写入慢得多。LGWR 使用户能够避免等待 DBWn 完成其缓慢的写入，为数据库提供了更好的性能。

LOG_BUFFER 初始化参数指定了 Oracle 数据库在缓冲重做条目时所能使用的内存量。与其他的 SGA 组件不同，重做日志缓冲区和固定的 SGA 缓冲区不按颗粒划分内存。

3. 共享池

共享池缓存各种类型的程序数据，如存储已解析的 SQL、PL/SQL 代码、系统参数和数据字典信息。几乎数据库中发生的每个操作都涉及到共享池。例如，如果用户执行一个 SQL 语句，则 Oracle 数据库会访问共享池。

共享池分为几个子组件，其中最重要的几个如图 3.7 所示。

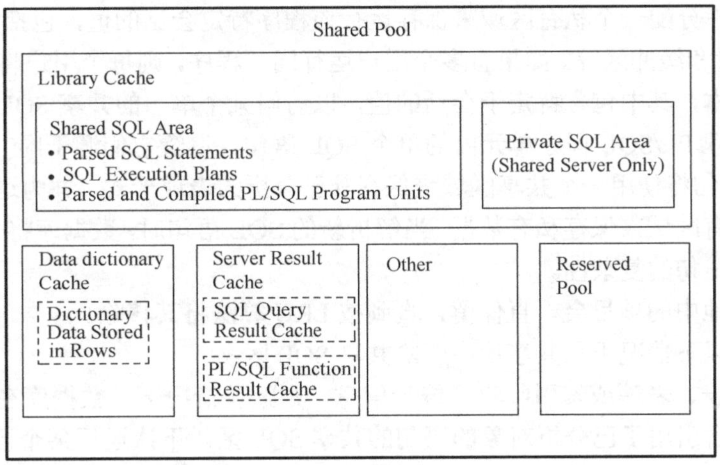

图 3.7 共享池

1) 库缓存(Libnary Cache)

库缓存是存储可执行 SQL 和 PL/SQL 代码的共享池内存结构。此缓存包含共享 SQL 和 PL/SQL 区，以及锁和库缓存句柄之类的控制结构。在共享服务器体系结构中，库缓存还包含私有 SQL 区。

在执行 SQL 语句时，数据库将尝试重用以前执行过的代码。如果在库缓存中存在该 SQL 语句的已解析表示形式，并且是可以共享的，则数据库会重用该代码，这称为软解析或库缓存命中。否则，数据库必须为应用程序代码建立一个新的可执行版本，这称为硬解析或库缓存未命中。

数据库所运行的每个 SQL 语句，存在于下列两种 SQL 区之一：

(1) 共享 SQL 区(Shared SQL Area)。数据库使用共享 SQL 区来处理 SQL 语句第一次发生时的情况。该区域对所有用户可访问，并包含语句的解析树和执行计划。对于每个唯一的语句，只存在一个共享 SQL 区。

(2) 私有 SQL 区(Private SQL Area)。每个发出 SQL 语句的会话在其 PGA 中有一个 SQL 区。提交同一语句中的每个用户都分别有一个私有 SQL 区，但都指向同一共享 SQL 区。因此，在多个单独 PGA 中的私有 SQL 区可能与同一共享 SQL 区相关联。

当应用程序提交类似的 SQL 语句时，数据库会自动决定怎么做。数据库会同时考虑从用户和应用程序直接发出的语句，及其他语句从内部发出的递归 SQL 语句。

数据库执行以下步骤：

(1) 检查共享池，看是否存在某个语法和语义上都相同的语句的共享 SQL 区。

· 如果存在这样一个相同的语句，则数据库为该语句的后续新实例使用这个共享 SQL 区，从而减少内存消耗。

· 如果不存在这样一个相同的语句，则数据库在共享池中分配一个新的共享 SQL 区。语法相同但语义不同的语句会使用一个子游标。

在这两种情况下，用户的私有 SQL 区都指向包含语句和执行计划的共享 SQL 区。

(2) 为该会话分配一个私有 SQL 区。私有 SQL 区的位置取决于该会话所建立的连接。如果会话是通过共享服务器连接的，则该私有 SQL 区的一部分被保存在 SGA 中。

库缓存包含 PL/SQL 程序和 Java 类的可执行形式。这些项目统称为程序单元。程序单元的处理与 SQL 语句类似。例如，数据库分配一个共享区域来保存 PL/SQL 程序的已解析和已编译形式。数据库分配一个私有区域来保存运行该程序特定会话的值，包括为执行 SQL 的本地、全局、包变量和缓冲区等。如果有多个用户运行同一程序，则每个用户将维护其私有 SQL 区的一个单独副本，其中包含特定于会话的值，以访问某个单一的共享 SQL 区。数据库按前面所述的那样处理 PL/SQL 程序单元内的单个 SQL 语句。尽管它们源于同一 PL/SQL 程序单元，这些 SQL 语句将使用一个共享区域来保存其已分析的表现形式，并为运行该语句的每个会话使用一个私有区域来保存私有数据。当解析新的 SQL 语句时，数据库将分配共享池内存。内存大小取决于语句的复杂性。

通常，共享池中的项目会一直保留，直到按 LRU 算法将其移除。

数据库还在以下情况下从共享池中删除共享 SQL 区：

(1) 如果为表、表簇或索引收集了统计信息，则默认情况下，数据库在一段时间后，会逐步删除所有包含引用了已分析对象的语句的共享 SQL 区。下次运行某个已删除的语句时，数据库将在一个新的共享 SQL 区中对其进行解析，以反映模式对象的新的统计信息。

(2) 如果一个模式对象在某个 SQL 语句中被引用，而之后此对象被某个 DDL 语句修改，则数据库将使这个共享 SQL 区无效。当下一次运行该语句时，优化程序必须重新解析该语句。

(3) 如果更改了全局数据库名称，则数据库将删除所有共享池信息。

可以使用 ALTER SYSTEM FLUSH SHARED_POOL 语句，手动删除共享池中的所有信息，以评估实例重新启动后预期的性能。

2) 数据字典缓存

数据字典是数据库表和视图的集合，其中包含有关数据库及其结构、用户等参考信息。Oracle 数据库在解析 SQL 语句期间，会频繁访问数据字典。当访问数据库时，可以从数据字典缓存中获得对象是否存在、是否有操作权限等信息，大大提高了执行效率。

4. 大池

大池是一个可选的内存区域，它所提供的内存分配往往比共享池分配的内存更大。大池可以提供以下大内存分配：

(1) 共享服务器的 UGA 和 Oracle XA 接口(用于与多个数据库进行交互的事务)。

(2) 并行执行语句中使用的消息缓存区。

(3) 恢复管理器(RMAN)I/O 从属进程的缓冲区。

通过从大池中为共享 SQL 分配会话内存，数据库可以避免由收缩共享 SQL 缓存引起的性能开销。通过为 RMAN 操作、I/O 服务器进程和并行缓冲区等分配大的缓冲区内存，大池可以比共享池更好地满足大型内存需求。

大池的图形显示方式如图 3.8 所示。

共享池中的保留空间与其他内存分配都使用同一 LRU 列表，而大池与此不同，它根本就没有 LRU 列表。这些被分配的内存片段直到操作完成后才会被释放。一旦释放了一个大块内存，其他进程就可以使用它。

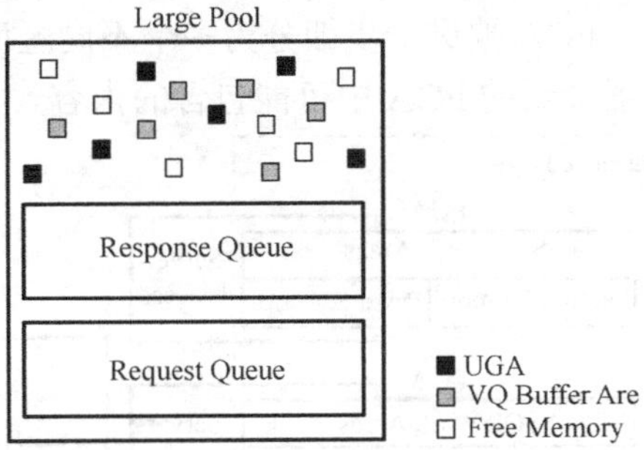

图 3.8　大池

5. Java 池

Java 池是一个存储 Java 虚拟机(JVM)内所有会话特定的 Java 代码和数据的内存区。此内存包括在调用端迁移到 Java 会话空间的 Java 对象。

对于专用服务器连接，Java 池包括每个 Java 类的共享部分，包括方法和只读内存，如代码向量，但不包括每个会话的 Java 状态。对于共享服务器，Java 池包括每个 Java 类的共享部分和用于每个会话状态的一些 UGA。每个 UGA 根据需要增长和缩小，但总的 UGA 大小必须适应 Java 池空间。

Java 池顾问统计提供用于 Java 的库缓存内存信息，并预测 Java 池大小的更改如何影响解析率。当 STATISTICS_LEVEL 设置为 TYPICAL 或更高时，Java 池顾问在内部会被打开。这些统计信息在顾问被关闭时会被重置。

6. 流池

流池用于存储缓冲的队列信息，并为 Oracle 流的捕获进程和应用进程提供内存。流池专门由 Oracle 流使用。

如果没有专门配置流池，则其大小从零开始。流池的大小由 Oracle 流按需动态增长。

7. 固定 SGA

固定 SGA 是内部的内务管理区域。例如，固定 SGA 包含：

- 有关数据库及其实例状态的一般信息，后台进程需要访问这些信息。
- 进程间通信的信息，如有关锁的信息。

固定 SGA 的大小由 Oracle 数据库设置，且不能手动更改。固定 SGA 大小可能会因为版本不同而不同。

3.3.2　程序全局区 PGA

PGA 是特定于一个操作系统进程或线程的内存区，且不和系统上的其他进程或线程共享。由于 PGA 是特定于进程的，所以它决不会在 SGA 中分配。PGA 是包含某个专用或共享服务器进程所需的会话变量的内存堆。服务器进程在需要时会在 PGA 中分配内存结构。

图 3.9 显示了某个未配置为共享服务器的实例的 PGA(所有 PGA 的集合)。可以使用一个初始化参数设置实例 PGA 的目标最大大小。根据需要，各个 PGA 可以按需增大到这个目标大小。

PGA 被进一步细分为多个不同区域，每一个都有不同的目的。图 3.10 显示了一个专用服务器会话的 PGA 中可能包含的内容。

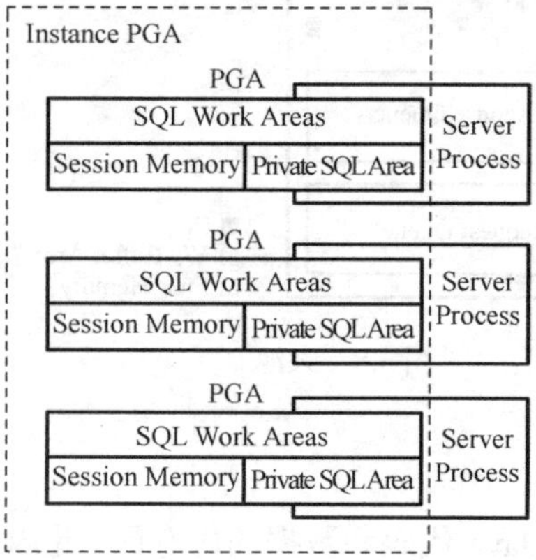

图 3.9 实例 PGA

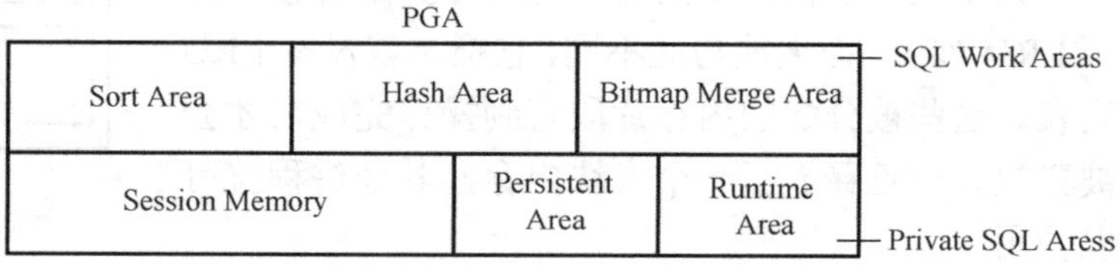

图 3.10 PGA 内容

1）固定 PGA（Fixed PGA）

包含大量原子变量、小的数据结构和指向可变 PGA 的指针。这些变量在源码中定义，在编译时分配，可以被认为是 PGA 的保留内存。

2）可变 PGA（Variable PGA）

通过具体的内存 Heap 分配来实现，其空间分配在使用时可以变化，通过内部视图 x$ksmpp 可以查询可变 PGA 内存的分配和使用情况。

可变 PGA 又分为以下两种：

(1) 会话内存（Session Memory）：用于存放会话的登录信息和其他相关信息。对于共享服务器模式，这部分内存为共有而非私有。

(2) 私有的 SQL 区（Private SQL Area）：包含绑定变量信息、查询执行状态信息及查询工作区等。

对于专有服务器模式，这部分内存在 PGA 中分配；对于共享服务器模式，则在 SGA 中分配。

PGA 内存分配取决于数据库使用专用的还是共享的服务器连接。表 3.1 显示了二者差异之处。

表 3.1 专用和共享服务器之间的内存分配差异

内存区	专用服务器	共享服务器
会话内存的性质	私有的	共享的
持久区域的位置	PGA	SGA
DML/DDL 语句的运行时区域的位置	PGA	PGA

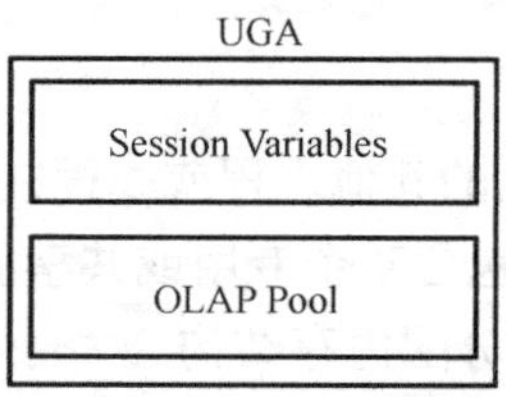

图 3.11 用户全局区（UGA）

3.3.3 用户全局区 UGA

UGA 是为会话变量分配的会话内存，如登录信息和数据库会话所需的其他信息。实际上，UGA 存储了会话状态。UGA 描述如图 3.11 所示。

如果某个会话将 PL/SQL 包加载到内存，则在 UGA 中包含包状态，即所有包变量在某个特定的时刻所存储的值集。当包的子程序更改变量的值时，包状态也将更改。默认情况下，包变量在会话的存活期间是唯一且持久的。

OLAP 页面缓冲池也存储在 UGA 中。该池管理相当于数据块的 OLAP 数据页面。页面缓冲池在启动一个 OLAP 会话时分配，并在该会话结束时释放。每当用户查询一个多维对象(如立方体)时，就会自动打开一个 OLAP 会话。

该 UGA 必须在数据库会话的整个存活期间是可用的。由于这个原因，当使用共享服务器的连接时，UGA 不能存储在 PGA 中，因为 PGA 是特定于单个进程的。因此，当使用共享服务器连接时，UGA 被存储在 SGA 中，以使任何共享服务器进程都能访问它。在使用专用服务器的连接时，UGA 存储在 PGA 中。

3.3.4 Oracle 数据库的内存管理

内存管理涉及维护 Oracle 实例内存结构的最优大小，以满足数据库的变更需求。Oracle 数据库基于与内存相关的初始化参数设置来管理内存。在 Oracle 的发展过程中，Oracle 的内存管理也在不断进化：从 Oracle 8i 到 9i——解决了 PGA 的自动管理，从 9i 到 10g——解决了 SGA 的自动管理，从 10g 到 11g——解决了整个内存(SGA＋PGA)的自动管理。

1) 手动 PGA 管理

Oracle 8i 所采取的方式。在高版本中需要设置 WORKAREA_SIZE_POLICY = manual，然后分别指定 SORT_AREA_SIZE 等 PGA 相关的参数。

2) 自动 PGA 内存管理

Oracle 9i 引入的方式。这里只需要设置 PGA_AGGREGATE_TARGET 的值。如果要做到精细控制而切换到手动 PGA 内存管理模式，需要设定 WORKAREA_SIZE_POLICY = manual (默认 AUTO)，再另行设置 SORT_AREA_SIZE 等值。

3) 手工共享内存管理

Oracle 9i 采取的内存管理方式。SGA_TARGET 与 MEMORY_TARGET 都要设置为 0。然后手工设定 SHARE_POOL_SIZE 、DB_CACHE_SIZE 等 SGA 参数。

4) 自动共享内存管理

Oracle 10g 采取的内存管理方式。参数 SGA_TARGET 指定由 ORACLE 自动管理的内存，不能大于 SGA_MAX_SIZE。启用内存管理，要求 STATISTICS_LEVEL 不为 BASIC。以下内存仍需手工配置：非标准 BLOCK_SIZE 的 CACHE、KEEP/RECYCLE BUFFER CACHE、REDO LOG BUFFER、STREAM POOL。

5) 自动内存管理(AMM)

默认 Oracle 11g 实例采取的方式。引入新参数 MEMORY_TARGET 及参数 MEMORY_MAX_TARGET，不再需要设置 SGA_TARGET 和 PGA_AGGREATE_TARGET。

Oracle 11g 中有两个新的关键的内存初始化参数 MEMORY_TARGET(这个参数设置分配给实例的内存数)和 MEMEORY_MAX_SIZE(这个参数是可选的，设置实例能够分配的最大内存，设置的是 MEMORY_TARGET 的上限值)。MEMEORY_MAX_SIZE 参数是静态，然而 MEMORY_TARGET 是动态的。因此可以调整 MEMORY_TARGET 参数值的大小，但上限是 MEMEORY_MAX_SIZE。

对自动内存管理的配置有两种情况，在创建数据库时或者在创建数据库后。

(1) 在数据库创建期间设置自动内存管理。如果是手工建库，那么只需要设置好如下类似初始化参数即可：

```
MEMORY_TARGET = 1000m
MEMORY_MAX_TARGET = 1500m
```

如果是采用 DBCA 创建数据库，是创建新库并且是高级安装，则只能选择自动内存管理选项。如果是选择基本安装，那么默认就是自动内存管理。

(2) 在数据库创建后。可以在数据库创建后添加 MEMORY_MAX_TARGET 和 MEMORY_TARGET。虽然 MEMORY_TARGET 是一个动态参数，但是当数据库运行时，不能变换到自动内存管理。必须重启数据库将参数应用到实例启动过程才行。

如果需要监视 MEMORY_TARGET 的状况则可以使用下面三个动态视图：

V$MEMORY_DYNAMIC_COMPONENTS

V$MEMORY_RESIZE_OPS

V$MEMEORY_TARGET_ADVICE

使用下面 Command 来调节大小：

```
SQL>ALTER SYSTEM SET MEMORY_MAX_TARGET = 1024M SCOPE = SPFILE;
SQL>ALTER SYSTEM SET MEMORY_TARGET = 1024M SCOPE = SPFILE;
SQL>ALTER SYSTEM SET SGA_TARGET =0 SCOPE = SPFILE;
SQL>ALTER SYSTEM SET PGA_AGGREGATE_TARGET = 0 SCOPE = SPFILE;
```

3.4 进程结构

进程是在操作系统中可以运行一系列步骤的机制。该机制取决于操作系统。进程与程序的区别如下：

(1) 进程是动态的概念，即动态创建，完成任务后立即消亡；而程序是一个静态实体。

(2) 进程强调执行过程，而程序仅仅是指令的有序集合。

代码模块由进程来运行。所有已连接的 Oracle 数据库用户必须运行以下模块来访问数据库实例：

(1) 应用程序或 Oracle 数据库实用程序。数据库用户运行一个数据库应用程序，如预编译器程序或数据库工具(如 SQL*Plus)，来向数据库发出 SQL 语句。

(2) Oracle 数据库代码。每个用户都具有为其运行的 Oracle 数据库代码，以解释和处理应用程序的 SQL 语句。

进程通常在其自己的私有内存区运行。大多数进程可以定期写入一个关联的跟踪文件。

多进程 Oracle(多用户 Oracle)使用几个进程来运行 Oracle 数据库代码的不同部分，并为用户运行一些其他进程——或者每个连接的用户一个进程，或者由多个用户共享一个或多个进程。大多数数据库都是多用户的，因为数据库的主要优势是管理同时由多个用户所需的数据。

数据库实例中的每个进程执行某个特定的作业。通过将数据库和应用程序的工作划分成几个进程，多个用户和应用程序可以同时连接到实例，而系统仍可提供较好的性能。

3.4.1 进程分类

数据库实例包含如下类型的进程，或与以下类型的进程进行交互：

(1) 客户端进程，运行应用程序或 Oracle 工具代码。

(2) Oracle 进程，运行 Oracle 数据库代码。

Oracle 进程包括下列子类型：

(1) 后台进程，与数据库实例同时启动，并执行一些维护任务，如执行实例恢复、清理进程、将重做缓冲区写入磁盘等。

(2) 服务器进程，基于客户端请求，执行相应的工作。例如，这些进程解析 SQL 查询、将查询放入共享池、为查询创建并执行查询计划，将数据从数据库缓冲区高速缓存(或从磁盘)读入缓冲区。

(3) 从属进程，为后台进程或服务器进程执行额外任务。

进程的结构取决于操作系统及选择了哪些 Oracle 数据库选项。例如，已连接用户的代码可能会配置为专用服务器或共享服务器的连接。在一个共享服务器的体系结构中，每个运行数据库代码的服务器进程可以为多个客户端进程服务。

下面着重介绍一下服务器进程和后台进程。

3.4.2 服务器进程

服务器进程由 Oracle 自身创建，以处理连接到实例的客户端进程的请求。客户端进程总是通过单独的服务器进程与数据库进行通信。

服务器进程分为以下两种：

1) 专用服务器进程

对于专用服务器连接，客户端连接与一个且仅与一个服务器进程相关联。每个客户端进程直接与其服务器进程进行通信。在会话期间，此服务器进程专用于其客户端进程。服务器进程将特定于进程的信息和 UGA 存储在其 PGA 中。

2) 共享服务器进程

对于共享服务器连接，客户端应用程序通过网络连接到一个调度器进程，而不是一个服务器进程。例如，20 个客户端进程可能会仅连接到一个单一的调度器进程。调度器进程接收来自已连接客户端的请求，并将它们放入大池中的请求队列。第一个可用的共享服务器进程从队列承接一个请求并处理。之后，共享服务器进程将结果放回调度器响应队列。调度器进程会监视此队列，并将其结果传回客户端。

与专用服务器进程类似，共享服务器进程也有其自己的 PGA。但是，会话的 UGA 位于 SGA 中，以便任何共享服务器进程可以访问其中的会话数据。

服务器进程主要完成下列任务：

(1) 解析并运行通过应用程序发出的 SQL 语句，包括创建和执行查询计划。

(2) 执行 PL/SQL 代码。

(3) 将数据块从数据文件读入数据库缓冲区高速缓存(将已修改的块写回磁盘是 DBWn 后台进程的任务)。

(4) 返回结果信息，以便应用程序可以进一步处理。

3.4.3 后台进程

多进程 Oracle 数据库会使用某些称为后台进程的额外进程。后台进程执行操作数据库所需的维护任务，并最大化多用户性能。

每个后台进程都有其单独的任务，但又与其他进程相互协作。例如，LGWR 进程将重做日志缓冲区中的数据写入到联机重做日志。当已填充的日志文件将被存档时，LGWR 通知另一个进程来归档该文件。

数据库实例启动时，Oracle 数据库将自动创建后台进程。实例可能会有许多后台进程，但并不是所有这些进程在每种数据库配置中都存在。查询数据库上运行的后台进程的语句如下：

```
SELECT  PNAME
FROM    V$PROCESS
WHERE  PNAME  IS  NOT  NULL
ORDER   BY   PNAME;
```

下面详细介绍 Oracle 实例的后台进程。

1. 数据库写入器进程(DBWn)

DBWn 负责将数据块缓存区内被修改过的数据块成批写入数据文件中永久保存，同时使数据库高速缓存区有更多的空闲缓存块，保证服务器进程将所需要的数据从数据文件中读取到数据高速缓冲区中，提高缓存命中率。Oracle 系统预设激活一个 DBWn 处理程序，但在大型数据库系统下，数据库变动情况可能十分频繁，可依实际需求额外配置其他的 Database Writer 处理程序。在许多情况下，DBWn 写入的块将遍布整个磁盘。因此，读写操作往往要比由 LGWR 执行的顺序写入速度慢。DBWn 进程尽可能进行多块写入，以提高效率。多块写入的数据块数量因操作系统而异。

2. 日志写入器进程(LGWR)

LGWR 将缓冲区中的一个连续部分写入联机重做日志。通过分离各种修改数据库缓冲区任务，将脏缓冲区分散写入磁盘，而将重做缓冲区顺序写入磁盘，提高了数据库性能。

在以下情况下，LGWR 将自上次最后写入以来，复制到缓冲区的所有重做条目写入联机重做日志：

(1) 用户提交了事务。

(2) 发生了在线重做日志交换。

(3) 自 LGWR 最后一次写入到现在超过了 3s。

(4) 重做日志缓冲区已达到 1/3 满，或包含 1MB 以上被缓冲的数据。

(5) DBWn 必须将修改的缓冲区写入磁盘。

重做日志缓冲区条目总是包含数据库的最新状态，因为 DBWn 进程可以一直等待到数据块缓冲区中的修改数据块写入数据文件中。

3. 系统监视器进程(SMON)

SMON 负责各种系统级清理职责。包括以下内容：

(1) 如有必要，在实例启动时执行实例恢复。

(2) 在实例恢复期间，由于读文件或表空间脱机错误而跳过的已终止事务，由 SMON 进行恢复。

(3) 清理未使用的临时段，合并在字典管理的表空间中的多个连续空闲扩展区。

SMON 进程除了在实例启动时执行一次外，在实例运行期间它会被定期唤醒，检查是否有工作需要其完成。如果有其他任何进程需要使用 SMON 进程的功能，它们将随时唤醒 SMON 进程。

4. 进程监视器(PMON)

当某个使用者处理程序异常终止时，PMON 清除数据块缓冲区内不再使用的空间，并释放该程序之前使用的系统资源。与 SMON 进程类似，PMON 在实例运行期间会被定期唤醒，检查是否有工作需要其完成。如果有其他任何进程需要使用 PMON 进程的功能，它们将随时唤醒 PMON 进程。

5. 检查点进程(CKPT)

检查点是一个事件，当该事件发生时，使用检查点信息更新控制文件和数据文件头，并通知 DBWn 将块写入磁盘。检查点信息包括检查点位置、SCN、联机重做日志中的起始恢复位置等。在 Oracle 数据库内部定义了许多基于特定操作的检查点，在不同时刻执行不同级别的检查点。

(1) 数据库检查点：每一次日志切换时，执行一个数据库检查点，DBWn 进程将数据库高速缓冲区中的脏缓存块写入数据文件中。

(2) 表空间检查点：当一个表空间设置为脱机状态时，执行一个表空间检查点，DBWn 进程把数据库高速缓冲区中与该表空间相关的脏缓冲块写入数据文件中。

(3) 时间检查点：可以设置以时间为基础的检查点，每隔一段时间执行一次检查点。需要为检查点设置一个合适的执行间隔，间隔太短，将会产生过多的硬盘 I/O 操作；间隔太长，数据库的恢复将耗费太多时间。

CKPT 不会将数据块写入数据文件，也不会将重做块写入联机重做日志文件，如图 3.12 所示。在适当时候产生一个 checkpoint 事件，其意义如下：

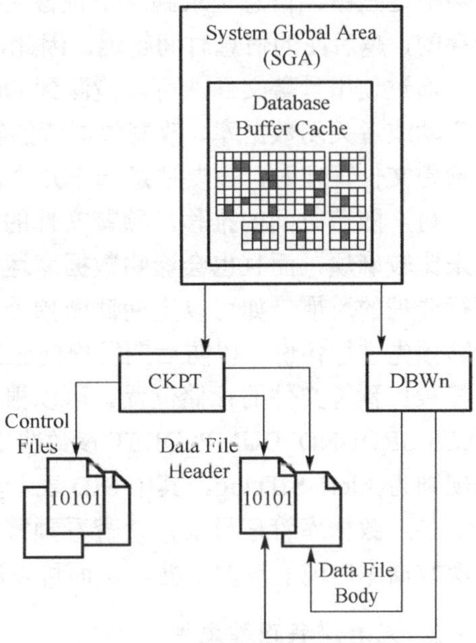

图 3.12 检查点进程

(1) 确保缓冲区内经常被变动的数据也要定期被写入数据文件。

(2) 在 checkpoint 之后，因为所有更新过的数据已经回写至磁盘数据文件，万一需要进行实例恢复时，就不再需要 checkpoint 之前的重置记录，这样，可缩短数据库重新激活的时间。

(3) checkpoint 发生后，CKPT 会先通知 DBWn 将数据块缓存区的改动数据回写到数据文件，然后更新数据文件与控制文件的 checkpoint 信息。

6. 可管理性监视器进程(MMON)

执行许多与自动工作负载存储库(AWR)相关的任务。例如，当某个度量超出其阈值时，MMON 会写入信息，并拍摄快照，捕获最近修改的 SQL 对象的统计信息。

7. 可管理性监视器轻量进程(MMNL)

将 SGA 中的活动会话历史(ASH)缓冲区统计信息写入磁盘。当 ASH 缓冲区已满时，MMNL 将其写入磁盘。

8. 恢复器进程(RECO)

在一个分布式数据库中，RECO 会自动解决在分布式事务中的故障。一个节点的 RECO 进程会自动连接到可疑分布式事务中涉及的其他数据库。当 RECO 数据库之间重新建立了连接后，它会自动解决所有可疑事务，从每个数据库事务表中删除任何与可疑事务对应的未决事务行。

3.4.4 诊断数据管理

在 Oracle 数据库中，诊断文件用于捕捉数据库的活动信息。包括预警文件、后台进程跟踪文件及用户跟踪文件 3 种类型。下面详细介绍这 3 种类型。

1. 预警文件

预警文件由连续的消息与错误组成。当例程在运行的过程中，若出现错误，则数据库系统会把这些错误信息记录到这个预警文件中。通常情况下，这些消息与错误是按照时间顺序保存的，越后面的信息时间越迟。因此，当查看预警文件时往往需要从文件的结尾开始看起。

通过使用预警文件，可以检测到 Oracle 数据库的内部错误；可以监视数据库操作，如用户启动或者关闭数据库、改变数据库的物理结构等操作；也可以查看非默认的初始化参数等。在预警文件管理时，需要注意如下几个问题：

(1) 随着时间的推移，预警文件的体积会越来越大。当其达到一定的容量时，不仅查看起来比较麻烦，而且也会影响数据库运行的效率。所以数据库管理员应养成定期对预警文件进行清理的习惯。如可以定期截断预警文件，或者也可以定期进行删除。在删除之前，最好能够预先进行备份，以防后期发现问题需要用到该诊断文件。

(2) 预警文件的存储位置。可以根据自己的需要进行设置，默认情况下，其存储位置由 BACKGROUND_DUMP_DEST 参数决定。另外，文件名字也有其固定的规则。预警文件的命名规则为 Alert_SID.log，其中 SID 表示数据库服务的例程名字。

(3) 数据库管理员要定期查看预警文件。有时预警文件显示的错误信息，可以帮助提前发现数据库出现崩溃的征兆，从而可以减少由此带来的损失。

2. 后台进程跟踪文件

在数据库后台进程运行的过程中，数据库会对进程进行实时跟踪。后台进程跟踪文件主要用来诊断后台进程的警告或者错误信息。主要记录两类信息：警告信息和错误信息。警告信息就是指那些对当前例程不会有不利影响，但数据库会认为不怎么合适或者可能会对其他进程产生不利影响的一些信息。错误信息就是指当前配置给后台进程造成的阻碍甚至无法顺利运行某个进程的一些信息。如假设某个数据文件出现了损坏无法读取，那么当数据库服务器发出检查点时，数据库系统会将后台进程所检测的错误信息写入该进程的跟踪文件中去。当数据库管理员怀疑某个进程出现了问题，则只要查看这个后台进程跟踪文件。在后台进程跟踪文件中，若是错误信息，则往往是以 Error 开头，从而与一些警告信息进行区别。

通常情况下，后台进程追踪文件的位置由初始化参数 BACKGROUND_DUMP_DEST 确定。可以根据自己需要，为其指定一个合适的位置。当企业并发性访问的用户比较多时，要注意这个存放位置的容量问题。后台进程跟踪文件与预警文件一样，也有其固定的命名规则，其命名规则为 SID_PROCESSNAME _SPID.trc，这里 SID 表示例程名，而 SPID 表示后台进程对应的 OS 进程号。如 Oracle 数据库若是部署在 Linux 系统上，则就可以通过 TOP 命令，显示当前 Oralce 数据库所开启的进程，并且也会显示其所对应的进程号。

另外，若不知道当前后台进程跟踪文件的存储路径，也可以通过 Show Paramater 命令来显示当前参数的值。预警文件也可以利用这个命令来显示诊断文件当前的存储位置。

Value 处显示的就是当前后台进程跟踪文件的存储位置。其实，预警文件与后台进程跟踪文件的存储位置是一样的。

3. 用户跟踪文件

如果需要了解用户平时主要使用哪些 SQL 语句，则可以查看用户跟踪文件。用户跟踪文件主要用来收集用户应用 SQL 语句的统计信息。用户跟踪文件与其他两个诊断文件的不同之处如下：

(1) 其他两个诊断文件主要是用来记录一些异常信息，如错误信息与警告信息等。但是，用户追踪文件则不同，它主要用来收集一些用户应用 SQL 语句的统计信息，所以其记录的侧重点不同。

(2) 保存位置不同。其他两个诊断文件主要是通过 BACKGROUND_DUMP_DEST 来确定。但用户追踪文件则不同，它的位置由初始化参数 USER_DUMP_DEST 确定，默认情况下，它们的存储位置也不同。相同的是，数据库管理员都可以根据实际的需要，更改这些初始化参数，从而根据用户的需要在特定的位置保存这些诊断文件。

(3) 用户跟踪文件依赖于其他的进程，而其他两个诊断文件则不需要。如用户要利用进程追踪文件跟踪 SQL 语句时，必须首先激活 SQL 跟踪功能。在 Oracle 数据库中，主要可通过 3 种方式激活 SQL 跟踪程序：激活当前会话的 SQL 跟踪、激活特定会话的 SQL 跟踪、激活所有会话的 SQL 跟踪。数据库管理员需要根据自己的使用情况，来选择合适的激活方式。

用户追踪文件最常用的用途就是利用这个文件来改善数据库的性能。因为用户追踪文件收集了用户应用 SQL 语句的统计信息，从而数据库管理员可以利用这个文件分析 SQL 语句的执行性能，并做出相应的 SQL 语句性能调整规划。通过对 SQL 语句的调整，如调整其排序规则、SQL 语句优化等，可以在很大程度上改善数据库的性能，特别是能够明显的缩短用户查询的等待时间。由此可见，诊断文件不但有助于数据库管理员解决数据库故障，而且也可以为数据库管理员进行数据库优化提供数据上的支持。

3.5 本章小结

本章主要介绍了数据库实例的概念、结构及其工作方式。

数据库实例由内存结构和后台进程两部分组成。Oracle 数据库内存结构根据存放内容性质的不同，分为系统全局区(SGA)、程序全局区(PGA)和用户全局区(UGA)。系统全局区存放整个系统的共享信息，主要包括数据库缓冲区高速缓存、重做日志缓冲区、共享池、大池、Java 池、流池和固定 SGA。程序全局区是特定于一个操作系统进程或线程的内存区，且不和系统上的其他进程或线程共享，包括固定 PGA 和可变 PGA，而可变 PGA 又包括会话内存和私有的 SQL 区。用户全局区是为会话变量分配的会话内存，如登录信息和数据库会话所需的其他信息。Oracle 数据库内存管理涉及维护 Oracle 实例内存结构的最优大小，以满足数据库的变更需求。

数据库中的进程分为客户端进程和Oracle进程，其中Oracle进程又包括后台进程、服务器进程和从属进程。服务器进程由Oracle自身创建，以处理连接到实例的客户端进程的请求。后台进程包括DBWn、LGWR、SMON、PMON、CKPT、MMON、MMNL和RECO。诊断文件用于捕捉数据库的活动信息，包括预警文件、后台进程跟踪文件及用户跟踪文件3种类型。

思 考 题

1. 说明数据库与实例之间的区别与联系。
2. 简述实例的概念及其结构。
3. 试说明数据库内存结构中SGA和PGA的组成，以及这两个内存区存放信息的区别。
4. 简述Oracle数据库中数据库缓冲区高速缓存，重做日志缓冲区和共享池的功能。
5. 简述Oracle数据库进程的类型及其各自的任务。
6. 试述服务器进程的主要任务。
7. Oracle数据库中后台进程有哪些？各自的功能是什么？
8. 试述DBWn进程的工作原理。
9. 简要介绍一下CKPT的工作原理。
10. 查看数据库SGA各个组件的大小。

第 4 章　Oracle 数据库的创建、启动和关闭

在使用 Oracle 之前，必须根据自己的需要创建数据库。在本章中，我们首先介绍 Oracle 数据库的两种创建方法：利用数据库配置管理工具和手工创建，然后介绍 Oracle 数据库的启动与关闭。

4.1　数据库设计方法

数据库设计是信息系统开发和建设的核心技术，它是把现实世界的数据经过人为加工和计算机处理，又为现实世界提供信息的过程。具体来说，数据库设计是指对于一个给定的应用环境，结合具体的用户需求，构造较优的数据库模式，建立数据库及其应用系统，使之能够有效地存储数据，满足数据处理要求。

数据库设计的基本任务是：根据用户的需求(信息需求、处理需求)和数据库的支撑环境(DBMS、操作系统和硬件)，设计出数据模式(包括外模式、逻辑模式和内模式)及典型的应用程序。其中，信息需求表示用户所需要的数据及其结构；处理需求表示需要经常进行的数据处理，如工资计算、成绩统计等。

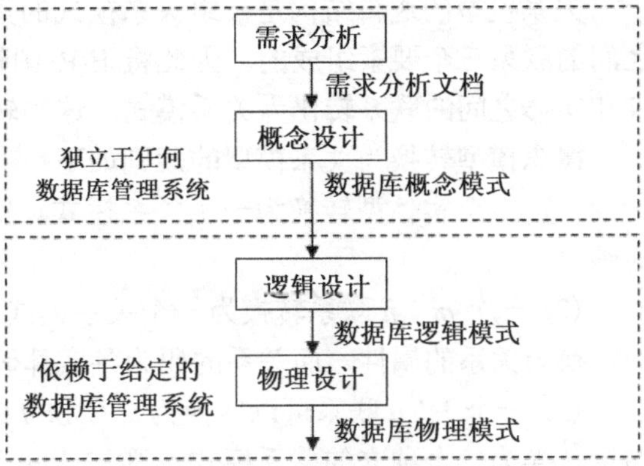

图 4.1　新奥良法的数据库设计的过程

数据库设计是一项工程技术，应有科学的理论和方法作指导，否则，工程的质量难以保证，常常是数据库运行了一段时间就不同程度地发生各种问题，增加了系统维护的代价。数据库设计有许多方法，常见的有：视图模型化及视图汇总设计法、关系模式设计法、新奥尔良(New Orleans)方法、基于 E-R 模型的数据库设计方法、基于 3NF(第三范式)的设计方法、基于抽象语法规范的设计方法、计算机辅助设计方法。在这些方法中，比较常用的方法就是新奥尔良法，它将数据库设计分为需求分析、概念设计、逻辑设计和物理设计 4 个阶段，其设计过程如图 4.1 所示。下面主要介绍其中的逻辑设计和物理设计。

4.1.1　数据库的逻辑设计

逻辑结构设计的任务就是把概念结构设计阶段设计好的概念模型转换为与具体的 DBMS 所支持的数据模型(通常是关系模型)相符的逻辑结构，根据概念结构设计的阶段性结果转换成关系模式，然后对关系模式进行规范化处理，确定完整性约束和视图。

从理论上讲，设计逻辑结构应该选择最适于描述与表达相应概念结构的数据模型，然后对支持这种数据模型的各种 DBMS 进行比较，综合考虑性能、价格等各种因素，从中选出最合适的 DBMS。但在实际中，往往是已给定了某台机器，设计人员没有选择 DBMS 的余地。

目前 DBMS 产品一般只支持关系、网状、层次三种模型中的某一种，对某一种数据模型，各个机器系统又有许多不同的限制，提供不同的环境与工具。因此设计逻辑结构时一般要分三步进行，如图 4.2 所示。

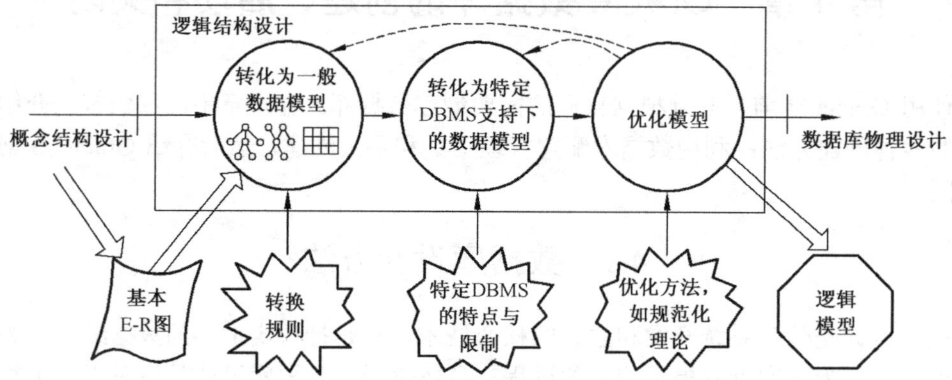

图 4.2　逻辑结构设计步骤

1. E-R 图向关系模型的转换

E-R 图向关系模型的转换要解决的问题是如何将实体和实体间的联系转换为关系模式，如何确定这些关系模式的属性和码。

关系模型的逻辑结构是一组关系模式的集合，而 E-R 图则是由实体、实体的属性和实体之间的联系三个要素组成的。因此将 E-R 图转换为关系模型实际上就是要将实体、实体的属性和实体之间的联系转化为关系模式，这种转换一般要遵循一定的规则。

概念模型转换为关系模型的规则如下：

(1) 一个实体型转换为一个关系模式。实体的属性就是关系的属性，实体的码就是关系的码。

(2) 一个 $m:n$ 联系转换为一个关系模式。与该联系相连的各实体的码及联系本身的属性均转换为关系的属性，而关系的码为各实体码的组合。

(3) 一个 $1:n$ 联系可以转换为一个独立的关系模式，也可以与 n 端对应的关系模式合并。如果转换为一个独立的关系模式，则与该联系相连的各实体的码及联系本身的属性均转换为关系的属性，而关系的码为 n 端实体的码。

(4) 一个 $1:1$ 联系可以转换为一个独立的关系模式，也可以与任意一端对应的关系模式合并。如果转换为一个独立的关系模式，则与该联系相连的各实体的码及联系本身的属性均转换为关系的属性，每个实体的码均是该关系的候选码。如果与某一端对应的关系模式合并，则需要在该关系模式的属性中加入另一个关系模式的码和联系本身的属性。

(5) 3 个或 3 个以上实体间的一个多元联系转换为一个关系模式，与该多元联系相连的各实体的码及联系本身的属性均转换为关系的属性，而关系的码为各实体码的组合。

(6) 同一实体集的实体间的联系，即自联系，也可按上述 $1:1$，$1:n$ 和 $m:n$ 三种情况分别处理。

(7) 具有相同码的关系模式可合并。为了减少系统中的关系个数，如果两个关系模式具有相同的主码，可以考虑将它们合并为一个关系模式。合并方法是将其中一个关系模式的全部属性加入到另一个关系模式中，然后去掉其中的同义属性(可能同名也可能不同名)，并适当调整属性的次序。

2. 数据模型的优化

数据库逻辑设计的结果不是唯一的。为了进一步提高数据库应用系统的性能，还应该适当地修改、调整数据模型的结构，这就是数据模型的优化。关系数据模型的优化通常以规范化理论为指导，方法如下：

(1) 确定数据依赖。即按需求分析阶段所得到的语义，分别写出每个关系模式内部各属性之间的数据依赖，以及不同关系模式属性之间数据依赖。

(2) 对于各个关系模式之间的数据依赖进行极小化处理，消除冗余的联系。

(3) 按照数据依赖的理论对关系模式逐一进行分析，考察是否存在部分函数依赖、传递函数依赖、多值依赖等，确定各关系模式分别属于第几范式。

(4) 按照需求分析阶段得到的各种应用对数据处理的要求，分析对于这样的应用环境这些模式是否合适，确定是否要对它们进行合并或分解。

必须注意的是，并不是规范化程度越高的关系就越优。当一个应用的查询中经常涉及两个或多个关系模式的属性时，系统必须经常地进行连接运算，而连接运算的代价是相当高的，可以说关系模型低效主要就是做连接运算引起的，因此在这种情况下，第二范式甚至第一范式也许是最好的。又如，非 BCNF 的关系模式虽然从理论上分析会存在不同程度的更新异常或冗余，但如果在实际应用中对此关系模式只是查询，并不执行更新操作，则就不会产生实际影响。因此对于一个具体应用来说，到底规范化进行到什么程度，需要权衡响应时间和潜在问题两者的利弊才能决定。但就一般而论，第三范式也就足够了。

(5) 对关系模式进行必要的分解或合并。规范化理论为数据库设计人员判断关系模式优劣提供了理论标准，可用来预测模式可能出现的问题，使数据库设计工作有了严格的理论基础。

4.1.2 数据库的物理设计

数据库最终是通过物理存储设备(如磁盘)以文件的形式存储的。数据库在物理设备上的存储结构与存取方法称为数据库的物理结构，它依赖于给定的计算机系统。为一个给定的逻辑数据模型设计一个最适合应用要求的物理结构的过程，就是数据库的物理设计。

关系数据库物理设计的内容主要指选择存取方法和存储结构，包括确定关系、索引、聚簇、日志、备份等的存储安排和存储结构，确定系统配置等。

关系数据库的物理设计通常分为以下 3 步：

(1) 分析影响数据库物理设计的因素。

(2) 为关系模式选取存取方法。

(3) 设计关系、索引等数据库文件的物理存储结构，并对设计的结果进行评价。评价的重点是时间和空间效率。

如果评价结果满足原设计要求则可进入物理实施阶段，否则就需要重新设计或修改物理结构，有时甚至要返回逻辑设计阶段修改数据模型。

1. 物理设计的内容和方法

由于不同的数据库产品所提供的物理环境、存取方法和存储结构各不相同，供设计人员使用的设计变量、参数范围也各不相同，因此数据库的物理设计没有通用的设计方法可以遵循，只能给出一般的设计内容和原则。

（1）通常要设计优化的物理数据库结构，使得在数据库上运行的各种事务响应时间小、存储空间利用率高、事务吞吐率大。

（2）对要运行的事务进行详细分析，获得选择物理数据库设计所需要的参数。

（3）要充分了解所用 RDBMS 的内部特征，特别是系统提供的存取方法和存储结构。

1）关系数据库物理结构设计的内容

通常，关系数据库物理结构设计的内容主要包括：

（1）为关系模式选择存取方法。

（2）设计关系、索引等数据库文件的物理存储结构。

2）确定关系的存取方法的依据

用户在确定存储结构和存取方法之前，必须对数据库系统支持的事务进行详细分析，获得选择优化数据库物理设计策略所需要的参数。

（1）数据库查询事务。

- 要查询的关系。
- 查询条件(即选择条件)所涉及的属性。
- 连接条件所涉及的属性。
- 查询所涉及投影操作的属性。

（2）数据库更新事务。

- 要更新的关系。
- 每个关系上的更新操作的类型。
- 删除和修改操作条件所涉及的属性。
- 修改操作要更改的属性值。

（3）其他。上述这些信息是用户确定关系存取方法的依据。除此之外，用户还需要知道每个事务在各个关系上的运行频率，及估算一下大概的数据量。但某些事务可能具有严格的性能要求，如在银行系统中，取款事务必须在 60s 内结束。这种时间约束对存取方法的选择具有重大的影响。因此需要了解每个事务的时间约束。

如果一个关系的更新频率很高，这个关系上定义的索引等存取策略的数据应该尽量减少。这是因为更新一个关系时，我们必须更新大量的索引，此时会降低数据更新的速度。

值得注意的是，在进行数据库物理设计时，用户通常并不知道所有的事务，所以上述信息可能不完全。因此在系统运行过程中，要不断的修改和优化物理结构，以适应新事务的要求。

2. 关系模式存取方法选择

在数据库的物理结构中，数据的基本单位是记录，记录是以文件的形式存储的，一条存储记录就对应着关系模式中的一条逻辑记录。在文件中还要存储记录的结构，如各字段长度、记录长度等，增加必要的指针及存储特征的描述。如何快速地读写这些信息，是用户选择存储方法的主要目的。存取方法是快速存取数据库中数据的技术，一般数据库管理系统都能提供多种存取方法。常用的存取方法有 3 类：索引、聚簇和 HASH 方法。下面着重了解一下这些方法。

1）索引存取方法的选择

索引的选择是数据库物理设计的基本问题之一，也是比较困难的问题。原则上可以列举各种可能的方案，进行代价估算，从中挑选出最佳的方案。但这样做，存在以下问题：

(1) 数据库中的文件不是孤立的，要考虑彼此的影响。

(2) 可能的方案太多，即使用计算机计算也难以承受。

(3) 访问路径与 DBMS 的优化策略有关。

(4) 设计目标比较复杂。

(5) 代价估算比较困难。

鉴于上述原因，在手工设计时，一般按启发式规则选择索引。即使在数据库的计算机辅助设计工具中，也是先用启发式规则限制选择范围，再用简化的代价比较法选择索引。

下面介绍采用启发式规则选择索引的一般原则：

(1) 不宜建立索引的条件如下：

· 不出现或者很少出现在查询条件中的属性。

· 属性值很少的属性。比如“性别”的取值只有两种情况，若在其上建立索引，则平均起来每个属性值对应一半的元组，用索引检索还不如顺序扫描。

· 属性值分布严重不均的属性。例如，学生信息中的“所在院系”，大量学生分布在几个院系，若按院系属性建立索引，则在检索某个学院的学生时，会涉及相当多的学生。

· 经常更新的属性或表。

· 过长的属性。因为在过长的属性上建立索引，索引所占的存储空间较大，而索引级数也随之增加，有诸多不利之处。如果实在需要在其上建立索引，必须采取索引属性压缩措施。

· 太小的表。如果某个表的数据小于 6 个物理块，完全可以不用索引，因为采用全表顺序扫描的方式，也最多不过 6 次 I/O，不值得采用索引。

(2) 可以考虑建立索引的条件如下：

· 主键码和外键码一般都建有索引，这有利于主键码唯一性检查和引用完整性约束检查；主键码和外键码通常都是连接条件中的公共属性，建立索引可显著提高连接查询的效率。

· 对于以读为主或只读的表，只要需要，存储空间又允许，可以多建索引。

· 对于等值查询(即查询条件以“=”号为比较符)，如果返回的元组数占总元组数据的 5%～20%，可以考虑建立索引。

· 对于范围查询(即查询条件以“< >”等为比较符)，可以在有关的属性上建立索引。

· 有些可以从索引直接得到结果，不必访问数据块。对于这种查询，在有关属性上建立索引是有利的。

上述选择索引的规则仅仅是原则性的。也许有些索引既有建立的理由，又有不宜建立的理由，这只能由设计者权衡。用户可以在系统实际运行过程中，根据系统的运行情况进行调整。如有些索引一时难以决定是否建立，可以等到运行时通过实验来确定。

2) 聚簇存取方法的选择

为了提高某个属性(或属性组)的查询速度，把这个或这些属性上具有相同值的元组集中存放在连续的物理块称为聚簇。

聚簇可以大幅提高按聚簇码进行查询的效率。例如，要查询计算机学院的所有学生的名单，假设计算机学院有 500 名学生，在极端的情况下，这 500 名学生分布在 500 个不同的物理块上。尽管已按学号建立了索引，按照索引可以很快找到对应的元组标识，避免了全表扫描，但是在由元组标识去访问数据块时就要存取 500 个物理块，执行 500 次 I/O 操作。如果将这 500 个学生集中存放在连续的几个物理块上，只需要几次 I/O 就可以完成操作。聚簇不但适用于单个关系，也适用于经常进行连接操作的多个关系。一个数据库可以建立多个聚簇，一个关系只能加入一个聚簇。

选择聚簇存取方法，即确定需要建立多少个聚簇，每个聚簇中包括哪些关系。具体步骤如下：

(1) 设计候选聚簇。

- 对经常在一起进行连接操作的关系可以建立聚簇。
- 如果一个关系的一组属性经常出现在相等的比较条件中，则该单个关系可建立聚簇。
- 如果一个关系的一个(或一组)属性上的值重复率很高，则此单个关系可建立聚簇。即对应每个聚簇码值的平均元组数不能太少，如果太少，聚簇的效果就会不明显。

(2) 取消候选聚簇中不必要的关系。

- 从聚簇中删除经常进行全表扫描的关系。
- 从聚簇中删除更新操作远多于连接操作的关系。
- 不同的聚簇中可能包含相同的关系，一个关系可以在某一个聚簇中，但不能同时加入多个聚簇。

(3) HASH 存取方法的选择。有些 DBMS 提供了 HASH 存取方法。选择 HASH 存取方法的规则如下。

如果一个关系的属性主要出现在等值连接条件中或相等比较选择条件中，而且满足下列两个条件之一，则此关系可以选择 HASH 存取方法。

- 如果一个关系的大小可预知，而且不变。
- 如果关系的大小动态改变，而且 DBMS 提供了动态 HASH 存取方法。

3. *确定数据库的存储模式*

设计物理存储结构的目的是确定如何在磁盘上存储关系、索引等数据文件，使得空间利用率最大而数据操作的开销最小。由于物理存储结构的设计包含的方面非常广泛，而且不同的数据库管理系统对磁盘空间管理的策略差别很大，因此下面以分区设计来简单介绍物理存储结构的设计。

数据库系统一般有多个磁盘驱动器，有些系统还带有磁盘阵列(Disk Array)。数据在多个磁盘组上的分布也是数据库物理设计的内容之一，这就是所谓的分区设计。下面是分区设计的一般原则：

- 减少访盘冲突，提高 I/O 的并行性。
- 分散热点数据，均衡 I/O 负荷。
- 保证关键数据的快速访问，缓解系统的瓶颈。

确定数据的存放位置和存储结构要综合考虑存取时间、存储空间利用率和维护代价 3 方面的因素。这 3 方面常常相互矛盾，需要进行权衡，选择一个折中方案。

1) 确定数据的存放位置

为了提高系统性能，应该根据应用情况将数据的易变部分与稳定部分、经常存取部分和存取频率较低部分分开存放。对于有多个磁盘的计算机，可以采用下面几种存取位置的分配方案：

(1) 将表和索引放在不同的磁盘上，这样在查询时，由于两个磁盘驱动器并行工作，可以提高物理 I/O 读写的效率。

(2) 将比较大的表分别放在两个磁盘上，以加快存取速度，这在多用户环境下特别有效。

(3) 将日志文件、备份文件与数据库对象(表、索引等)放在不同的磁盘上，以改进系统的性能。

(4) 对于经常存取或存取时间要求短的对象(如表、索引)应放在高速存储器(如硬盘)上，对于存取频率小或存取时间要求低的对象(如数据库的数据备份和日志文件备份等，只在故障恢复时才使用)，如果数据量很大，可以存放在低速存储设备上。

由于各个系统所能提供的对数据进行物理安排的手段、方法差异很大，因此设计人员应仔细了解给定的DBMS提供的方法和参数，针对具体应用环境的要求，对数据进行适当的物理安排。

2) 确定系统配置

DBMS产品一般都提供一些系统配置变量和存储分配参数，供设计人员和DBA对数据库进行物理优化。在初始情况下，系统已为这些变量赋予了合理的默认值。但是这些默认值不一定适合每一种应用环境。在进行数据库的物理设计时，还需要重新对这些变量赋值，以改善系统的性能。

系统配置变量很多，例如，同时使用数据库的用户数、同时打开的数据库对象数、内存分配参数、缓冲区分配参数(使用的缓冲区长度、个数)、存储分配参数、物理块的大小、物理块装填因子、时间片大小、数据库的大小和锁的数目等，这些参数值影响存取时间和存储空间的分配。物理设计时需要根据应用环境确定这些参数值，以使系统性能最佳。

物理设计时对系统配置变量的调整只是初步的，在系统运行时还要根据实际运行情况做进一步参数调整，以改进系统性能。

4. 数据库物理结构的评价

数据库物理设计过程中需要对时间效率、空间效率、维护代价和各种用户要求进行权衡，其结果可以产生多种方案，数据库设计人员必须对这些方案进行细致的评价，从中选择一个较优的方案作为数据库的物理结构。

评价物理数据库的方法完全依赖于所选用的DBMS，主要是从定量估算各种方案的存储空间、存取时间和维护代价入手，对估算结果进行权衡、比较，选择出一个较优的合理的物理结构。如果该结构不符合用户需求，则需要修改设计。

4.2 创建数据库

在创建数据库之前，必须进行详细的规划和设计，做好创建的准备工作。否则，可能需要花费更大的代价来管理和维护数据库，甚至导致数据库无法正常使用。

4.2.1 创建数据库前的准备

1. 规划数据库

数据库的规划可以从以下几个方面进行。

1) 确定数据库的类型

根据数据库的用途，可以分为事务处理(OLTP)类型、数据仓库(DSS)类型及两者兼具的一般用途的通用类型。

2）确定数据的存储方式

Oracle 11g 数据库存储方式主要有 3 种：以操作系统文件存储的文件系统、采用自动存储管理的 ASM 和集群系统中的裸设备。如果采用文件系统，则需要对组成数据库的操作系统文件进行规划，主要包括数据文件、日志文件和控制文件。需要结合数据库运行时的特点，指定它们在磁盘中的存放位置，以便实现磁盘 I/O 的负载均衡，改善数据库性能。如果采用自动存储管理，则需要预先进行 ASM 的安装与配置。

3）确定数据库的管理方式

Oracle 11g 的数据库管理分为使用 Grid Control 的集中管理和使用 Database Control 的本地管理。如果使用 Grid Control 进行集中管理，需要预先进行 Oracle Enterprise Manager Grid Control 的安装与配置。

4）为新安装的数据库指定全局数据库名

全局数据库名是 Oracle 数据库的全球唯一标识，它的格式如 XXX.域名，其中 XXX 表示 SID，即服务名。

5）熟悉相关初始化参数

初始化参数是进行 Oracle 数据库配置的一些参数指令。当 Oracle 启动并加载数据库时，会获取初始化参数文件中的初始化参数。

2. 检查系统资源和配置

在创建数据库之前，还要对 Oracle 数据库服务器的资源及配置进行检查和调整，以保证服务器系统能满足数据库创建的条件。

在 WindowsXP Professinoal/Win 7/Windows Server 2003/Windows Server 2008 中，系统资源和配置应达到如下要求：

（1）已经安装了 Oracle 11g 数据库服务器软件，并设置了各种必要的环境参数。

（2）当前操作系统用户应该是系统管理员或安装 Oracle 10g 数据库服务器软件时的系统用户，具有足够的操作系统权限。

（3）系统必须具有能够保证 Oracle 实例启动的足够的物理内存空间。

（4）系统必须具有能够保证数据存储需要的磁盘空间。

3. 决定创建数据库的方式

Oracle 11g 中，创建数据库的方式有两种：

（1）利用图形界面的数据库配置助手创建数据库。Oralce 数据库配置助手是 Oracle 公司提供的一个图形化的 Oracle 辅助管理工具。管理员通过该工具不仅可以快速、直观地创建数据库、配置数据库选项、删除数据库、管理数据库模板及配置自动存储管理（ASM），而且还可以利用 DCBA 工具，利用已有模板快速创建数据库，只需进行少量的参数设置。该创建方式比较适合于初学者。

（2）通过 PL/SQL 语句的 CREATE DATABASE 命令手工创建数据库。Oracle 提供了一个示例数据库创建脚本、一个示例初始化参数文件和多个与创建数据库相关的脚本文件。通过 CREATE DATABASE 语句和 Oracle 预定义脚本手工创建数据库，比使用 DCBA 具有更大的灵活性和效率，但需要用户对 Oracle 数据库的创建语法和参数有深入了解，适合有经验的 DBA。

4.2.2 使用 Oracle 数据库配置助手创建数据库

DCBA 提供了几个常用数据库类型的标准模板，用户选择需要的模板，然后进行少量设置即可完成新数据库的创建工作。下面来学习如何使用 DCBA 创建一个新的数据库。

1. 启动数据库配置助手

选择“开始”|“程序”|“Oracle 主目录”(视安装情况而定)|“配置和移置工具”|“Database Configuration Asssiant”快捷方式，如图 4.3 所示。或者在开始菜单运行栏中键入 DBCA,即可启动 DBCA。

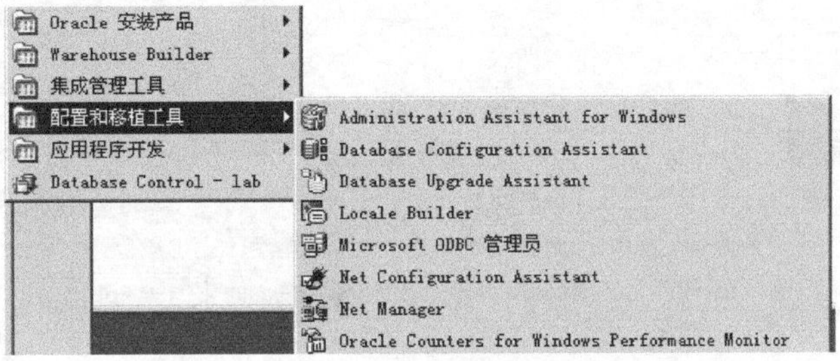

图 4.3 开始菜单中的 DBCA 快捷方式

DBCA 启动之后，就出现如图 4.4 所示的“Database Configuration Assiant：欢迎使用”界面。

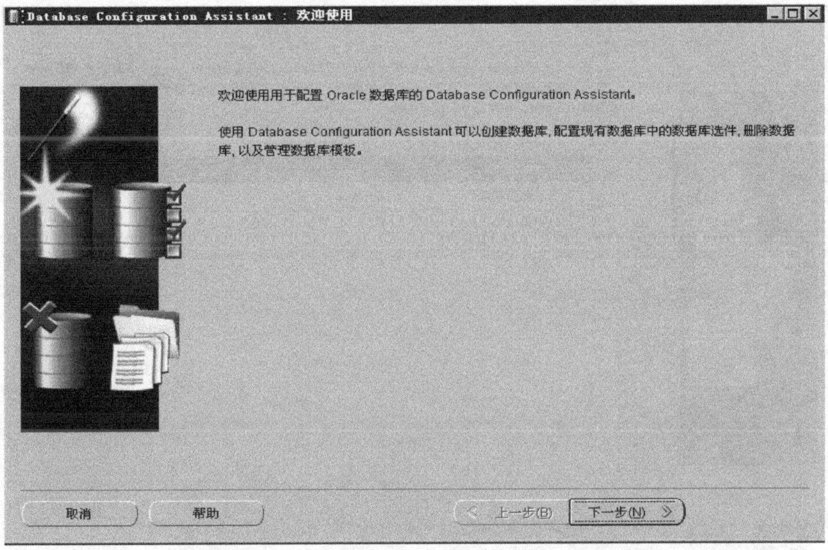

图 4.4 DBCA 的“欢迎使用”对话框

单击“下一步”按钮，进入图 4.5 所示的操作选择对话框，选择要执行的操作。

2. 选择操作内容

在操作选择对话框中，可以选择的操作如下：

- 创建数据库：完成数据库创建或模板的创建。
- 配置数据库选项：调整已存在的数据库选项配置。
- 删除数据库：删除已经存在的数据库。
- 管理模板：数据库模板的创建与管理。

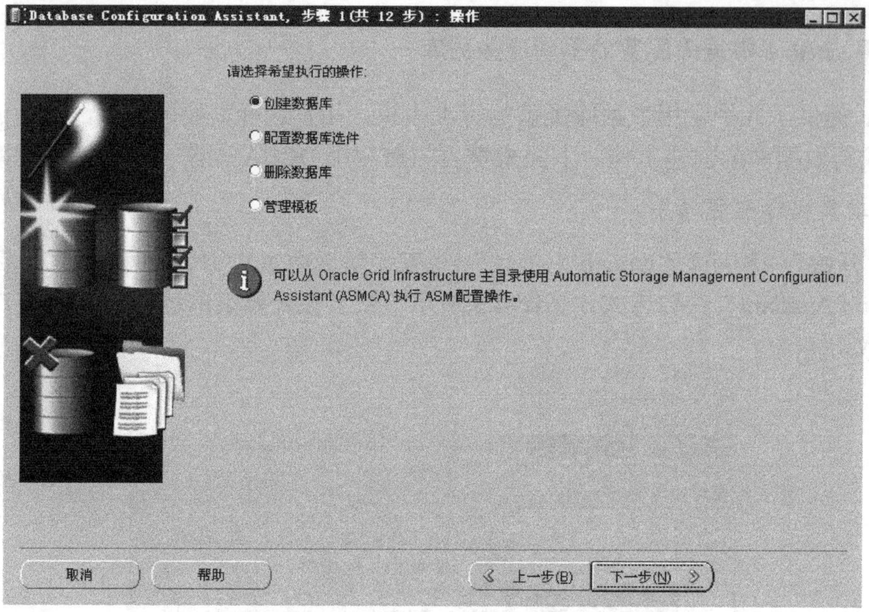

图 4.5 操作选择对话框

单击“下一步”按钮，进入“选择数据库类型”对话框，如图 4.6 所示。

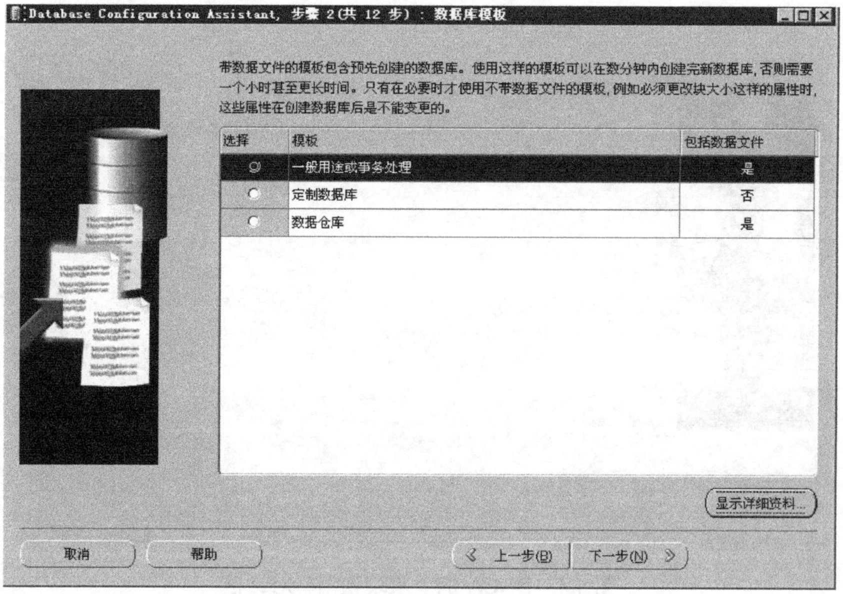

图 4.6 数据库模板选择对话框

3. 选择数据库的类型

数据库类型选择对话框中一共有 3 种数据库模板可供选择：一般用途或事务处理、定制数据库和数据仓库。可以在 DBCA 中查看各个模板的详细信息，只要选择某个模板并单击“显示详细资料”按钮，将在“模板详细资料”对话框中显示该数据库模板的各种信息，包括常用选项、初始化参数、字符集、控件文件及重做日志等。

当确定创建数据库的模板后，单击“下一步”按钮，进入如图 4.7 所示的设置“数据库标识”对话框。

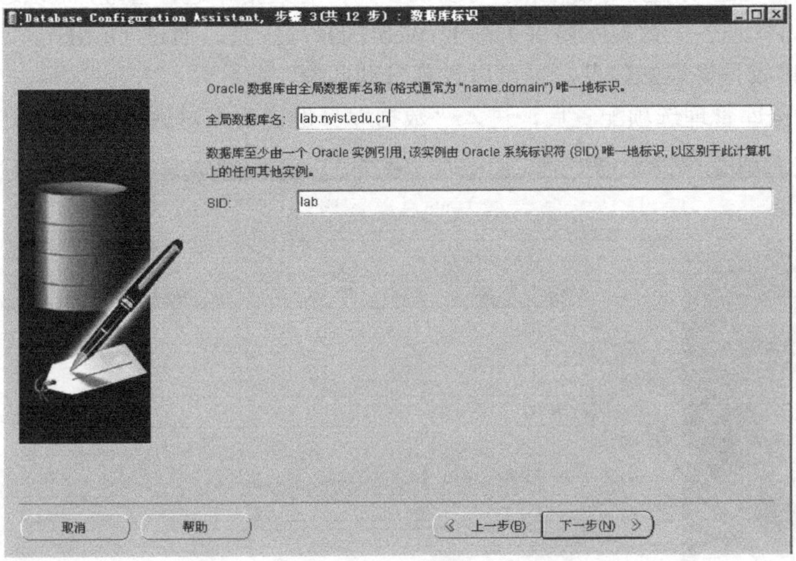

图 4.7　设置“数据库标识”对话框

4. 设置数据库标识

在数据库设置对话框中需要为数据库指定“全局数据库名”和“SID”，它们的含义如下：

· Oracle 数据库由全局数据库名唯一标识。全局数据库名是将数据库与任何其他数据库唯一标识出来的数据库全称。全局数据库名的格式为“数据库名.网络域名”，例如：图 4.7 中的 lab.nyist.edu.cn，其中 lab 为数据库的名称，nyist.edu.cn 是数据库所在网络的域名。

· SID 是 ServicesID 的简称，意思就是服务标识号，它表示一台计算机上运行的一个 Oracle 后台服务标识号，一般情况下，用数据库名称作为 SID。

全局数据库名和 SID 设置完成之后，单击“下一步”按钮，进入配置数据库“管理选项”对话框，如图 4.8 所示。

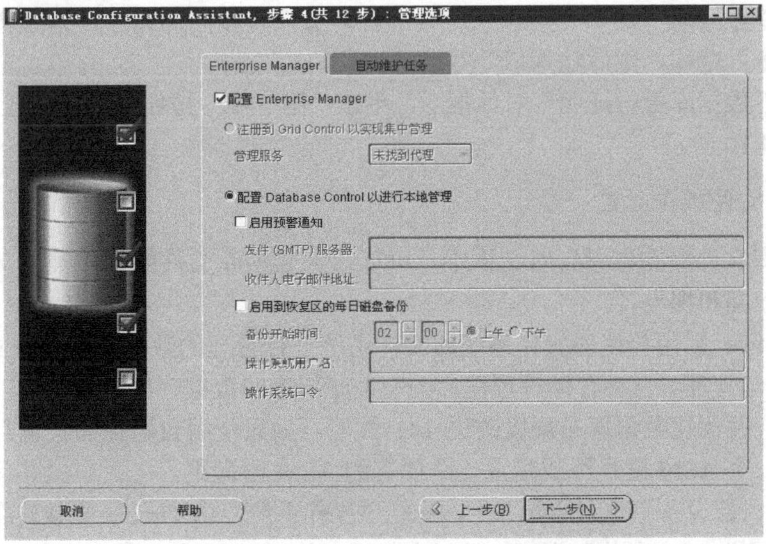

图 4.8　设置数据库“管理选项”对话框

5. 配置数据库管理

在数据库管理选项配置对话框中，可以设置如何对数据库进行管理，可以通过 OEM 进行管理，OEM 为管理各个数据库提供了基于 Web 的管理工具。通过 OEM 可以设置管理员的 E-mail，用来接收预警通知信息，也可以设置自动备份。

设置完数据库管理选项配置后，进入“数据库身份证明”对话框，如图 4.9 所示。

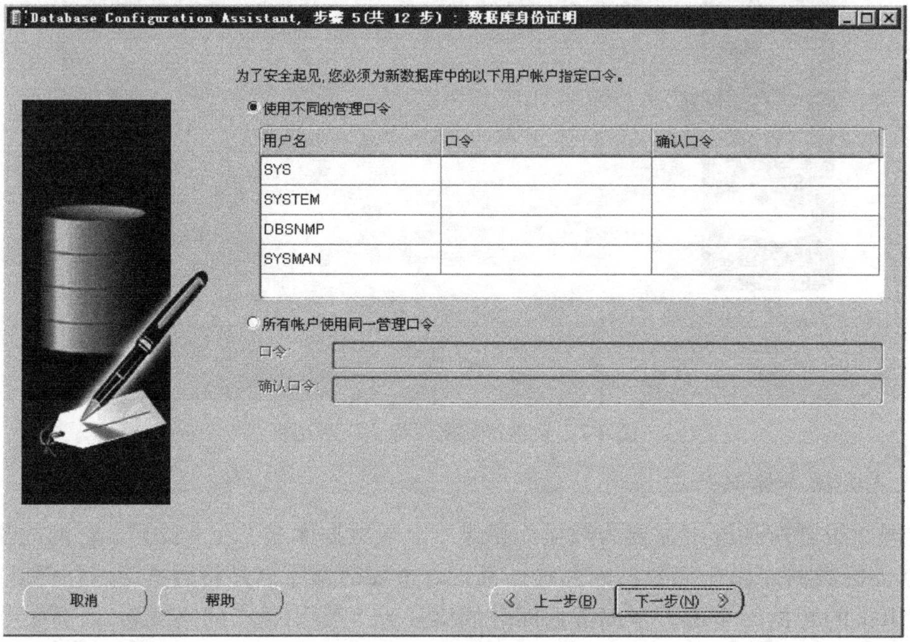

图 4.9 “数据库身份证明”设置对话框

6. 数据库身份证明

在“数据库身份证明”对话框中，设置管理员的口令。Oracle 数据库默认创建的管理员有 4 个，分别是：SYS、SYSTEM、DBSNMP、SYSMAN。可以为每个系统管理员设置不同的口令，也可以设置统一的口令。如果所有的管理员设置相同的口令，请选择“所有账户使用同一管理口令”选项，然后输入口令并确认。

设置完成“数据库身份证明”对话框后，单击“下一步”按钮，进入“数据库文件位置”对话框，如图 4.10 所示。

7. 数据库文件所在位置

在“数据库文件所在位置”对话框中，可以设置数据库文件的存储类型，包括：文件系统、自动存储管理和裸设备。

• 文件系统。采用传统的操作系统的文件系统进行管理的数据库存储方式。

• 自动存储管理。自动存储管理是 Oracle 10g 新增的数据存储机制，可以大大简化数据库的存储管理，并优化数据库布局以改进 I/O 性能。如果使用自动存储管理，则需要指定一组磁盘以创建一个 ASM 磁盘组或指定一个现有的 ASM 磁盘组。

• 裸设备。裸设备也称为原始分区，它绕过操作系统，由 Oracle 直接对存放在裸设备上的数据进行读/写操作。必须为数据库中的每个数据文件、控制文件和日志文件创建一个裸设备。

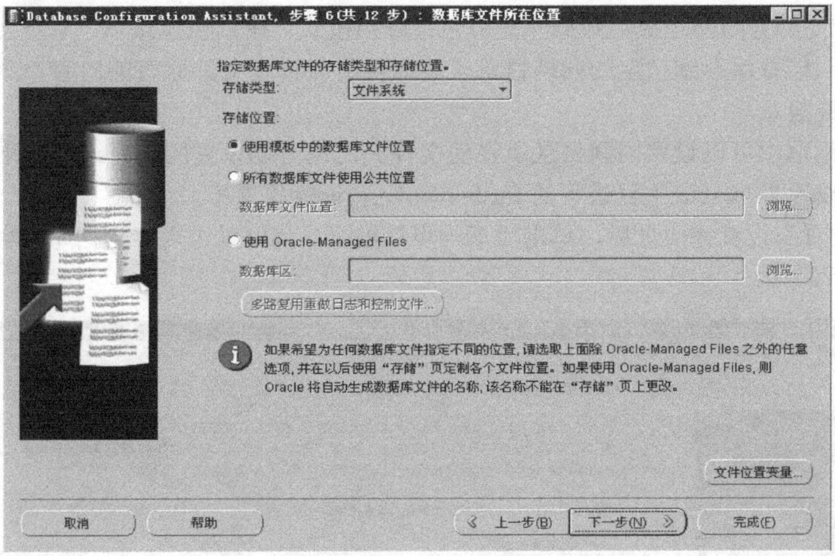

图 4.10 “数据库文件所在位置”对话框

一般情况下采用“文件系统”的数据库存储机制。如果选择“文件系统”的存储方式，可以设置文件的存放位置，一般情况下选择“使用模板中的数据库文件位置”，也可以选择“所有数据库文件使用公共位置”或“使用 Oracle Manager Files”，然后指定相应位置。设置完数据库存储选项后，单击“下一步”按钮，进入“恢复配置”对话框，如图 4.11 所示。

8. 恢复配置

在“恢复配置”对话框中有两个恢复配置选项可供选择：

• 指定快速恢复区。快速恢复区是一个支持快速恢复(闪回操作)的数据存储区，选择该选项将启用闪回操作，并可以设置闪回日录。

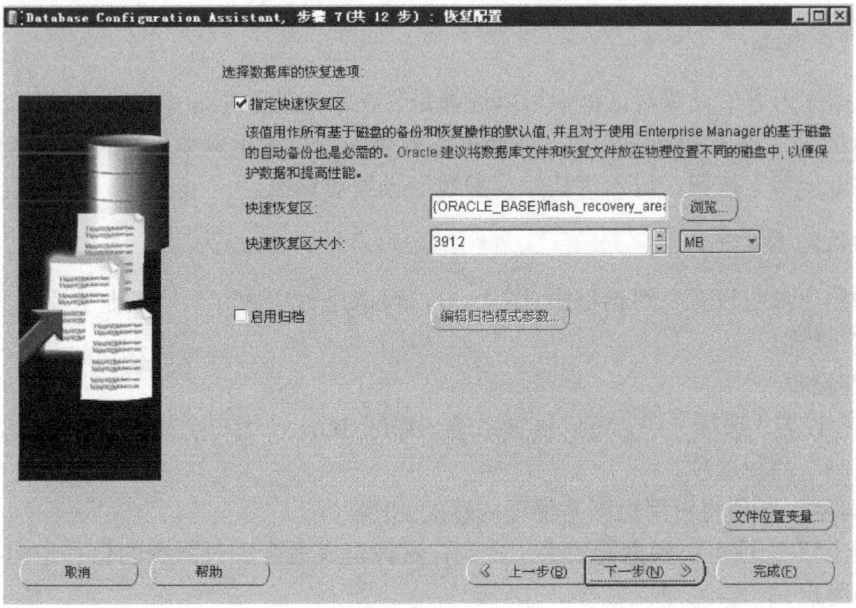

图 4.11 “恢复配置”对话框

• 启用归档。归档是决定数据库是否运行归档模式。在归档模式下，系统会自动将写满的日志文件归档并保存到指定的归档目录，然后再覆盖日志文件原有的内容。而在非归档模式下，直接覆盖。

在该对话框中可以设置闪回目录所在的文件夹，也可以设置闪回目录的大小。闪回目录缺省情况下设置为 Oracle 主目录下的 flash_recovery_area 目录中。

“恢复配置”设置完成之后，单击“下一步”按钮，就可以进入“数据库内容”设置，如图 4.12 所示。

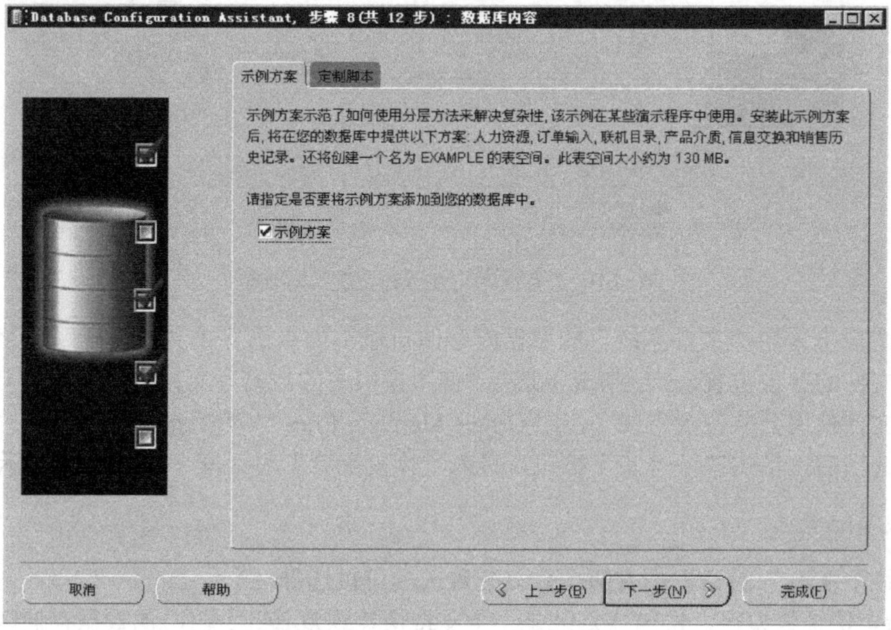

图 4.12 “数据库内容”设置对话框

9. 数据库内容

在“数据库内容”设置对话框中可以选择是否在新建的数据库中包含“示例方案”。示例方案是 Oracle 为了便于初学者学习，在数据库内预先创建的示例数据库。可以选择该选项，然后单击“下一步”按钮，进入“初始化参数”设置对话框。

10. 初始化参数设置

在“初始化参数设置”对话框中(图 4.13)，可以进行“内存”、“调整大小”、“字符集”、“连接模式”设置。

1) 内存设置

在“内存设置”选项卡中，可以设置系统全局区 SGA 及用户全局区 PGA 的大小。有“典型”和“定制”两种选项。

• “典型”选项将占用数据库物理内存的 40%。

• “定制”选项可以根据需要手工定制，这种模式适合于对系统的体系结构和工作过程非常熟悉的用户。

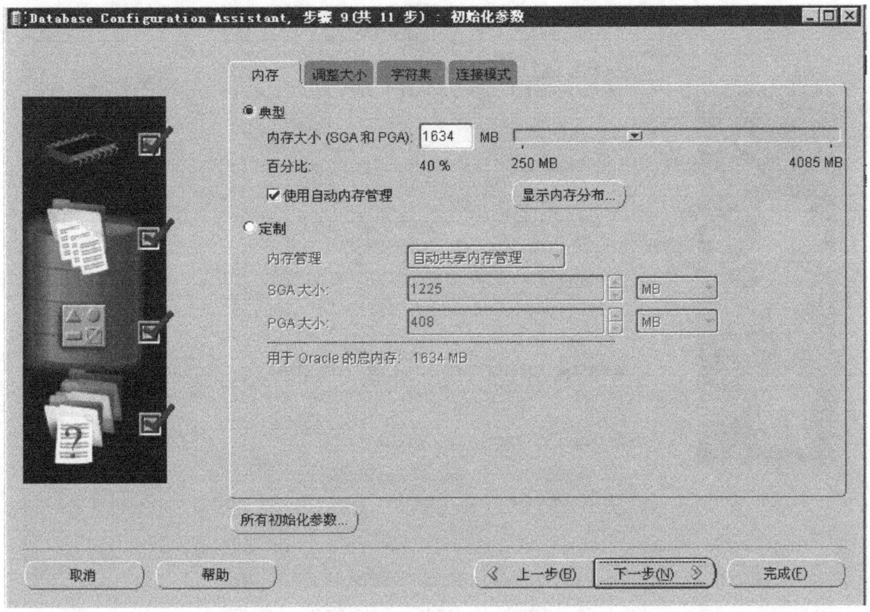

图 4.13 “初始化参数：内存设置”对话框

2）调整大小

“调整大小”选项用来设置数据库标准块大小，默认情况下为 8KB(8192B)。同时还可以设置同时连接此数据库的操作系统进程的最大数量，如图 4.14 所示。

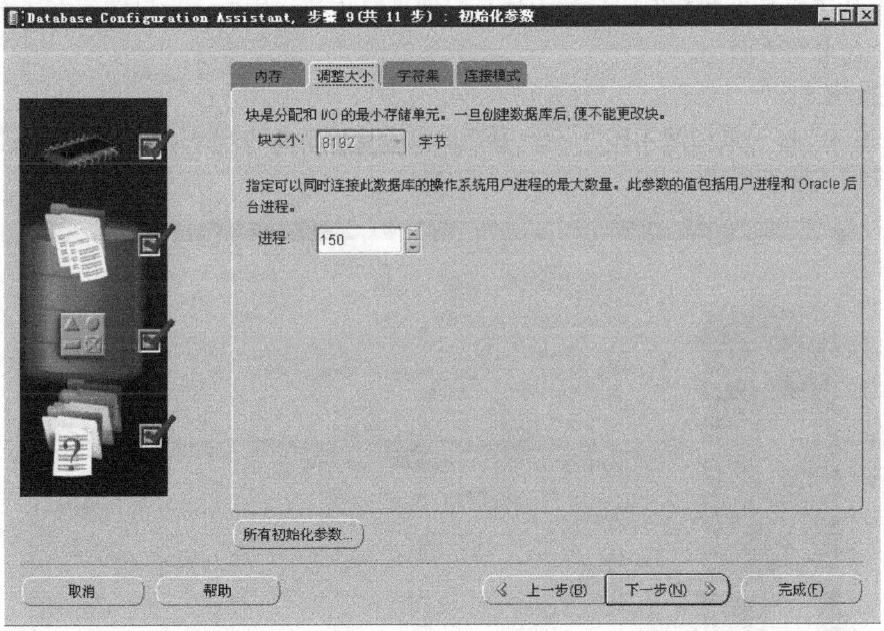

图 4.14 “初始化参数：调整大小”对话框

3）字符集

该对话框用来设置新建数据库所使用的字符集，字符集是在存储字符时所使用的编码方案。分为数据库字符集、国家字符集、默认语言和默认日期格式，如图 4.15 所示。

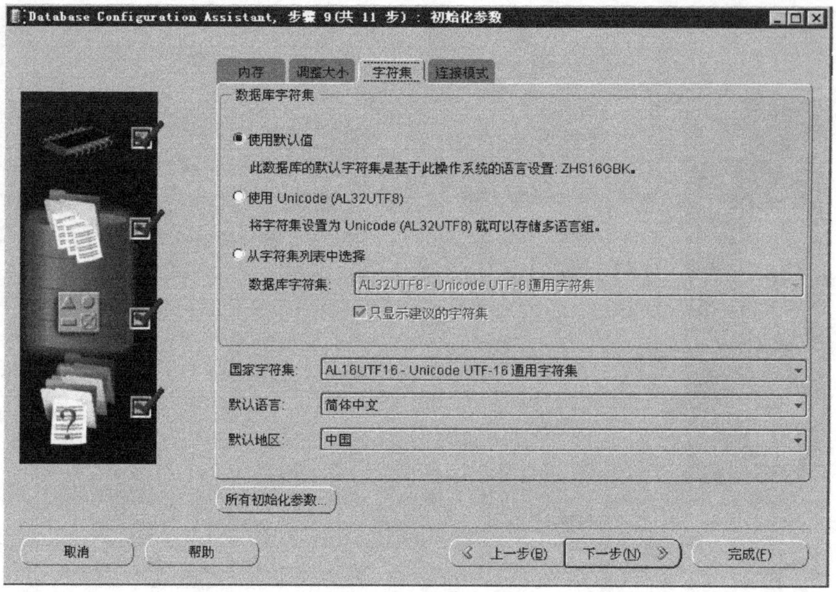

图 4.15 “初始化参数：字符集”对话框

(1) 数据库字符集决定了在数据库中可以表示的语言，以及在计算机屏幕显示字符时所使用的编码方案。

(2) 国家字符集可以在没有 Unicode 数据库字符集的数据库中存储 Unicode 字符。对国家字符集的选择不会影响对数据库字符集的设置。

(3) 默认语言是设置数据库如何支持与区域设置相关的信息，如日期的表示形式、字符的排序和语句书写方向等。

4) 连接模式

“连接模式”标签页如图 4.16 所示，用来设置数据库的工作模式。Oracle 数据库的工作模式分为共享模式和专用模式两种。

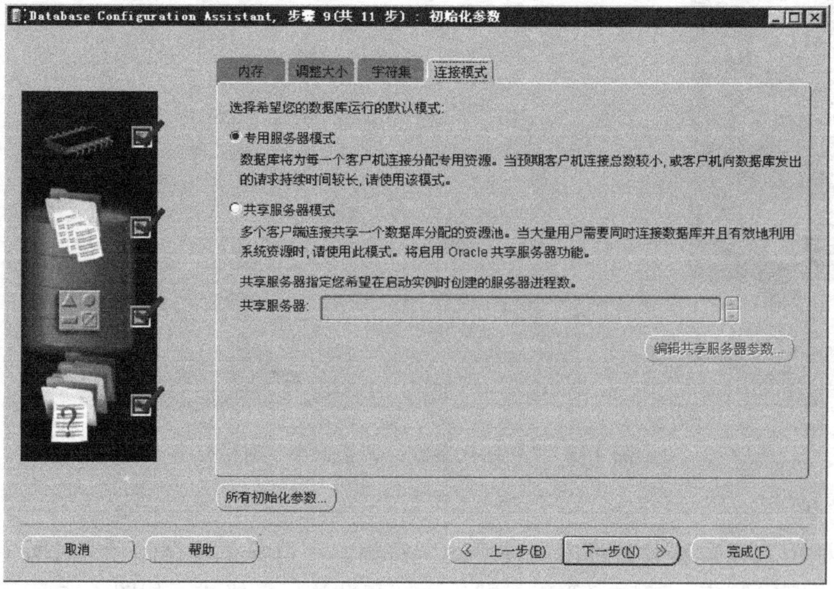

图 4.16 “初始化参数：连接模式”对话框

(1) 专用服务器模式：在专用服务器模式下，一个服务器进程只能对一个用户进程提供服务。当用户进程结束时，服务进程终止。因此，如果系统同时存在多个用户进程，则需要相同数据的服务进程。该模式适合于数据仓库应用和少量用户对数据库建立永久的、长时间的连接的情况。

(2) 共享服务器模式：在共享服务器模式下，Oracle 数据库始终保持一定数量的服务器进程，每个用户进程首先连接到一个特殊的服务器进程——“调度进程”，由调度程序分配一个服务进程为该用户服务。因此，系统中只需要少量的服务进程就可以为大量的客户进程服务。该模式适合于联机事务处理(OLTP)和大理用户对数据库进行短暂的、频繁的操作的情况。

设置完 4 个标签页中的各个参数后，单击“所有初始化参数”按钮，可以查看当前数据库的参数设置情况。

设置完数据库初始化参数后，单击“下一步”按钮，进入如图 4.17 所示的“数据库存储”对话框。

11. 数据库存储

在图 4.17 所示的对话框中，可以进行与数据库物理结构和逻辑存储相关的设置，能够查看或修改数据库控制文件、重做日志文件和数据文件等存储结构信息。

12. 创建完成

单击“完成”按钮，完成数据库创建参数的设置，DBCA 开始数据库的创建。在数据库创建完成之后，在 Windows 服务进程列表中创建 4 个服务进程，如图 4.18 所示。

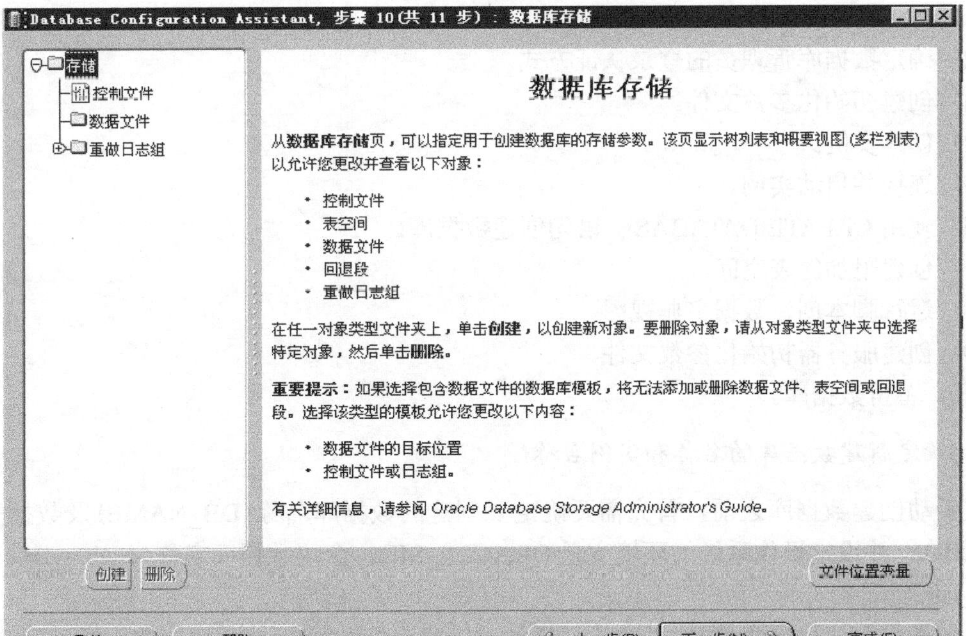

图 4.17 “数据库存储”对话框

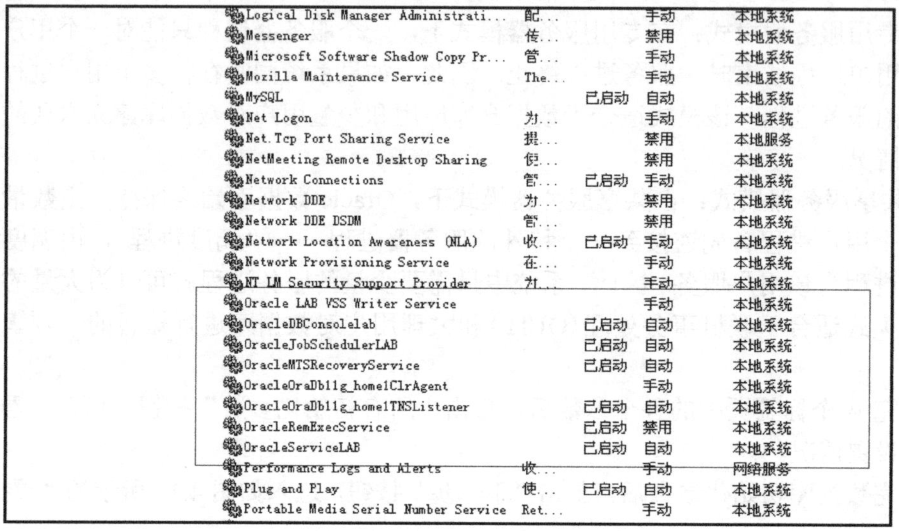

图 4.18　数据库创建后的进程列表

4.2.3　使用 SQL*Plus 脚本创建数据库

虽然 DBCA 提供了便捷的数据库创建方式，但它是按照特定的数据库模板进行的数据库创建方式，有一定的局限性。为了提高数据库创建的灵活性，可以采用 SQL*Plus 脚本手工创建数据库的方式。但是手工创建数据库需要涉及多方面的知识，需要 DBA 对 Oracle 数据库具有较高的理解和掌握。

手动创建数据库的具体操作过程如下：

(1) 确定新建数据库的名称和实例名称。

(2) 确定数据库管理员的登录认证方式。

(3) 创建初始化参数文件。

(4) 创建实例。

(5) 连接并启动实例。

(6) 使用 CREATE DATABASE 语句创建数据库。

(7) 创建附加的表空间。

(8) 运行脚本创建数据字典视图。

(9) 创建服务器初始化参数文件。

(10) 备份数据库。

1. *确定新建数据库的名称和实例名称*

在手动创建数据库之前，首先需要确定要创建的数据库名称(DB_NAME)及数据库实例名称(SID)，并设定操作系统的环境变量 ORACLE_SID。全局数据库名称为 lab.nyist.edu.cn，SID 为 lab。

设置操作系统环境变量 ORACLE_SID 的方法是在“命令提示符”界面中执行下列的命令：

```
C:\>SET ORACLE_SID=lab
```

提示　进入命令提示符的方法是单击 Windows 的“开始”菜单中的“运行”操作项，在弹出对话框的运行栏中输入 command，即可进入“命令行提示符”。

2. 确定数据库管理员的登录认证方式

在 Oracle 数据库中，有两种认证方式：操作系统认证和口令文件认证。我们采用操作系统认证的方式。需要注意的是，当前操作系统账号必须是 ORA_DBA 操作系统用户组的成员。

3. 创建初始化参数文件

Oracle 数据库实例启动时，首先需要读取文本初始化参数文件，该文件对数据库的相关参数进行了设置。当手动创建数据库时，需要由管理员来创建该文本初始化文件。 为了操作方便，通常将创建的文本初始化文件存储在默认的位置，使用默认的名称。这样，当数据库启动时，系统将自动打开读取该初始化参数文件，而不需要使用 PFILE 参数指定。在 Oracle 11g 中，文本初始化参数文件存放的默认位置是<ORACLE_HOME>\database，默认的名称是 init<SID>.ora。也可以根据实际情况确定文本初始化参数文件的名称和存储位置。

在文本初始化参数文件中，需要对下列初始化参数进行设置。

(1) 设置全局数据库名称。

DB_NAME：数据库本地名。

DB_DOMAIN：数据库所在网络域名。

(2) 设置快速恢复区。

DB_RECOVERY_FILE_DEST：快速恢复区位置。

DB_RECOVERY_FILE_DEST_SIZE：快速恢复区大小(字节数)。

(3) 设置控制文件。

CONTROL_FILES：一个或多个控制文件。

(4) 设置数据块的大小。

DB_BLOCK_SIZE：标准数据块的大小。

(5) 设置系统全局区。

SGA_MAX_SIZE：SGA 区最大容量。

SGA_TARGET：自动内存管理，大小为数据库缓冲区、共享池、大池、Java 池的总和。

SHARED_POOL_SIZE：共享池大小。

LARGE_POOL_SIZE：大池大小。

Java_POOL_SIZE：Java 池大小。

DB_CACHE_SIZE：数据库缓冲区大小。

LOG_BUFFER：重做日志缓冲区大小。

(6) 设置最大进程数。

PROCESSES：同时连接数据库的最大操作系统进程数。

(7) 设置撤销表空间管理方法。

UNDO_MANAGEMENT：撤销表空间的管理方法(AUTO 或 MANUAL)。

UNDO_TABLESPACE：撤销表空间。

(8) 设置兼容性。

COMPATIBLE：创建数据库文本初始化参数文件的一个快捷方式是将 ORACLE 提供的文本初始化参数文件的样本复制一下，然后在此基础上进行修改，以创建自己的文本初始化参数文件。Oracle 提供的文本初始参数文件是位于<ORACLE_HOME>\admin\sample\pfile 目录中的 initsmpl.ora 文件。

在下面的例子中，创建的初始化参数文件名为 initlab.ora，存放在 D:\oracle\product\10.2.0\db_1\database 目录中。

4. 连接 Oracle 实例

在命令提示符下，执行下列命令，启动 SQL*Plus，并以 SYSDBA 身份连接到实例。

```
C:\>SQLPLUS/NOLOG
SQL>CONNECT / AS SYSDBA
```

此时采用操作系统认证方式以管理员身份连接 Oracle。

5. 启动实例

连接到 Oracle 实例后，执行下列命令启动数据库实例：

```
SQL>STARTUP NOMOUNT
```

6. 使用 CREATE DATABASE 语句创建数据库

1）CREATE DATABASE 语句的基本语法

```
CREATE DATABASE database_name
[USER  SYS    IDENTIFIED BY password]
[USER  SYSTEM IDENTIFIED BY password]
[CONTROLFILE   REUSE]
[MAXINSTANCS   integer]
[MAXLOGHISTORY integer]
[MAXLOGFILES   integer]
[MAXLOGMEMBERS integer]
[MAXDATAFILES  integer]
[ARCHIVELOG|NOARCHIVELOG]
[CHARACTER SET charset]
[NOTIONAL CHARACTER SET charset]
[SET TIME_ZONE=time_zone_region]
[LOGFILE
[GROUP integer ]('path\file_name')[SIZE integer[K|M|G|T] [REUSE]],…n]
[EXTENT MANAGEMENT LOCAL]
[DATAFILE
'path\file_name' [SIZE integer[K|M][REUSE]][AUTOEXTEND [OFF|ON[NEXT
        integer[K|M] MAXSIZE  [UNLIMITED|integer [K|M|G|T] ]]]]]
[SYSAUX DATAFILE
'path\file_name' [SIZE integer[K|M|G|T][REUSE]][AUTOEXTEND [OFF|ON[NEXT
        integer[K|M] MAXSIZE  [UNLIMITED|integer [K|M|G|T] ]]]]
[DEFAULT TABLESAPCE default_tablespace_name [DATAFILE 'path\file_name'
        [SIZE integer[K|M][REUSE]][AUTOEXTEND [OFF|ON[NEXT integer[K|M|G|T]
        MAXSIZE  [UNLIMITED| integer [K|M|G|T] ]]]]
[DEFAULT TEMPORY TABLESPACE default_temp_tablespac_name[TEMPFILE'path\
        file_name' [SIZE integer[K|M|G|T][REUSE]][AUTOEXTEND [OFF|ON[NEXT
        integer[K|M] MAXSIZE [UNLIMITED|integer [K|M|G|T] ]]]]
[EXTENT MANAGEMENT [DICTIONARY|LCAL UNIFORM SIZE integer[K|M|G|T]]]]
[UNDO TABLESPACE undo_tablespace_name [DATAFILE 'path\file_name' [SIZE
        integer[K|M|G|T][REUSE]][AUTOEXTEND [OFF|ON[NEXT integer[K|M]
        MAXSIZE  [UNLIMITED|integer [K|M|G|T] ]]]]]
```

2）参数说明

CREATE DATABASE 语句参数说明如表 4.1 所示。

表 4.1　CREATE DATABASE 语句参数说明

参数名称	说　明
USER SYS，USER SYSTEM	设置 SYS，SYSTEM 用户口令
CONTROLFILE REUSE	按实例化参数中 CONTROL_FILES 的值创建控制文件，如果同名文件存在，则覆盖
MAXINSTANCES	指定同一时刻数据库允许多少个实例装载或打开
MAXLOGHISTORY	可以自动归档的最大日志文件的数量
MAXLOGFILES	设置数据库最大日志文件组数量
MAXLOGMEMBERS	设置每个日志文件中最大成员日志文件数量
MAXDATAFILES	设置每个数据库中所允许创建的最多数据文件数量
ARCHIVELOG	设置新建数据库处于归档模式
NOARCHIVELOG	设置新建数据库处于非归档模式
CHARACTER SET	设置数据库字符集
NOTIONAL CHARACTER_SET	设置国家字符集
SET TIME_ZONE	设置数据库时区
LOGFILE	设置数据库重做日志文件组及组成员日志文件
EXTENT MANAGEMENT LOCAL	设置 SYSTEM 表空间采用本地管理方式
DATAFILE	为 SYSTEM 表空间创建数据文件
SYSAUX DATAFILE	为 SYSAUX 表空间创建数据文件
DEFAULT TABLESPACE	为数据库创建并指定默认临时表空间
DEFAUL　TMPORARY TABLESPACE	为数据库创建并指定默认临时表空间
UNDO TABLESPACE	为数据库创建并指定撤销表空间

3）用 CREATE DATABSE 语句创建 lab 数据库

```
SQL>CREATE DATABASE lab
USER SYS IDENTIFIED BY oracle
USER SYSTEM IDENTIFIED BY oracle
MAXINSTACES 1
MAXLOGHISTORY 100
MAXLOGFILES 5
MAXLOGMEMBERS 5
MAXDATAFILES 100
NOARCHIVELOG
CHARACTER SET US7ASCII
LOGFILE
GROUP 1('D:\oracle\product\10.2.0\oradata\lab\redo01.log') SIZE 10M,
GROUP 2('D:\oracle\product\10.2.0\oradata\lab\redo02.log') SIZE 10M,
GROUP 3('D:\oracle\product\10.2.0\oradata\lab\redo03.log') SIZE 10M
EXTENT MANAGEMENT LOCAL
DATAFILE 'D:\oracle\product\10.2.0\oradata\lab\system01.dbf' SIZE 50M
        AUTOEXTEND ON NEXT 512K MAXSIZE UNLIMITED
SYSAUX DATAFILE
'D:\oracle\product\10.2.0\oradata\lab\sysaux01.dbf' SIZE 50M
AUTOEXTEND ON NEXT 512K MAXSIZE UNLIMITED
DEFAULT TABLESPACE  users DATAFILE
```

```
'D:\oracle\product\10.2.0\oradata\lab\user01.dbf' SIZE 50M
AUTOEXTEND ON NEXT 512K MAXSIZE UNLIMITED
DEFAULT TEMPORARY TABLESPACE  temp TEMPFILE
'D:\oracle\product\10.2.0\oradata\lab\temp01.dbf' SIZE 10M
AUTOEXTEND ON NEXT 512K MAXSIZE UNLIMITED
       UNDO TABLESPACE undotbs DATAFILE
'D:\oracle\product\10.2.0\oradata\lab\undo01.dbf' SIZE 10M
AUTOEXTEND ON NEXT 512K MAXSIZE UNLIMITED
```

7. 运行脚本创建数据字典视图

数据字典是 Oracle 数据库的核心组成部分，它由一系列系统表和基于系统表的视图组成，保存着关于数据库实例的结构、用户、对象定义等重要信息。在使用 DBCA 创建数据库的过程中，Oracle 系统会自动创建数据字典。但通过 SQL*Plus 命令手工创建数据库时，需要手动运行脚本创建数据字典视图。只有创建了数据字典视图后数据库才能正常工作。

Oracle 提供了两个预先定义的创建数据字典视图的脚本 catalog.sql 和 catproc.log，位于 Oracle 主目录下的 RDBMS\ADMIN 目录中，只需要在 SQL*Plus 环境中手动执行这些脚本就可以了。

为 lab 数据库创建数据字典视图的语句如下（假设脚本存放在 D:\oracle\product\11.0.2.0\db_1\rdbms\admin\目录下）：

```
SQL>@ D:\oracle\product\11.0.2.0\db_1\rdbms\admin\catalog.sql;
SQL>@ D:\oracle\product\11.0.2.0\db_1\rdbms\admin\catproc.sql;
```

- Catalog.sql 用于创建数据字典视图，包括动态性能视图和它们的同义词，同时将授予 PUBLIC 角色对这些同义词的访问权限。
- Catproc.sql 用于建立对 PL/SQL 程序设计的支持。

成功执行完这两个脚本后，就创建了数据字典视图，数据库就可以正常使用了。

8. 创建服务器初始化参数文件

Oracle 建议用户在数据库中创建服务器初始化参数文件，而不是使用文本初始化参数文件。可以利用存在的文本初始化参数文件创建服务器初始化参数文件，这两个文件中的参数设置完全一样，只是格式不同。文本初始化文件是纯文本格式；而服务器初始化参数文件是二进制格式文件。

为 lab 数据库创建初始化参数文件的语句如下：

```
SQL>CREATE SPFILE FROM PFILE;
```

为了使新建的服务器初始化参数文件生效，需要重新启动数据库实例。

4.3 Oracle 数据库实例的启动和关闭

在 Oralce 数据库用户连接之前， 必须先启动 Oracle 数据库，创建数据库的实例，启动相关进程，同时加载并打开数据库文件、重做日志文件。当 DBA 对 Oracle 数据库进行管理与维护时，会根据需要对数据库进行状态转换或关闭数据库。

4.3.1 数据库启动与关闭的步骤

为了满足数据库管理的需要，Oracle 数据库启动与关闭是分步骤进行的。

1. 数据库启动的步骤

Oracle 数据库的启动分为创建并启动实例、装载数据库、打开数据库 3 个步骤，分别对应 NOMOUNT、MOUNT 和 OPEN 3 个状态。其启动过程如图 4.19 所示。

1）创建并启动实例

根据数据库初始化参数文件，为数据库创建实例，启动一系列后台进程和服务进程，并创建相关内存区域。在此阶段并不检查数据库(物理文件)是否存在。

2）装载数据库

装载数据库是实例打开数据库的控制文件，从中获取数据库名称、数据库文件和重做日志文件的位置、名称等数据库物理结构信息，为打开数据库做准备。 如果控制文件损坏，实例将无法加载数据库。

注意　在此阶段并没有打开数据库文件和重做日志文件。

3）打开数据库

在此阶段，实例打开所有处理联机状态的数据库文件和重做日志文件。如果任何一个数据文件或重做日志文件无法正常打开，数据库将返回错误信息，系统需要报告恢复操作。

2. 数据库关闭的步骤

Oracle 数据库关闭的过程与数据库启动的过程是互逆的，如图 4.20 所示。

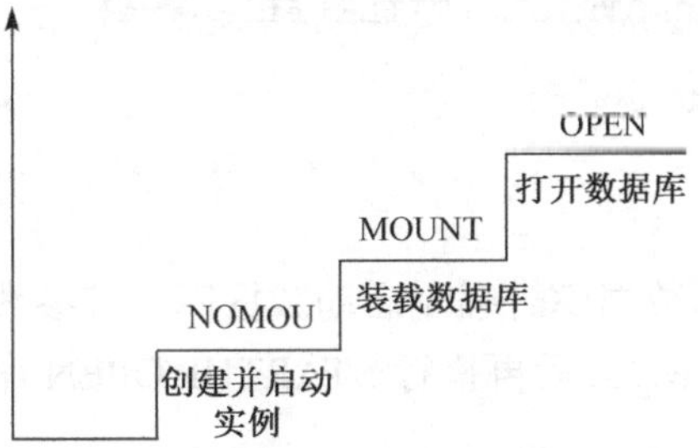

图 4.19　Oracle 数据库的启动过程

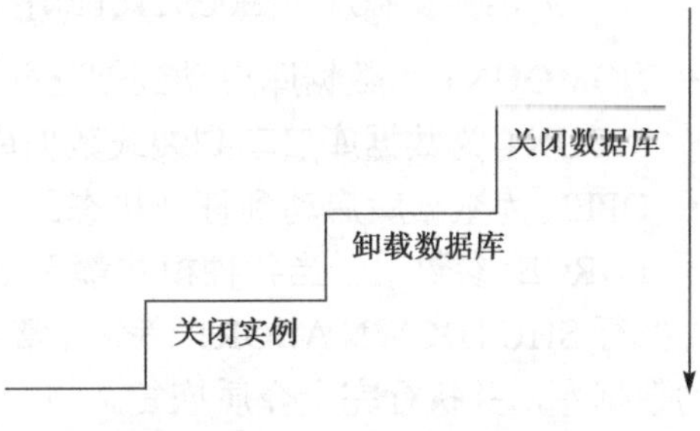

图 4.20　Oracle 数据库关闭的过程

首先关闭数据库，即关闭数据文件和日志文件；然后卸载数据库，关闭控制文件；最后关闭实例，释放内存结构，停止后台进程和服务进程的运行。

4.3.2 数据库启动与关闭

1. 数据库启动的准备

在数据库启动之前，首先应该启动数据库服务器的监听程序和数据库服务。如果数据库服务器的监听程序没有启动，那么客户端就无法连接到数据库服务器；如果数据库服务没有启动，那么客户端无法连接到数据库。

启动数据库服务器的监听程序和数据库服务可以使用命令行方式，或者使用 Windows 的服务管理器。

1）使用命令行方式启动监听和数据库服务

（1）打开监听程序。

```
C:\>LSNRCTL START
```

（2）打开数据库服务。

```
C:\>ORACLE ORCL
```

提示　ORCL 为需要打开的数据库的 SID。

2）使用服务管理器方式启动监听和数据库服务

选择“开始”|“设置”|“控制面板”|“管理工具”|“服务”选项，打开 Windows 服务管理器。分别选择监听服务 Oracle<ORACLE_HOME_NAME>TNSListener 和数据库服务 Oracle<SID>，右击鼠标，在弹出的窗口中，选择启动选项。

*2. 在 SQL*Plus 中启动与关闭数据库*

为了在 SQL*Plus 中启动或关闭数据库，需要启动 SQL*Plus，并以 SYSDBA 或 SYSOPER 的身份连接到 Oracle。步骤如下：

（1）在命令行窗口中启动 SQL*Plus。

```
C:\>SQLPLUS/NOLOG
```

（2）以 SYSDBA 身份连接 Oracle。

```
SQL>CONNECT sys/oracle AS SYSDBA
```

1）启动数据库

启动数据库的基本语法如下：

```
STARTUP [NOMOUNT|MOUNT|OPEN] [FORCE][RESTRICT][PFILE=filename]
```

- NOMOUNT 为数据库启动到创建并启动实例状态。
- MOUNT 为数据库启动到装载数据库阶段。
- OPEN 为数据库启动到打开状态。
- FORCE 参数用于当各种模式都无法成功启动数据库时强制启动数据库。该参数实质上是先执行 SHUTDOWN ABORT 命令异常关闭数据库，然后再执行 STARTUP OPEN 命令重新启动数据库，并执行完全介质恢复。
- RESTRICT 命令以受限方式打开数据库，只有具有 CREAE SESSION 和 RESTRICTED SESSION 系统权限的用户才可以连接数据库。如果数据库以 RESTRICE 方式打开，DBA 只能在本地进行数据库管理，即在安装 ORACLE 服务器的计算机上执行管理任务。
- PFILE 表示数据库创建实例时，必须读取一个初始化参数文件，从中获取相关参数设置信息，可以通过 PFILE 子句指定数据库文本初始化参数文件的位置和名称。如果数据库启动时没有指定 PFILE 子句，则首先读取默认位置的服务器初始化参数文件。

2）修改数据库的状态

数据库启动过程中，可以从一个低的状态转换为一个高的状态，其语法格式如下：

```
ALTER DATABASE  [MOUNT][OPEN]
```

3）在 SQL*Plus 中关闭数据库

与数据库启动过程相对应，数据库关闭也分为 3 个步骤：关闭数据库、卸载数据库、关闭实例。

(1) 关闭数据库。Oracle 将重做日志缓冲区中的内容写入重做日志文件中，并且将高速缓存中的脏缓存块写入数据文件，然后关闭所有数据文件和重做日志文件。

(2) 卸载数据库。数据库关闭后，卸载数据库实例，关闭控制文件。

(3) 关闭实例。卸载数据库后，终止所有的后台进程和服务进程。

关闭数据库的基础语法如下：

```
SHUTDOWN [NORMAL][TRANSACTION][IMMEDIATE][ABORT]
```

- NORMAL：当数据库以 NORMAL 方式关闭时，Oracle 将阻止任何用户建立新的连接。等待当前所有正在连接的用户主动断开连接。一旦所有用户断开连接，直接关闭数据库。数据库启动时不需要恢复实例。
- TRANSACTION：当用户要求在尽量短的时间内关闭数据库，同时还保证当前所有活动的事务可以提交，则可以采用 TRANACTION 方式关闭数据库。
- IMMEDIATE：如果用户要求在尽量短的时间内关闭数据库，如即将启动数据库的备份操作，或即将发生电力中断，或数据库本身、某个数据库应用程序发生异常需要关闭数据库等，都可以采用 IMMEDIATE 模式立即关闭数据库。
- ABORT：如果前面几种方式都无法成功地关闭数据库，则说明数据库产生了严重错误，只能采用终止方式，即 ABORT 方式强制关闭数据库。

4.4 Oracle 数据库的删除

4.4.1 利用 DBCA 删除数据库

Oracle DBCA 组件不仅能创建新的数据库，而且还能删除已经存在数据库。利用 DBCA 删除数据库的方法如下。

1) 启动 DBCA

在 DBCA 欢迎界面上单击“下一步”按钮，进入如图 4.21 所示的“操作”选择对话框，选择要执行的操作。

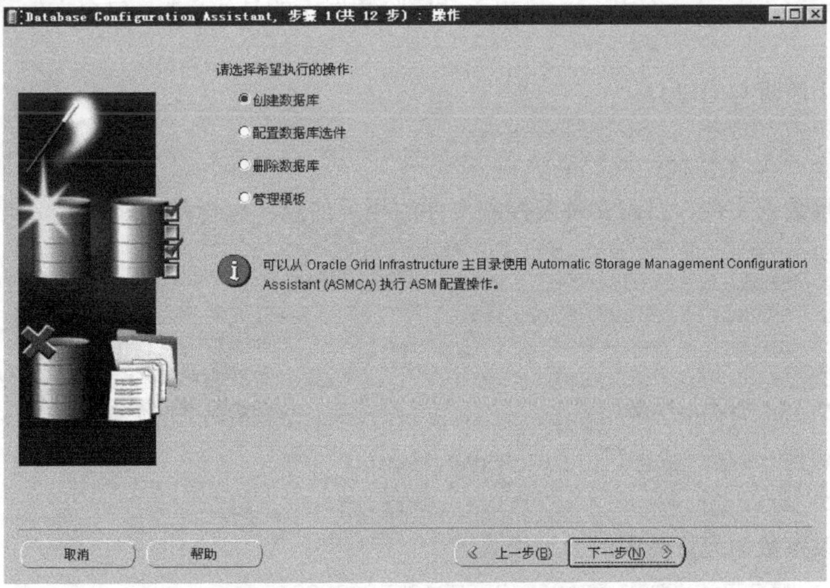

图 4.21 “操作”选择对话框

2）选择操作

在操作选择对话框中，选择“删除数据库”操作，单击“下一步”按钮，进入选择要删除的“数据库”对话框，如图 4.22 所示。

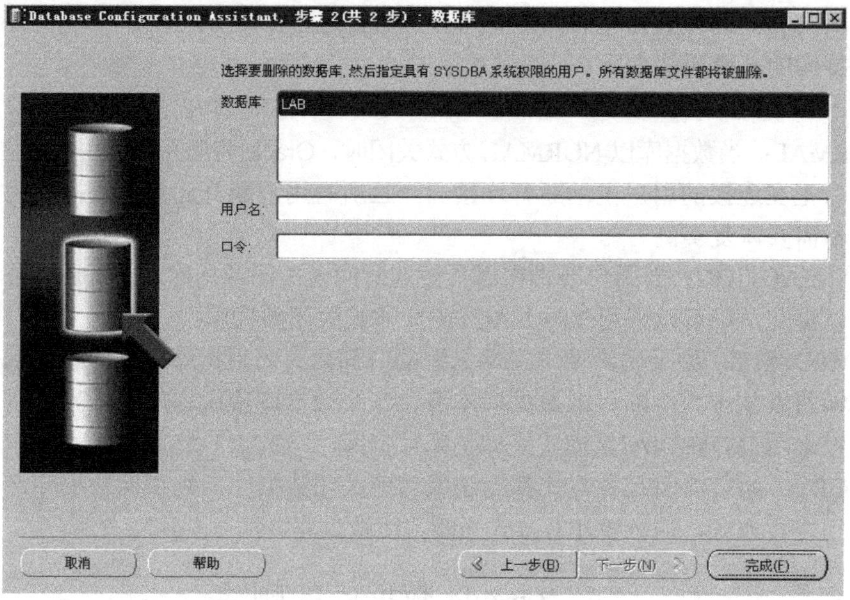

图 4.22　选择要删除的“数据库”

3）选择需要删除的数据库

在选择删除“数据库”对话框中，选择要删除的数据库，并正确输入具有 SYSDBA 权限的用户名和密码，单击“完成”按钮后执行数据库的删除操作。

4.4.2　手动删除数据库

在很多情况下，当无法使用 DBCA 工具时，需要手动来删除数据库。此时，可以借助 drop database 命令来实现，下面的描述中给出手动删除数据库的具体步骤，包含文件系统数据库及 ASM 数据库。

（1）停止监听与 OEM。

```
C:\> LSNRCTL STOP listener_name
C:\> EMCTL STOP dbconsole
```

（2）获得数据文件、日志文件及控制文件的相关信息，包含归档。

```
C:\>sqlplus / as sysdba
SQL> SELECT STATUS,NAME FROM  v$controlfile;   --获取控制文件的位置信息
SQL> SELECT * FROM v$dbfile;                --获取数据文件的位置信息
SQL> SELECT * FROM v$logfile;               --获取日志文件的位置信息
SQL> ARCHIVE LOG LIST;                      --查看归档的 sequence 及位置信息
SQL> SHUTDOWN ABORT;                        --因数据不再需要,直接 shutdown abort
```

（3）启动到 mount 状态(使用 exclusive restart)。

```
SQL> startup mount exclusive restrict;
```

（4）修改参数为允许受限的会话模式。

```
SQL> ALTER SYSTEM ENABLE RESTRICTED SESSION;
```

（5）使用 drop database 命令来清除数据库。

```
SQL> DROP DATABASE;
```

（6）手动清除相关文件。

4.5 本 章 小 结

本章首先简单介绍了数据库设计的方法，接着介绍了 Oracle 11g 环境下数据库的创建。在创建数据库之前应规划好数据库，做好相应的准备。可以使用数据库配置助手（DCBA）创建数据库，还可以使用 SQL*Plus 脚本创建数据库。数据库创建完毕之后，就可以正常启动数据库了。数据库的启动过程从低到高为：创建实例、装载数据库、打开数据库。在数据库启动之前必须启动监听服务和启动 Oracle 的数据服务。在数据库使用完毕之后，可以关闭数据库。数据库关闭过程为：关闭数据库、卸载数据库、关闭实例。我们也可以删除那些没有使用价值的数据库，数据库一旦删除将无法恢复，删除前请仔细确认。可以利用数据库配置助手删除数据库，也可以利用 SQL*Plus 命令手动删除数据库，根据需要选择不同的操作方式。

思 考 题

1. 在安装 Oracle 11g 数据库服务器之前需要做哪些工作？
2. 常用的数据库类型有几种？有何区别？分别适用于什么类型的应用？
3. 分析 Oracle 数据库服务器安装过程中的常见问题及解决办法？
4. 在 Oracle 11g 中创建数据库的方法有哪些？它们分别有哪些优点和缺点？
5. 在创建数据库之前需要做什么准备工作？
6. 说明手动创建数据库的基本步骤。

第 5 章　存储和文件管理

Oracle 数据库由一系列存储在磁盘上的文件构成。存储和文件管理是 Oracle 数据库管理的重要内容之一，在本章中我们主要学习 Oracle 的表空间、数据文件、控制文件和日志文件的管理与设置方法。

5.1　表空间的类型

Oracle 数据库在逻辑上可以划分为一系列的逻辑区域，每一个逻辑区域称为一个表空间。表空间是 Oracle 最大的逻辑存储结构，由一系列的段构成。

一个数据库由一个或多个表空间构成，不同表空间用于存放不同应用的数据，表空间的大小决定了数据库的大小。一个表空间对应一个或多个数据文件，数据文件的大小决定了表空间的大小。一个数据文件只能属于一个表空间。

5.1.1　表空间的作用

表空间是存储模式对象的容器，一个数据库对象只能存储在一个表空间中(分区表和分区索引表除外)，但是可以存储在该表空间对应的一个或多个数据文件中。若表空间只有一个数据文件，则该表空间中所有的对象都保存在该文件中；若表空间对应多个数据文件，则系统根据需要将这些对象分布在不同的数据文件中。

通过表空间，可以方便地实现对数据库存储的管理。主要可以实现以下功能：

(1) 通过控制表空间的个数与大小，可以控制整个数据库占用空间的大小。

(2) 合理规划表空间，可以控制数据库在磁盘上的分配，提高数据库的 I/O 性能。

(3) 通过表空间的配额设置，可以控制用户所占用存储空间的大小。

5.1.2　表空间的类型

根据功能，将 Oracle 数据库的表空间分为系统表空间和非系统表空间两类。

1. 系统表空间

在 Oracle 数据库中，系统表空间包括 SYSTEM 表空间和辅助系统表空间 SYSAUX，它们是在数据库创建时自动创建的。其中，SYSTEM 表空间是系统默认的表空间。

1) SYSTEM 表空间

SYSTEM 表空间主要用于存储以下信息：

(1) 数据库的数据字典。所谓数据字典，就是存放关于 Oracle 系统信息的一些表和视图。用户只能读取这些表和视图的信息，而不能修改。

(2) PL/SQL 程序的源代码和解释代码，包括存储过程、函数、包、触发器等。

(3) 数据库对象的定义，如表、视图、序列、同义词等。

一般在 SYSTEM 表空间中，只保存属于 SYS 模式的对象，而不应把用户对象存放在 SYSTEM 表空间中，以免影响数据库的执行效率。

2）SYSAUX 表空间

SYSAUX 表空间是 Oracle 辅助表空间，是 Oracle 10g 以后引入的一个新的表空间，主要用于存储数据组件等信息，以减少 Oracle 数据库 SYSTEM 表空间的压力。在通常情况下，不允许删除、重命名及传输 SYSAUX 表空间。

2. 非系统表空间

在 Oracle 数据库中可以包括多个非系统表空间，包括撤销表空间、临时表空间和用户表空间。撤销表空间主要用于存放数据库的回滚信息；临时表空间主要用于存放数据库的临时信息。

1）撤销表空间

Oraclet 利用撤销表空间专门进行回滚信息的自动管理，撤销表空间由回滚段构成，不能包含其他段信息。每个数据库可以有多个撤销表空间，但是实例在运行其间只能使用其中的一个表空间。初始化参数 UNDO_TABLESPACE 中规定了使用的撤销表空间的名称；初始化参数 UNDO_MANAGEMENT 决定了撤销表空间的管理方式，当该参数值为 AUTO 时，表示撤销表空间采用自动管理方式实现回滚信息的管理。

2）临时表空间

临时表空间是指专门进行临时数据管理的表空间，这些临时数据在会话结束时会自动释放。在数据库实例运行过程中，执行排序等操作的 SQL 语句会产生大量的临时数据，这些临时数据保存在数据库临时表空间中。临时表空间中不能创建永久性的数据库对象。

通常，在创建用户时应该为用户指定一个默认的临时表空间，用户在操作过程中产生的临时数据就保存在该临时表空间的临时段中。如果没有为用户指定临时表空间，那么 Oracle 会自动将系统默认的临时表空间作为用户的临时表空间。如果 SYSTEM 表空间采用本地管理方式，则必须为数据库定义一个默认的临时表空间，SYSTEM 表空间不能作为默认的临时表空间；如果 SYSTEM 表空间采用数据字典管理方式，而且没有为数据库定义一个默认的临时表空间，则系统会自动将 SYSTEM 表空间作为临时表空间。由于临时表空间数据更新频繁，会产生大量的碎片，降低磁盘的读取效率。因此，通常不使用 SYSTEM 表空间作为默认的表空间。

3）用户表空间

Oracle 建议为每个用户创建独立表空间，这样不仅能分离不同应用的数据，而且能够减少读取数据文件时产生的 I/O 冲突。

3. 大文件表空间

大文件表空间是 Oracle 10g 引入的一个新的表空间类型。所谓大文件表空间是指一个表空间只包含一个数据文件，该文件最大可以达到 128TB。该文件的大小取决于数据块的大小。如果数据块大小为 8KB，大文件表空间最多可以达到 32TB；如果数据块大小为 32K，则大文件表空间可以达到 128TB

大文件表空间是为了存储超大数据而设计的，可以简化数据文件的管理，减少 SGA 的需求，减少控制文件。

与大文件表空间相对应，系统默认创建的是小文件表空间。一个小文件表空间可以多达 1024 个数据文件。小文件表空间与大文件表空间的容量基本相当。

5.2 管理表空间

表空间的管理主要包括创建、修改、删除，以及表空间内部段和区分配与管理。下面主要介绍 Oracle 数据库的本地管理方式中表空间的管理。

5.2.1 创建表空间

1. 创建表空间前的准备工作

创建本地化管理方式下的表空间，首先应该确定表空间的名称、类型，对应数据文件的名称和位置，以及区的分配方式、段的管理方式等。

1）表空间的名称

表空间不能超过 30 个字符，必须以字母开头，可以包含字母、数据和一些特殊的符号(如#、$、_)等。

2）表空间的类型

表空间的类型包括普通表空间、临时表空间和撤销表空间。

3）段的管理

段的管理主要分为自动管理(AUTO)和手动管理(MANUAL)两种。

4）区的管理

表空间中区的分配方式包括自动扩展(AUTOALLOCATE)和定制(UNIFORM)两种。

2. 创建表空间

1）创建永久表空间

创建永久表空间使用 CREATE TABLESPACE 语句实现。 其格式如下：

```
CREATE TABLESPACE  tablespace_name
DATAFILE  datafile1
[MININUM EXTENT number[K|M] ]
[BLOCKSIZE number K]
[ONLINE|OFFLINE]
[LOGGING|NOLOGGING]
[FORCE LOGGING]
[DEFAULT STORAGE storage]
[COMPRESS|NOCOMPRESS]
[EXTENT MANAGEMENG LOCAL|DICTIONARY [AUTOALLOCATE|UNIFORM SIZE number K|M ] ]
[SEGMENT SPACE MANAGEMENT AUTO | MANUAL]
```

其中，各项含义如下。

- DATAFILE：设定表空间对应的一个或多个数据文件。
- MININUM EXTENT：指定表空间中盘区可以分配的最小的尺寸。
- BLOCKSIZE：确定创建表空间的数据块的大小。
- LOGGING 或 NOLOGGING：确定该表空间的对象在删除或修改时是否产生日志。LOGGING 表示产生日志，NOLOGGING 表示不产生日志。

• FORCE LOGGING：强迫生成表空间中数据库对象的任何创建或更改的日志记录项，无须考虑 NOLOGGIGN 选项。

• COMPRESS 或 NOCOMPRESS：是否压缩段中的数据。COMPRESS 为压缩数据，NOCOMPRESS 为不压缩数据。

• DEFAULT STORAGE：用于设置保存在表空间中的数据库对象的默认存储参数。

• ONLINE 或 OFFLINE：设置表空间的在线或离线，ONLINE 表示创建的表空间在线，OFFLINE 表示创建的表空间离线。

• EXTENT MANAGEMENT：设置区的管理方式，区的管理方式有本地化管理(LOCAL)和数据字典管理(DICTIONARY)。区的分配方式有自动扩充方式(AUTOALLOCATE)和定制格式(UNIFORM)两种。

• SEGMENT SPACE MANAGE：设置段的管理方式，取值为 AUTO(默认)或 MANUAL。

例 5-1 为 Oracle 创建一个永久性表空间 userTBS1，区采用自动扩展方式，段采用自动管理方式。

```
SQL>CREATE TABLESPACE userTBS1
DATAFILE 'D:\ORACLE\PROCEDURE\11.0.2.1\ORADATA\ORCL\userTBS_1.dbf' SIZE 500M
```

例 5-2 为 Oracle 创建一个永久性表空间 userTBS2，区采用定制分配方式，段采用自动管理方式。

```
SQL>CREATE TABLESPACE userTBS2
DATAFILE 'D:\ORACLE\PROCEDURE\11.0.2.1\ORADATA\ORCL\userTBS_2.dbf' SIZE 500M
EXTENT MANAGEMENT LOCAL UNIFORM SIZE 512K;
```

例 5-3 为 Oracle 创建一个永久性表空间 userTBS3，区采用定制分配方式，段采用手动管理方式。

```
SQL>CREATE TABLESPACE userTBS3
DATAFILE 'D:\ORACLE\PROCEDURE\11.0.2.1\ORADATA\ORCL\userTBS_3.dbf' SIZE 500M
EXTENT MANAGEMENT LOCAL UNIFORM SIZE 512K
SEGMENT SPACE MANAGEMENT MANUAL;
```

2）创建临时表空间

创建临时表空间使用 CREATE TEMPORARY TABLESPACE 语句实现，用 TEMPFILE 子句设置临时数据文件。需要注意的是，本地管理的临时表空间中区的分配方式只能是 UNIFORM 而不能是 AUTOALLOCATE，因为这样才能保证不会在临时段中产生过多的存储碎片。

例 5-4 为 Oracle 创建一个临时表空间 temp1。

```
SQL>CREATE TEMPORARY TABLESPACE temp1
TEMPFILE 'D:\ORACLE\PROCEDURE\11.0.2.1\ORADATA\ORCL\tempfile1.ldf' SIZE 50M
EXTENT MANAGEMENT LOCAL UNIFORM SIZE 16M;
```

3）创建撤销表空间

可以使用 CREATE UNDO TABLESPACE 语句实现创建撤销表空间，用 DATAFILE 子句设置数据文件。在该语句中只能使用 DATAFILE 和 EXTENT MANAGEMENT LOCAL 两个子句，而不能指定其他子句。

例 5-5 为 Oracle 创建一个撤销表空间 undotbs1。

```
SQL>CREATE UNDO TABLESPACE undotbs1
DATAFILE 'D:\ORACLE\PROCEDURE\11.0.2.1\ORADATA\ORCL\undotbs1.dbf' SIZE 50M
EXTENT MANAGEMENT LOCAL;
```

5.2.2 维护表空间

在表空间创建之后，可以对表空间进行一些管理工作，包括修改表空间、表空间的备份和删除表空间。

1. 修改表空间

修改表空间主要包括表空间的可用性的修改、读写状态的转换、重命名表空间等。

1）扩展表空间

表空间的大小是由其所对应的数据文件的大小决定的，因此扩展表空间可以通过表空间添加数据文件、修改表空间中数据文件的大小或设置表空间中数据文件的自动扩展来实现。

(1) 为表空间添加数据文件。可以使用 ALTER TABLESAPCE … ADD DATAFILE 语句为永久表空间添加数据文件，使用 ALTER TABLESPACE … ADD TEMPFILE 语句为临时表空间添加临时文件。

例 5-6 为 Lab 数据库的 TBS1 表空间添加一个 10MB 的新数据文件。

```
SQL>ALTER TABLESPACE TBS1
ADD DATAFILE 'D:\ORACLE\PRODUCT\11.0.2.0\ORADATA\LAB\TBS1_2.DBF' SIZE 10M;
```

例 5-7 为 Lab 数据库的 TEMP1 表空间添加一个大小为 10MB 的临时数据文件。

```
SQL>ALTER TABLESPACE TEMP1
ADD TEMPFILE 'D:\ORACLE\PRODUCT\11.0.2.0\ORADATA\LAB\TEMP1_2.LDF' SIZE 10M;
```

(2) 改变数据文件的大小。可以通过改变表空间已有数据文件的大小，达到扩展空间的目的。

例 5-8 将 Lab 数据库的 TBS1 表空间的数据文件 TBS1_2.DBF 大小增加到 20MB。

```
SQL>ALTER DATABASE DATAFILE 'D:\ORACLE\PRODUCT\11.0.2.0\ORADATA\LAB\
        TBS1_2.DBF' RESIZE 20M;
```

(3) 设置数据文件的自动扩展。如果将数据文件的大小设置为自动扩展方式，数据文件空间使用完毕后会自动扩展。

例 5-9 将 Lab 数据库的 TBS1 表空间中的 TBS1_2.DBF 设置为自动扩展。

```
SQL>ALTER DATABASE DATAFILE'D:\ORACLE\PRODUCT\11.0.2.0\ORADATA\LAB\
        TBS1_2.DBF' AUTOEXTEND ON NEXT 5M MAXSIZE 200M;
```

2）修改表空间的可用性

表空间创建之后，默认设置为 ONLINE 模式，在此模式下，用户可以访问表空间中的数据。在一些特殊情况下，如备份表空间时，可以将表置为 OFFLINE 模式。可以使用 ALTER TABLESPACE … OFFLINE|ONLINE 将表空间设置为在线或离线状态。

例 5-10 将 Lab 数据库的 TBS1 表空间设置为 ONLINE(在线状态)状态。

```
SQL>ALTER TABLESPACE TBS1 ONLINE;
```

例 5-11 将 Lab 数据库的 TBS1 表空间设置为 OFFLINE(离线状态)状态。

```
SQL>ALTER TABLESPACE TBS1 OFFLINE;
```

3）修改表空间读/写性

表空间可以是读/写方式，也可以是只读方式。在默认情况下，表空间处于读/写方式，任何具用配额和权限的用户都可以读/写该表空间；如果表空间处于只读方式，那么任何用户都不能对表空间进行写操作。使用 ALTER TABLESPACE … READ ONLY|READ WRITE 来设置表空间的读/写状态。

例 5-12 将 Lab 数据库的 TBS1 表空间设置为只读状态。

```
SQL>ALTER TABLESPACE  ORCLTBS1 READ ONLY;
```

例 5-13 将 Lab 数据库的 TBS1 表空间设置为读写状态。

```
SQL>ALTER TABLESPACE  ORCLTBS1 READ WRITE;
```

4）设置默认的表空间

在创建数据库用户时，如果没有使用 DEFAULT TABLESPACE 选项指定默认(永久)表空间，则该用户使用数据库的默认表空间；如果没有使用 DEFAULT TEMPORARY TABLESAPCE 选项指定默认临时表空间，则该用户使用数据库的默认临时表空间。

在 Oracle 数据库中，默认表空间为 USERS 表空间，默认临时表空间为 TEMP 表空间。可以根据需要设置数据库的默认表空间和默认临时表空间。

例 5-14 将 TBS1 表空间设置为默认表空间。

```
SQL>ALTER DATABASE DEFAULT TABLESPACE TBS1;
```

例 5-15 将 TEMP 表空间设置为默认临时表空间。

```
SQL>ALTER DATABASE DEFAULT TEMPORARY TABLESPACE TEMP;
```

5）表空间的重命名

在 Oracle 中，可以使用 ALTER TABLESPACE…RENAME TO 语句重命表空间，但是只能重命名 SYSTEM 表空间和 SYSMAN 表空间，不能重命名处于脱机状态或部分数据文件处于脱机状态的表空间。

例 5-16 将表空间 TBS1 重命名为 USERTBS1。

```
SQL>ALTER TABLESPACE TBS1 RENAME USERTBS1;
```

2. 表空间的备份

在数据库进行联机备份(热备份)时，需要分别对表空间进行备份。对表空间进行备份的基本步骤为：

(1) 使用 ALTER TABLESAPCE… BEGIN BACKUP 语句将表空间设置为备份模式。

(2) 在操作系统中复制表空间所对应的数据文件。

(3) 使用 ALTER TABLESAPCE… END BACKUP 语句结束表空间的备份模式。

3. 删除表空间

如果不再需要某一个表空间及其内容，则可以将该表空间删除。除了 SYSTEM 表空间和 SYSAUX 表空间外，其他表空间都可以删除。一旦表空间被删除，该表空间中的数据文件将永久丢失。

如果表空间中的数据正在被使用，或者表空间中包含未提交事务的回滚信息，则该表空间不能删除。

使用 DROP TABLESPACE … INCLUDING　CONTENTS 语句可以删除表空间及其内容。

例 5-17　删除 Lab 数据库的 TBS1 表空间及其所有内容。

```
SQL>DROP TABLESPACE TBS1 INCLUDING CONTENTS;
```

5.2.3　使用 OEM 管理表空间

启动 OEM，以管理员的身份登录 OEM 数据库控制台，打开“管理”属性页面，单击“数据库管理”中的“存储”标题下的“表空间”链接，进入“表空间”管理页面，如图 5.1 所示。通过该界面，可以完成表空间的创建、修改、查看和删除等管理操作。

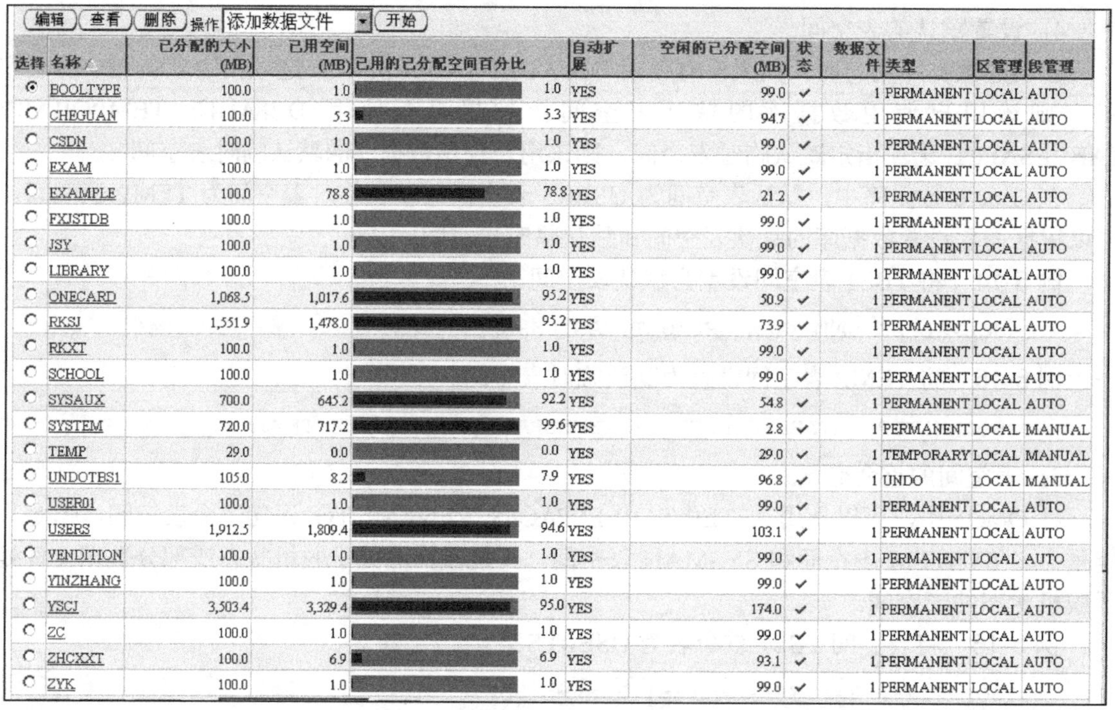

选择	名称	已分配的大小(MB)	已用空间(MB)	已用的已分配空间百分比	自动扩展	空闲的已分配空间(MB)	状态	数据文件	类型	区管理	段管理
⊙	BOOLTYPE	100.0	1.0	1.0	YES	99.0	✓	1	PERMANENT	LOCAL	AUTO
○	CHEGUAN	100.0	5.3	5.3	YES	94.7	✓	1	PERMANENT	LOCAL	AUTO
○	CSDN	100.0	1.0	1.0	YES	99.0	✓	1	PERMANENT	LOCAL	AUTO
○	EXAM	100.0	1.0	1.0	YES	99.0	✓	1	PERMANENT	LOCAL	AUTO
○	EXAMPLE	100.0	78.8	78.8	YES	21.2	✓	1	PERMANENT	LOCAL	AUTO
○	FXJSTDB	100.0	1.0	1.0	YES	99.0	✓	1	PERMANENT	LOCAL	AUTO
○	JSY	100.0	1.0	1.0	YES	99.0	✓	1	PERMANENT	LOCAL	AUTO
○	LIBRARY	100.0	1.0	1.0	YES	99.0	✓	1	PERMANENT	LOCAL	AUTO
○	ONECARD	1,068.5	1,017.6	95.2	YES	50.9	✓	1	PERMANENT	LOCAL	AUTO
○	RKSJ	1,551.9	1,478.0	95.2	YES	73.9	✓	1	PERMANENT	LOCAL	AUTO
○	RKXT	100.0	1.0	1.0	YES	99.0	✓	1	PERMANENT	LOCAL	AUTO
○	SCHOOL	100.0	1.0	1.0	YES	99.0	✓	1	PERMANENT	LOCAL	AUTO
○	SYSAUX	700.0	645.2	92.2	YES	54.8	✓	1	PERMANENT	LOCAL	AUTO
○	SYSTEM	720.0	717.2	99.6	YES	2.8	✓	1	PERMANENT	LOCAL	MANUAL
○	TEMP	29.0	0.0	0.0	YES	29.0	✓	1	TEMPORARY	LOCAL	MANUAL
○	UNDOTBS1	105.0	8.2	7.9	YES	96.8	✓	1	UNDO	LOCAL	MANUAL
○	USER01	100.0	1.0	1.0	YES	99.0	✓	1	PERMANENT	LOCAL	AUTO
○	USERS	1,912.5	1,809.4	94.6	YES	103.1	✓	1	PERMANENT	LOCAL	AUTO
○	VENDITION	100.0	1.0	1.0	YES	99.0	✓	1	PERMANENT	LOCAL	AUTO
○	YINZHANG	100.0	1.0	1.0	YES	99.0	✓	1	PERMANENT	LOCAL	AUTO
○	YSCJ	3,503.4	3,329.4	95.0	YES	174.0	✓	1	PERMANENT	LOCAL	AUTO
○	ZC	100.0	1.0	1.0	YES	99.0	✓	1	PERMANENT	LOCAL	AUTO
○	ZHCXXT	100.0	6.9	6.9	YES	93.1	✓	1	PERMANENT	LOCAL	AUTO
○	ZYK	100.0	1.0	1.0	YES	99.0	✓	1	PERMANENT	LOCAL	AUTO

图 5.1　表空间管理页面

1. 创建表空间

单击“表空间”管理页面中的“创建”按钮，进入如图 5.2 所示的“创建 表空间”页面。在这里可以进行表空间的创建工作，完成表空间名称、类型、区管理类型、初始状态、数据文件等的设置后，单击“确定”按钮，完成表空间的创建。

2. 修改表空间

选择“表空间”管理页面中的某个表空间名称后，单击“编辑”按钮，进入如图 5.3 所示的“编辑 表空间”页面。可以编辑表空间的名称、状态、可用性，及对数据文件进行添加、删除、编辑等，然后单击“确定”按钮，完成对表空间的编辑工作。

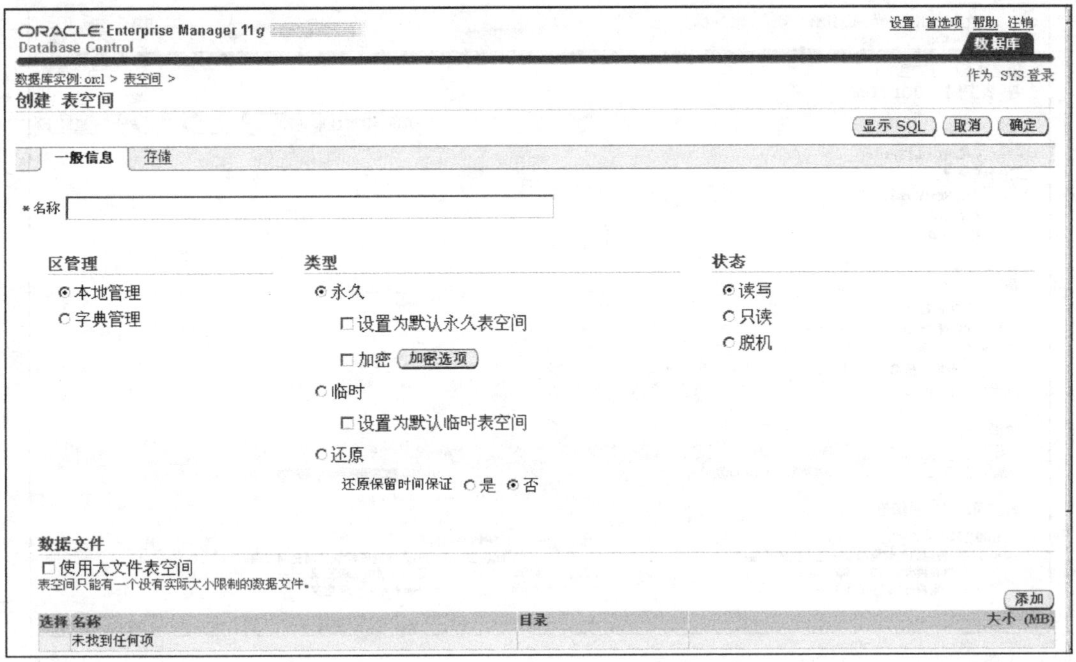

图 5.2 “创建 表空间”页面

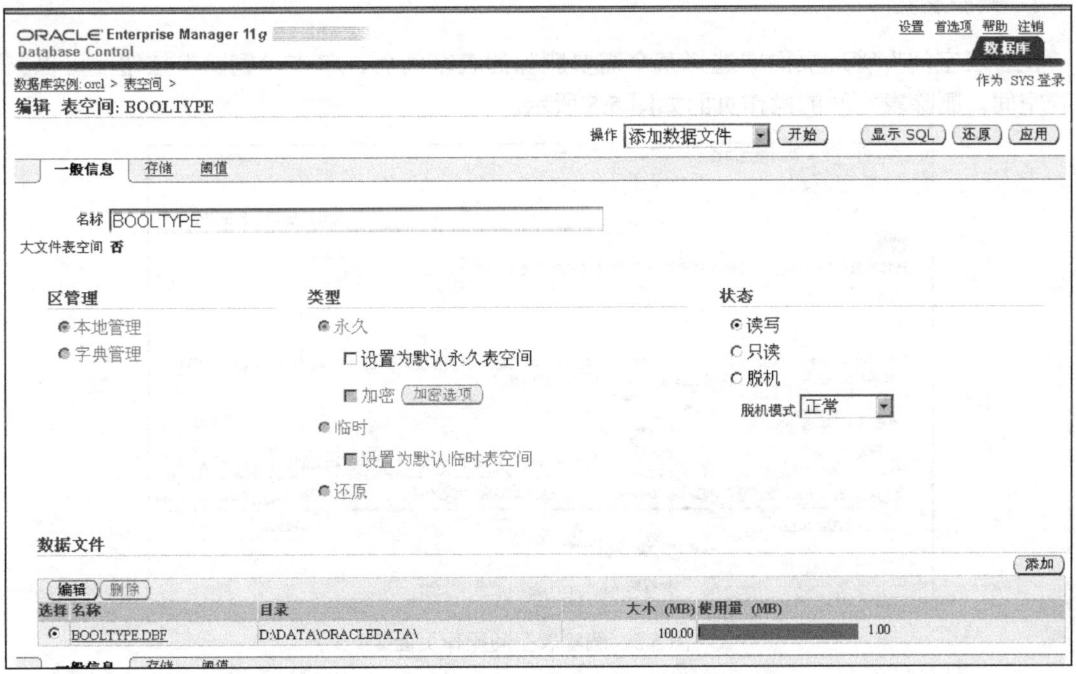

图 5.3 “编辑 表空间”页面

3. 查看表空间信息

选择“表空间”管理页面中的某个表空间后，单击“查看”按钮，进入图 5.4 所示的“查看 表空间”界面，可以查看当前表空间的详细信息。

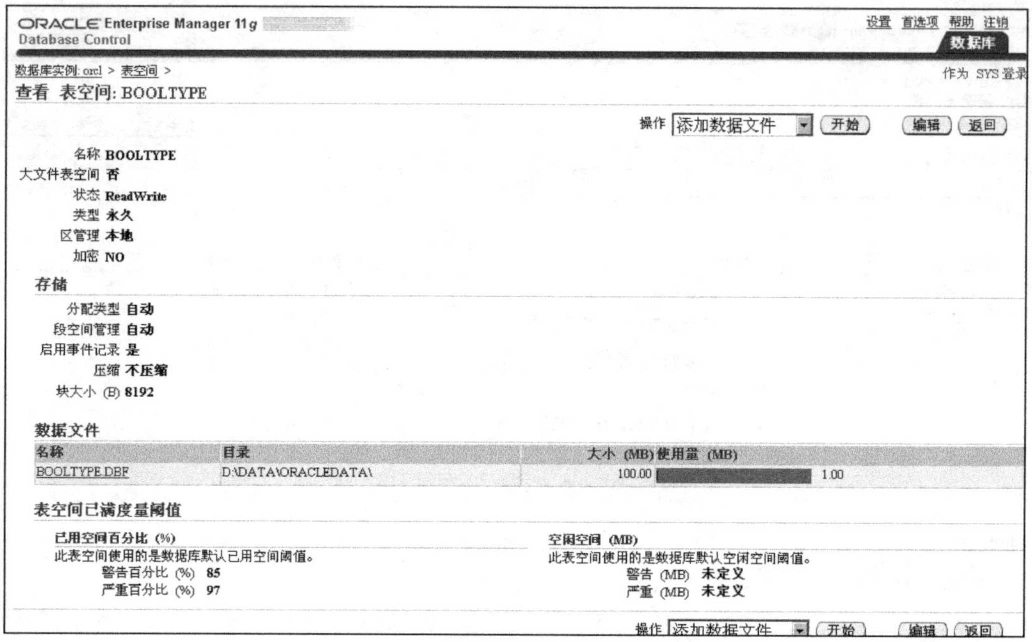

图 5.4 “查看 表空间”页面

4. 删除表空间

在“表空间”管理页面中选择某个需要删除的表空间后，单击“删除”按钮，可以删除该表空间。删除表空间的操作页面如图 5.5 所示。

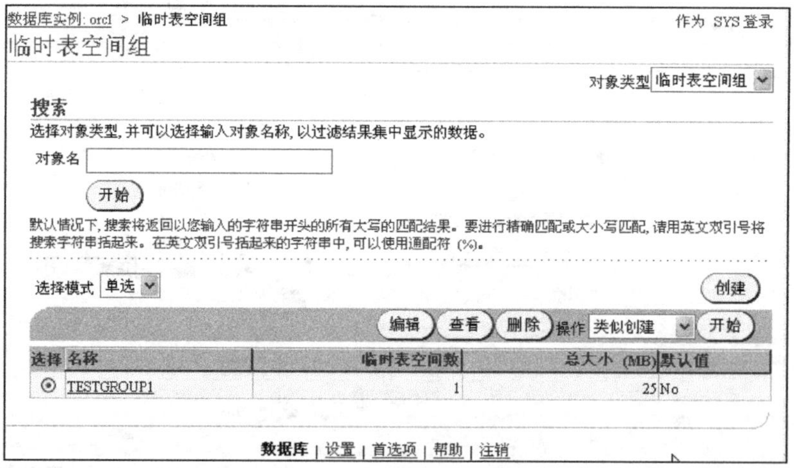

图 5.5 删除表空间操作页面

5.3 管理数据文件

Oracle 数据库的数据文件(扩展名为 DBF 的文件)用于保存数据库中的数据。Oracle 数据库所占用的磁盘空间主要就是数据文件所占用的空间。用户对数据库的操作，如数据的插入、删除、修改和查询等，其本质都是对数据文件进行操作。

数据文件的管理主要包括增加新的数据文件、重新设置数据文件大小、设置数据文件的自动扩展和删除无数据的数据文件。

5.3.1 改变数据文件的名称和位置

在数据文件建立之后，还可以改变它们的名称和位置。通过重命名或移动数据文件，可以在不改变数据库逻辑存储结构的情况下，对数据库的物理存储结构进行调整。

改变数据文件名称或位置操作分为两种情况：

1. 同一表空间数据文件修改

如果要改变的数据文件属于同一个表空间，则使用 ALTER TABLESPACE … RENAME DATAFILE … TO 语句实现。

例 5-18 将 Lab 数据库的 USER 表空间的 USERS02.DBF 和 USERS03.DBF 文件重命名为 USERS002.DBF 和 USERS003.DBF。操作步骤如下：

(1) 将包含数据文件的表空间置为脱机状态。

```
SQL>ALTER TABLESPACE USERS OFFLINE;
```

(2) 移动文件到新的位置。在操作系统中重命名数据文件，分别将 USERS02.DBF 和 USERS03.DBF 重命名为 USERS002.DBF 和 USERS003.DBF。

(3) 使用 ALTER TABLESPACE…RENAME DATAFILE…TO 语句进行操作，以修改控制文件中的信息。

```
SQL>ALTER TABLESPACE USERS RENAME DATAFILE
'D:\ORACLE\PRODUCT\11.2.0\ORADATA\LAB\USERS02.DBF',
'D:\ORACLE\PRODUCT\11.2.0\ORADATA\LAB\USERS03.DBF' TO
'D:\ORACLE\PRODUCT\11.2.0\ORADATA\LAB\USERS002.DBF',
'D:\ORACLE\PRODUCT\11.2.0\ORADATA\LAB\USERS003.DBF'
```

(4) 将表空间置为联机状态。

```
SQL>ALTER TABLESPACE USERS ONLINE;
```

2. 属于不同表空间的数据文件的修改

如果要改变的数据文件属于不同表空间，则使用 ALTER DATABASE RENAME FILE … TO 实现。

例 5-19 将 Lab 数据库 USERS 表空间中的 USERS002.DBF 文件的位置移动，并将 UTBS 表空间中的 UTBS01.DBF 数据文件重命名为 UTBS001.DBF。

(1) 关闭数据库。

```
SQL>SHUTDOWN IMMEDIATE;
```

(2) 移动数据文件。在操作系统中，将要移动的数据文件复制到新的位置或改变它们的名称。将 USERS 表空间中的 USERS002.DBF 文件复制到一个新的位置，并将 UTBS 表空间中的 UTBS01.DBF 重命名为 UTBS001.DBF。

(3) 启动数据库到 MOUNT 状态状态。

```
SQL>STARTUP MOUNT;
```

(4) 执行 ALTER DATABASE RENAME FILE… TO 语句更新数据文件的名称或位置。

```
SQL>ALTER DATABASE RENAME FILE
'D:\ORACLE\PRODUCT\11.2.0\ORADATA\LAB\USERS002.DBF',
'D:\ORACLE\PRODUCT\11.2.0\ORADATA\LAB\UTBS01.DBF' TO
'D:\ORACLE\PRODUCT\11.2.0\ORADATA\LAB\USERS\USERS002.DBF',
'D:\ORACLE\PRODUCT\11.2.0\ORADATA\LAB\UTBS001.DBF';
```

(5) 打开数据库。

```
SQL>ALTER DATABASE OPEN;
```

5.3.2 删除无数据的数据文件

可以使用 ALTER TABLESPACE … DROP DATAFILE 语句删除某个表空间中的空数据文件。所谓的空数据文件是指为该文件分配的所有区都被回收。删除数据文件的同时，将删除数据字典中与该数据文件相关的信息，同时也删除操作系统中对应的物理文件。

例 5-20 删除 USERS 表空间中的空数据文件 USER03.DBF。

```
SQL>ALTER TABLESPACE USERS DROP DATAFILE
'D:\ORACLE\PRODUCT\11.2.0\ORADATA\LAB\USERS03.DBF';
```

删除数据文件受到以下约束：

- 数据库运行在打开状态。
- 数据文件必须是空的。
- 不能删除表空间中的第一个或唯一的一个数据文件。
- 不能删除只读表空间中的数据文件。
- 不能删除 SYSTEM 表空间的数据文件。
- 不能删除采用本地管理的处于脱机的数据文件。

5.3.3 查询数据文件信息

使用数据字典视图和动态性能视图可以查看数据文件的信息。包含数据文件相关信息的数据字典视图和动态性能视图有以下几种。

- DBA_DATA_FILES：包含数据库中所有数据文件的信息，包括数据文件所属的表空间、数据文件编号等。
- DBA_TEMP_FILES：包含数据库中所有临时数据文件的信息。
- DBA_EXTENTS：包含所有表空间中已分配的区的描述信息。
- USER_EXTENTS：包含当前用户所拥有的对象在所有表空间中已分配的区的描述信息。
- DBA_FREE_SPACE：包含表空间中空闲区的描述信息。
- USER_FREE_SPACE：包含当前用户可访问的表空间中空闲区的描述信息。
- V$DATAFILE：包含从控制文件中获取的数据文件信息。
- V$DATAFILE_HEADER：包含从数据文件头部获取的信息。
- V$TEMPFILE：包含所有临时文件的基本信息。

1) 查询数据文件动态信息

查询 V$datafile 动态视图可以获取数据库所有数据文件的动态信息，在不同时间内查询的结果是不相同的。

```
SQL>SELECT NAME,FILE#,STATUS, HECKPOINT_CHANGE# FROM V$DATAFILE
```

2）查询数据文件的详细信息

如果要查询数据文件的详细信息，包括数据文件的名称、所属表空间、文件号、大小，以及是否自动扩展等信息，可以查询 DBA_DATA_FILES 视图。

```
SQL>SELECT TABLESPACE_NAME,BYTES, AUTOEXTENSIBLE,FILE_NAME FROM DBA_DATA_FILES
```

3）查询临时数据文件信息

查询 DBA_TEMP_FILES 视图可以获得临时数据文件信息。

```
SQL>SELECT TABLESPACE_NAME,FILE_NAME, AUTOEXTENSIBLE FROM DBA_TEMP_FILES;
```

5.3.4 使用 OEM 管理数据文件

以管理员身份启动并登录 OEM 数据库控制台，打开“管理”属性页，单击“数据库管理”部分的“存储”下面的“数据文件”链接，进入数据文件管理页面，如图 5.6 所示。在这里可以进行数据文件的管理。

图 5.6　数据文件管理页面

1）创建数据文件

单击“数据文件”管理页面中的“创建”按钮，进入如图 5.7 所示的“创建数据文件”页面，在此页面下可以进行数据文件的创建工作。

2）编辑数据文件

选择某个数据文件前的单选按钮，单击“编辑”按钮，进入如图 5.8 所示的“编辑数据文件”页面。

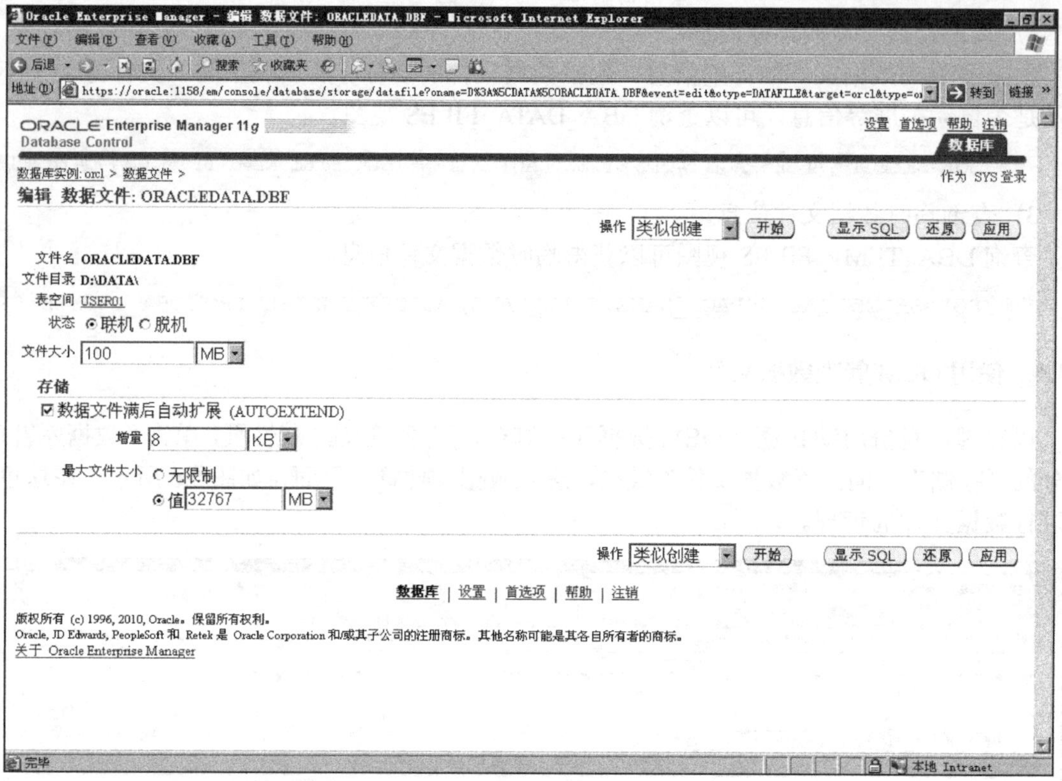

图 5.7　创建数据文件页面

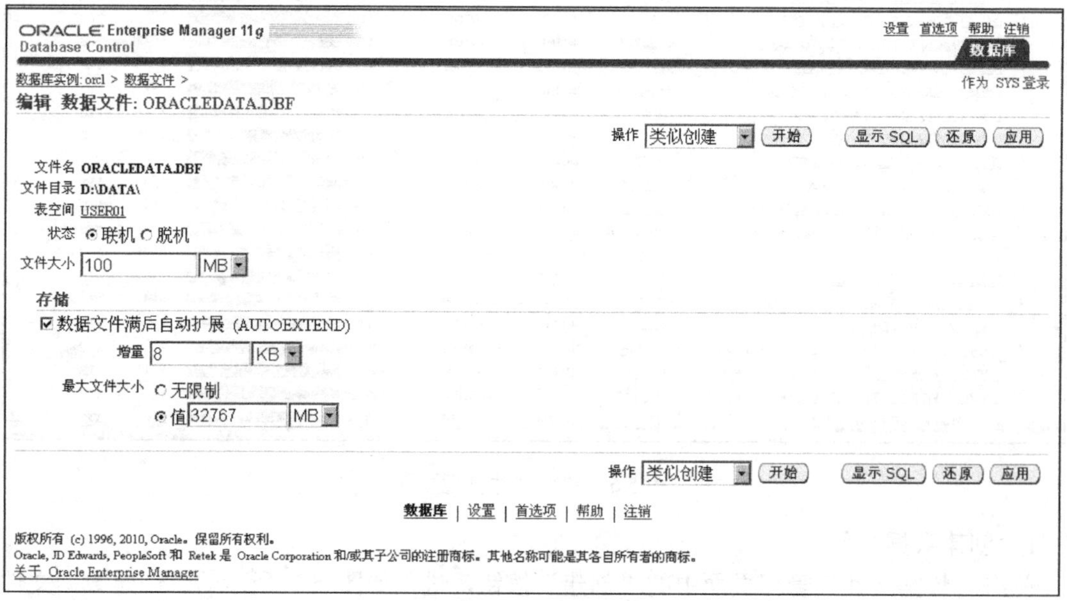

图 5.8　编辑数据文件页面

3）查看数据文件信息

双击“数据文件”管理页面中的某个数据文件名称，或选择某个数据文件后单击“查看”按钮，可以查看文件的详细信息，如图 5.9 所示。

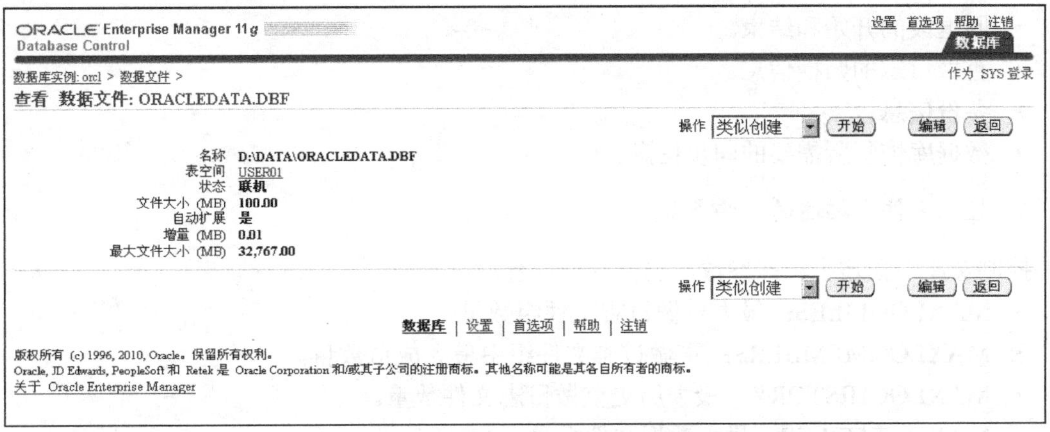

图 5.9 查看数据文件页面

4）删除数据文件

在数据文件管理页面中，选中某个满足删除条件的数据文件，单击“删除”按钮，可以实现数据文件的删作。

5.4 管理控制文件

控制文件是 Oracle 数据库最重要的物理文件，描述了整个数据库的物理结构信息。控制文件在创建数据库时创建，每个数据库至少要有一个控制文件。

1. 控制文件的特点

控制文件具有如下特点：

(1) 控制文件是一个很小的二进制文件。

(2) 控制文件描述了整个数据库的结构。

(3) 在加载数据库时，实例必须首先通过初始化参数文件找到数据库的控制文件。

(4) 在数据库运行期间，控制文件始终不断更新，以便记录数据文件和重做日志文件的变化。

(5) 每个数据库至少拥有一个控制文件。一个数据库也可以同时拥有多个控制文件。

(6) 控制文件分配在不同的物理硬盘中，以便数据库或硬盘损坏时，能够利用备份的控制文件启动数据库实例，可以提高数据库的可靠性。

2. 控制文件的内容

控件文件主要存储与数据库相关的一些信息，主要包括以下内容：

- 数据库名称和标识。
- 数据库创建的时间。
- 表空间名称。
- 数据文件和重做日志文件的名称和位置。
- 当前重做日志文件序列号。
- 数据库检查点的信息。

- 回退段的开始和结束。
- 重做日志的归档信息。
- 备份信息。
- 数据库恢复所需要的同步信息。

3. 控制文件中描述的一些参数

控制文件中描述了一些参数，包括以下内容。

- MAXLOGFILES：最大重做日志文件组数量。
- MAXLOGMEMBERS：重做日志文件组中最大成员数量。
- MAXLOGHISTORY：最大历史重做日志文件数量。
- MAXDATAFILES：最大数据文件数量。
- MAXINSTANCES：可同时访问的数据库最大实例个数。

4. 控制文件的管理策略

Oracle 建议最少有两个控制文件，通过多路镜像技术，将多个控制文件分散到不同的磁盘中。在数据库运行过程中，始终读取 CONTROL_FILES 参数指定的第一个控制文件，同时写 CONTROL_FILES 参数指定的所有控制文件。如果其中一个控制文件不可用，则必须关闭数据库并进行恢复。

每次对数据库结构进行修改(添加、修改、删除数据文件、重做日志文件)后，应该及时备份控制文件。

5.4.1 创建控制文件

在创建数据库时，系统会根据初始化参数文件中的 CONTROL_FILES 设置创建控制文件。在数据库创建后，如果发生以下几种情况，则需要手动创建新的控制文件：

- 控制文件全部丢失或损坏。
- 需要修改数据库名称。
- 在 Oracle 10.2.0 之前的版本中，需要修改某个最大化参数。

1. CREATE CONTROLFILE 语句

```
CREATE CONTROLFILE [REUSE]
[SET] DATABASE database
[LOGFILE logfile_clause]
RESETLOGS|NORESETLOGS
[DATAFILE file_specification]
[MAXLOGFILES]
[MAXLOGMEMBERS]
[MAXLOGHISTORY]
[MAXDATAFILES]
[MAXINSTANCES]
[ARCHIVELOG|NOARCHIVELOG]
[FORCE LOGGING]
[CHARACTER SET character_set]
```

2. 创建控制文件的基本步骤

(1) 制作数据库中所有的数据文件和重做日志文件列表。

```
SQL>SELECT MEMBER FROM V$LOGFILE;
SQL>SELECT NAME FROM V$DATAFILE;
SQL>SELECT VALUE FROM V$PARAMETER WHERE NAME = 'CONTROL_FILES';
```

(2) 如果数据库仍然处于运行状态，关闭数据库。

```
SQL>SHUTDOWN
```

(3) 在操作系统级别备份所有的数据文件和联机重做日志文件。

(4) 启动实例到 NOMOUNT 状态。

```
SQL>STARTUP NOMOUNT
```

(5) 利用前面得到的文件列表，执行 CREATE CONTROLFILE 创建一个新控制文件。

(6) 在操作系统级别对新建的控制文件进行备份。

(7) 如果数据库重命名，则编辑 DB_NAME 参数来指定新的数据库名称。

(8) 如果数据库需要恢复，则进行恢复数据库操作。

- 如果创建控制文件时指定了 NORESTLOGS，可以完全恢复数据库。

```
SQL>RECOVER DATABASE;
```

- 如果创建控制文件时指定了 RESETLOGS，则必须在恢复时指定 USING BACKUP CONTROLFILE。

```
SQL>RECOVER DATABASE USING BACKUP CONTROLFILE;
```

(9) 重新打开数据库。

- 如果数据库不需要恢复或已经对数据库进行了完全恢复，则可以正常打开数据库。

```
SQL>ALTER DATABASE OPEN;
```

- 如果在创建控制文件时使用了 RESETLOGS 参数，则必须指定以 RESETLOGS 方式打开数据库。

```
SQL>ALTER DATABASE OPEN  RESETLOGS;
```

5.4.2 多路复用控制文件

控制文件对 ORACLE 来说非常重要，如果控制文件出现了意外的损坏，那么此时 Oracle 数据库系统很可能无法正常启动。为此作为 Oracle 数据库管理员，务必要保证控制文件的安全。

在实际工作中，数据库管理员可以通过备份控制文件来提高控制文件的安全性。但这是下下之策。因为当控制文件出现损坏时，通过备份文件来恢复的话，会导致数据库在一段时间内的停机。因此建议数据库管理员最好还是采用多路复用来保障控制文件的安全。在采用多路复用的情况下，当某个控制文件出现损坏时，系统会自动启用另外一个没有问题的控制文件来启动数据库，所以不会出现停机的状况。

1. 控制文件多路复用的特点

多路复用的原理其实很简单，就是在数据库服务器上将控制文件存放在多个磁盘分区或者多块硬盘上。数据库系统在需要更新控制文件时，就会自动同时更新多个控制文件。因此，当其中一个控制文件出现损坏时，系统会自动启用另外的控制文件。只有所有控制文件都出现损坏，此时数据库才无法正常启动。不过只要将控制文件多路复用在多块硬盘上，一般来说控制文件同时损坏的几率很小。所以采用多路复用控制文件可以在很大程度上提高控制文件的安全性。最重要的是，在控制文件转换的过程之中，不会有停机现象产生。

所以通过把控制文件存放在不同的硬盘上，数据库管理员就能避免数据库出现单点故障的风险。当采用多路复用技术启用多个控制文件时，数据库在更新控制文件时会同时更新这些控制文件。虽然有时候这可能会让数据库对控制文件的修改花费更多的时间，但是相对于风险来说，这点时间上的代价还是值得的。再说只要硬盘的性能比较好，那么这个时间的影响是很少的，甚至可以忽略不计。不过在采用多路复用的时候，最好不要将控制文件放在网络上的服务器中。有时候如果系统在更新控制文件时刚好碰到网络性能不好甚至网络中断的情况，那么这个控制文件的更新就需要耗用比较长的时间。在 Windows 操作系统下安装 Oracle 数据库，其默认情况下就启用了多路复用技术。不过这个多路复用技术不怎么合理，它将其余的两个控制文件副本保存在同一个分区的同一个目录下。万一这台服务器的硬盘出现了故障，由于控制文件保存在同一个硬盘中，那么多路复用就失去了意义。因此最好将控制文件保存在不同的硬盘中，以提高控制文件的安全性。

2. 在 Windows 平台上实现控制文件多路复用

控制文件的多路复用可以通过 V$CONTROLFILES 查询，如图 5.10 所示。

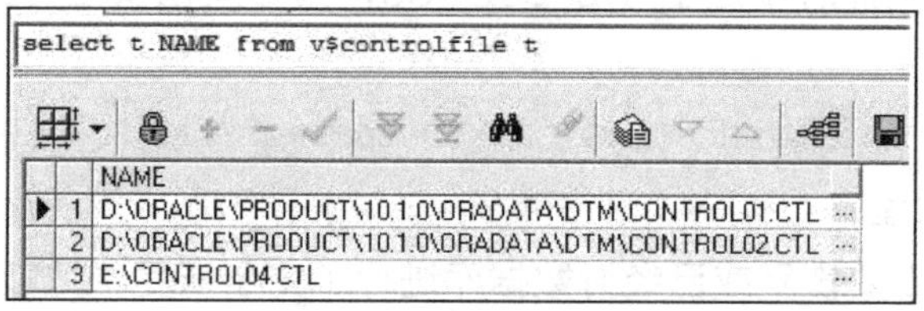

图 5.10　多路复用控制文件的查询结果

本来 Oracle 数据库有 3 个控制文件，保存在同一目录中。下面我们在另一个硬盘分区上放置一个控制文件，就实现了多路复用。如此，即使前面两个控制文件损坏了，数据库也会立即启用第三个控制文件来启动数据库。在 Windows 操作系统下要实现多路复用控制文件是比较简单的，只需要通过几个简单的步骤就可以完成。

1）编辑初始化参数 CONTROL_FILES

在 Oracle 数据库系统中，通过此初始化参数来打开控制文件，此初始化参数中指定有多少个控制文件，分别存放在那里，到时候数据库就会更新多少控制文件。不过需要注意的是，一般数据库在使用时，只打开一个控制文件。所以要启用多路复用时，首先需要使用 ALTER SYSTEM 命令来设置这个初始化参数，以便在管理员指定的位置添加控制文件。其具体格式如下：

```
ALTER SYSTEM SET  CONTROL_FILES=… SCOPE=SPFILE
ALTER SYSTEM SET  CONTROL_FILES=
'D:\ORACLE\PRODUCT\10.2.0\ORADATA\ORCL\CONTROL01.CTL',
'D:\ORACLE\PRODUCT\10.2.0\ORADATA\ORCL\CONTROL02.CTL',
'D:\ORACLE\PRODUCT\10.2.0\ORADATA\ORCL\CONTROL03.CTL',
'D:\ORACLE\PRODUCT\10.2.0\ORADATA\CONTROL04.CTL'
SCOPE=SPFILE;
```

2）关闭数据库

设置好初始化参数以后，还需要关闭数据库及相关服务后才能进行下一步的操作。所以最好在数据库投入生产使用之前，就做好控制文件多路复用的准备，否则后续再进行调整的话，就不得不付出数据库停机的代价。使用 shutdown 命令关闭数据库之后，还需要在操作系统的服务管理窗口中关闭相关的服务。

```
SHUTDOWN IMMEDIATE;
```

3）复制原有的控制文件

为了确保所有控制文件能够互为镜像，完全相同，最好能够在关闭数据库的情况下，将原先的控制文件复制到一个新的位置，然后进行重命名。注意这里的位置与控制文件名，必须和第一步指定的路径与文件名相同。

4）重新启动数据库

启动数据库之后，需要注意手工启动服务窗口中的相关选项。如果怕麻烦可重新启动一下操作系统，系统会在重新启动的过程中自动启用相关的 Oracle 数据库服务。数据库重新启动之后，多路复用的控制文件就可以使用了。如果要确认原先的设置是否奏效，可以使用图 5.10 所示的查询语句进行。当使用 ALTER SYSTEM 参数更改完初始化参数后，由于这个控制文件实际上还并不存在，为此利用这个语句来查询时就查不到更改后的变化。复制控制文件并重新启动数据库系统后，所做的更改生效了，此时才可以通过这个查询语句查找到起作用的控制文件。或者说，如果管理员实际复制了控制文件，但是在这里查询不到相应结果的话，则说明肯定是哪个地方出现了问题。此时系统工程师就要从头开始来排除故障可能出现的原因。

显然，要在 Windows 操作系统上实现控制文件多路复用比较简单，但在具体的配置过程中，有一些细节方面的内容要引起管理员重视。

（1）在使用 ALTER SYSTEM 更改初始化参数时，一定要把原先的控制文件信息带上。也就是说，默认情况下 Oracle 数据库已经有了 3 个控制文件。如果数据库管理员还需要在其他硬盘上多采用 2 个控制文件，则在 ALTER SYSTEM 语句中必须加入 5 条信息，也就是说，原先的控制文件信息必须也带上。如果在这条语句中，数据库管理员只带上 2 条新控制文件的语句，则数据库系统会认为原先的 3 个控制文件都不要了，而直接采用后面加上的 2 个控制文件来代替。提醒各位数据库管理员，在调整设置的时候千万不要犯这个低级的错误。

（2）需要考虑多路复用控制文件的存储位置。数据库的默认设置，控制文件是存储在同一个目录中的，这显然并不是很安全，至少要将控制文件放置在不同的硬盘或分区上。具体来说，控制文件的每个副本都应该保存在不同的磁盘驱动器上。也就是说可以将控制文件的副本存储在每个存储有重做日志文件组成员的硬盘驱动器上。不过有一点需要说明的是，最好不要将控制文件的副本保存在网络主机上。这主要是因为系统会同时更新多个数据库控制文件。如果网络比较繁忙，更新网络主机上的控制可能会花费比较多的时间。可见，这个位置的选择不仅关系到控制文件的更新速度，而且还关系到控制文件副本的安全性。为此在规划数据库时，也需要好好想想控制文件副本该存放在哪个地方更合适。

（3）需要注意的是，这个控制文件的默认存储位置在不同的操作系统中是不同的。如在 Linux操作系统与 Windows 操作系统中，虽然默认情况下都是 3 个控制文件，其中 2 个为控制文件的副本，但是它们存储的路径不同。如果要在不同的操作系统上复制控制文件时，就需要通过上面的查询语句来查询当前生效的控制文件。千万不要凭感觉去找，因为即使你找到了控制文件，也不能够保证这个控制文件是有效的，是否包含了最新的内容。如果不是的话，则无法保证所有的控制文件都相同，无法确保所有控制文件能够互为镜像。

5.4.3 查看控制文件

如果要获得控制文件信息，可以查询与控制文件相关的数据字典视图。与数据字典相关的视图如下。

- V$DATABASE：从控制文件中获取的数据库信息。
- V$CONTROLFILE：包含所有控制文件名称与状态信息。
- V$CONTROLFILE_RECORD_SECTION：包含控制文件中各记录文档段信息。
- V$PARAMETER：可以获取初始化参数 CONTROL_FILES 的值。

例如，要查询当前数据库中的所有控制文件信息，可以在 SQL*Plus 中执行下面的命令：

```
SQL>SELECT NAME,STATUS FROM V$CONTROL_FILES;
```

5.4.4 控制文件的备份和恢复

为了避免由于控制文件的损坏或丢失而导致数据库系统崩溃，需要经常对控制文件进行备份。特别是数据库的物理结构修改之后，如数据文件的添加、删除或重命名，表空间的添加、修改和删除等，都需要重新备份控制文件。备份控件文件的方法如下：

(1) 将控制文件备份为二进制文件。

```
ALTER DATABASE BACKUP  CONTROLFILE TO …
SQL>ALTER DATABASE BACKUP CONTROLFILE  TO  'D:\ORACLE\CONTROL.BKP';
```

(2) 将控制文件备份为文本文件。

```
ALTER DATABASE BACKUP CONTROLFILE  TO TRACE
```

说明　将控制文件备份到<ORACLE_BASE>\admin\<SID>\udump 目录下的跟踪文件中。

```
SQL>ALTER DATABASE BACKUP CONTROLFILE
```

5.4.5 删除控制文件

如果控制文件因损坏等原因需要删除时，可将其删除。删除控制文件的步骤如下：

(1) 编辑 CONTROL_FILES 初始化参数，使其不包含要删除的控制文件。

(2) 关闭数据库。

(3) 在操作系统中删除控制文件。

(4) 重新启动数据库。

5.4.6 从 OEM 管理控制文件

以管理员身份启动并登录 OEM 数据库控制台，打开“管理”属性页，单击“数据库管理”部分的“存储”下的“控制文件”链接，可以进入“控制文件”页面，如图 5.11 所示，进行控制文件的管理。在控制文件管理页面中可以查看控件文件的个数、位置、名称、状态等信息，单击“备份”到跟踪文件按钮，将控件文件信息以文本方式写入跟踪文件中。

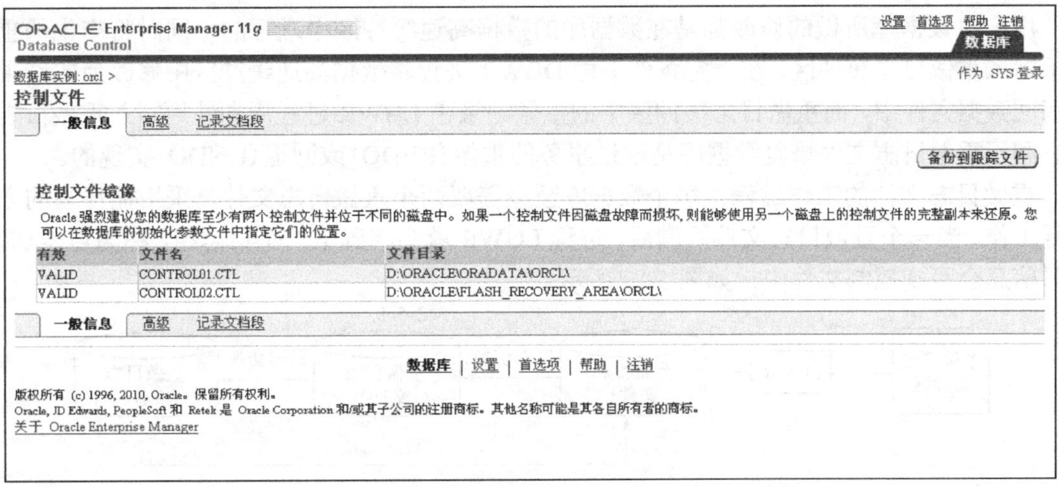

图 5.11　控制文件页面

单击“高级”标签，进入“控制文件：高级”页面，如图 5.12 所示。可以查看控制文件内部的信息，包括数据库的物理存储结构、控制文件类型、控制文件创建日期、控制文件序列号等信息。

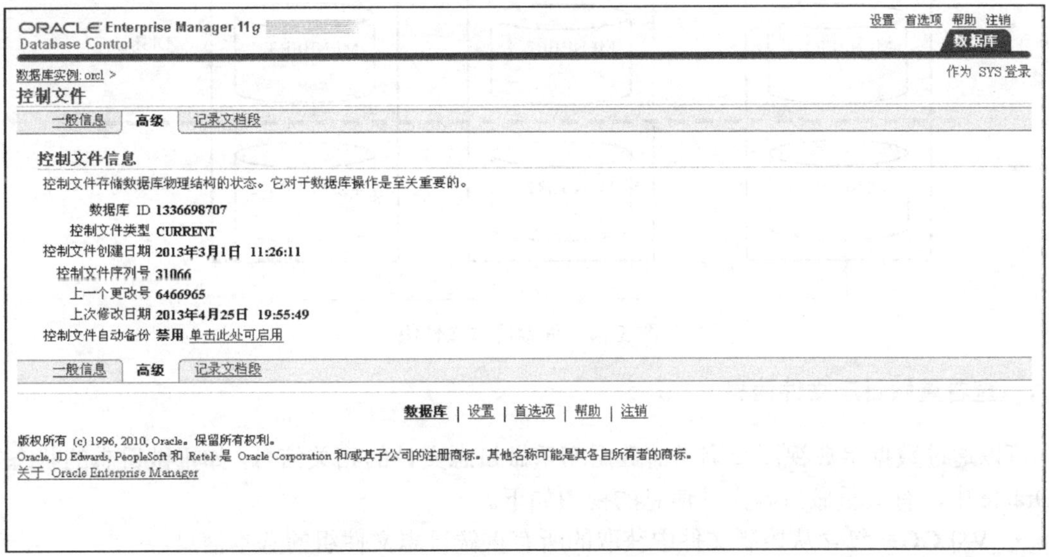

图 5.12　“控制文件：高级”页面

5.5　管理日志文件

重做日志文件以重做记录的形式，保存了用户对数据库所作的更新操作(DDL、DML)，包含的主要信息是记录事务的开始和结束、事务中每项操作的对象和类型、更新操作前后的数据值等。

重做日志文件是由重做记录构成的，每个重做记录由一组修改向量组成。修改向量记录了对数据库中某个数据块所做的修改，包括修改对象、对象修改之前的值、对象修改之后的值等。因此，利用重做日志可以实现数据的恢复。

用户对数据库所做的修改都是在数据库的数据高速缓冲区中进行的，同时将产生的重做记录写入重做日志缓冲区。在一定条件下由 DBWR 进程将数据高速缓冲区中修改后的结果成批写回数据文件中，而重做日志缓冲区中的重做记录由 LGWR 进程周期性地写入重做日志文件。利用重做日志文件恢复数据库是通过事务的重做(REDO)或回退(UNDO)实现的。

重做日志文件的工作过程：每个数据库至少需要两个重做日志文件，采用循环写的方式进行工作。当一个重做日志文件写满后，进程 LGWR 就会移到下一个日志组，称为日志切换，同时信息会写到控制文件中，如图 5.13 所示。

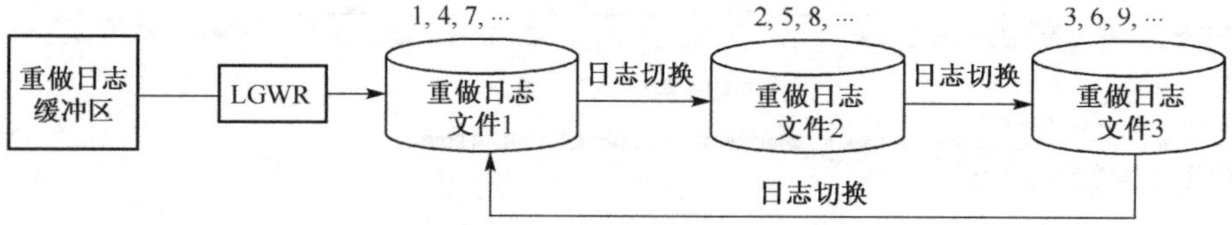

图 5.13 重做日志的工作过程

为了保证 LGWR 进程的正常进行，通常采用重做日志文件组(GROUP)，每个组中包含若干完全相同的重做日志文件成员(MEMBER)，这些成员文件相互镜像，如图 5.14 所示。

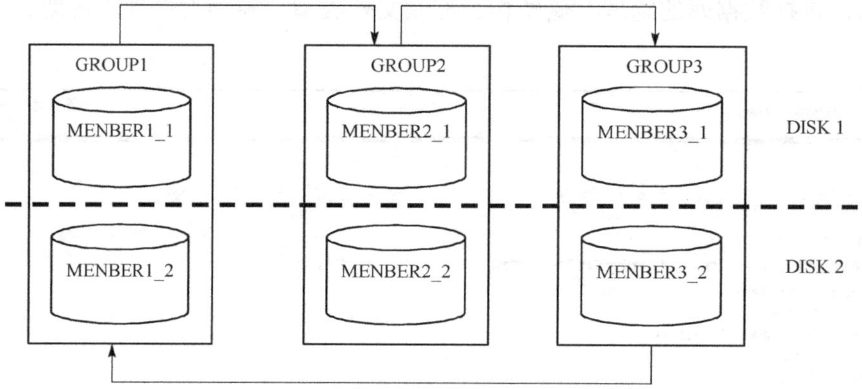

图 5.14 重做日志文件组

5.5.1 查看重做日志文件信息

可以通过数据字典视图查询当前数据库重做日志文件的相关信息，如重做日志的状态等。在 Oracle 中，有关重做日志文件信息的视图如下。

- V$LOG：包含从控制文件中获取的所有重做日志文件组的基本信息。
- V$LOGFILE：包含重做日志文件组及其成员文件的信息。
- V$LOG_HISTORY：包含关于重做日志文件的历史信息。

(1) 查看重做日志文件组的信息。

```
SELECT GROUP#,SEQUENCE#,MEMBERS,STATUS,ARCHIVED  FROM V$LOG;
```

(2) 查看重做日志文件的信息。

```
SELECT GROUP#,TYPE,MEMBER  FROM V$LOGFILE ORDER BY GROUP#;
```

5.5.2 创建重做日志组及日志文件

日志文件以组的方式进行管理，每个日志文件组内的日志成员内容是相同的。缺省情况下，每个数据库会创建 3 个日志文件组。

1. 添加重做日志文件组

可以通过命令 ALTER DATABASE ADD LOGFILE 创建重做日志文件组。

例 5-21 创建一个重做日志文件组 GROUP 4，其命令如下：

```
ALTER DATABASE ADD LOGFILE GROUP 4
(
'D:\ORACLE\PRODUCT\10.2.0\ORADATA\ORCL\
REDO04a.LOG',   'D:\ORACLE\PRODUCT\10.2.0\ORADATA\
ORCL\REDO04b.LOG')SIZE 4M;
)
```

注意

- 分配给每个重做日志文件的初始空间至少为 4 MB。
- 如果没有使用 GROUP 子句指定组号，则系统会自动产生组号，为当前重做日志文件组的个数加 1。
- 在 Oracle10.2.0 之前的版本中，数据库最多允许的重做日志文件组的数量由控制文件中的 MAXLOGFILES 参数决定。
- 在 Oracle10.2.0 之前的版本中，每个重做日志文件组中最多成员文件数量由控制文件中的 MAXLOGMEMBERS 参数决定。

2. 添加重做日志文件组成员

向重做日志文件组中添加成员文件时使用 ALTER DATABASE ADD LOGFILE MEMBER … TO GROUP 语句来完成。例如：

```
SQL>ALTER DATABASE ADD LOGFILE MEMBER
    'D:\ORACLE\PRODUCT\11.2.0\ORADATA\LAB\REDO01C.LOG' TO GROUP 1,
    'D:\ORACLE\PRODUCT\11.2.0\ORADATA\LAB\REDO04C.LOG' TO GROUP 4'
```

注意

- 同一个重做日志文件组中的成员文件存储位置尽量分散。
- 不需要指定文件大小，新成员文件大小由组中已有成员文件大小决定。

5.5.3 重做日志文件的移动和重命名

在数据库重做日志文件创建以后，有时需要修改重做日志文件的名称和位置，如果重做日志文件所在的磁盘要拆除或增加新的磁盘等，此时可以使用 ALTER DATABASE RENAME FILE…TO 语句修改重做日志文件的名称或位置。

注意 只能更改处于 INACTIVE 或 UNUSED 状态的重做日志文件组的成员名称或位置。

例 5-22 将重做日志文件 REDO01C.LOG 重命名为 REDO01B.LOG，将 REDO04C.LOG 移动到 D:\ORACLE\APP\ORADATA\LAB 目录下。

(1) 检查要修改的成员文件所在的重做日志文件组状态。

```
SQL>SELECT group#,status FROM v$log;
```

如果要修改的日志文件组不是处于 INACTIVE 或 UNUSED 状态，则需要进行手动日志切换。

(2) 在操作系统中重命名重做日志文件，或将重做日志文件移动到新的位置。

打开 REDO01C.LOG 文件所在的文件夹，将 REDO01C.LOG 更名为 REDO01B.LOG，同时将 REDO04C.LOG 移动到 D:\ORACLE\APP\ORADATA\LAB 目录下。

(3) 执行 ALTER DATABSE　RENAME FILE… TO 语句。

```
SQL>ALTER DATABASE RENAME FILE
'D:\ORACLE\PROCEDURE\11.2.0\ORADATA\LAB\REDO01C.LOG','D:\ORACLE\APP\ORADATA\
        LAB\REDO04C.LOG' TO 'D:\ORACLE\APP\ORADATA\LAB\REDO01B.LOG',
        'D:\ORACLE\APP\ORADATA\LAB\REDO04C.LOG';
```

5.5.4 删除重做日志组及日志文件

1. 删除重做日志文件

如果要删除重做日志文件组中的某个成员文件，需要注意以下事项：

(1) 只能删除状态为 INACTIVE 或 UNUSED 的重做日志文件组中的成员。若要删除状态为 CURRENT 的重做日志文件组中的成员，则需要执行一次日志切换。

(2) 如果数据库处于归档模式下，则在删除重做日志文件之前要保证该文件所在的重要日志文件已归档。

(3) 每个重做日志文件中至少要有一个可用的成员文件，即 VALID 状态的成员文件。如果要删除的重做日志文件是所在组中最后一个可用的成员文件，则无法删除。

使用 ALTER DATABSE DROP LOGFILE MEMBER 语句可以删除重做日志文件组成员。例如：

```
SQL>ALTER DATABSE DRP LOGFILE MEMBER 'D:\APP\ORACLE\ORADATA\LAB\REDO4C.LOG';
```

删除重做日志文件的操作并没有将重做日志文件从操作系统磁盘中删除，只是更新了数据库控制文件，从数据库结构中删除了该重做日志文件。在删除重做日志文件之后，应该确认删除操作成功完成，然后再删除操作系统中对应的重做日志文件。

2. 删除重做日志文件组

在某些情况下，可能需要删除某个重做日志文件组。如果删除某个重做日志文件组，则该组中的所有成员文件将被删除。删除某个重做日志文件组时，需要注意以下事项：

(1) 无论重做日志文件组中有多少个成员文件，一个数据库至少需要使用两个重做日志文件组。

(2) 如果数据库处于归档模式下，则在删除重做日志文件之前，必须确定该组已经被归档。

(3) 只能删除处于 INACTIVE 或 UNUSED 状态的重做日志文件组，若要删除状态为 CURRENT 的重做日志文件组，则需要执行一次手动日志切换。

删除重做日志文件组使用 ALTER DATABASE DROP LOGFILE GROUP 语句完成。例如：

```
SQL>ALTER DATABASE DROP LOGFILE GROUP 4;
```

5.5.5 清除重做日志文件组

在数据库运行过程中，联机重做日志文件可能会因为某些原因而损坏，导致数据库最终由于无法将损坏的重做日志文件归档而停止，此时可以在不关闭数据库的情况下，手工清除损坏的重做日志文件内容，避免出现数据库停止运行的情况。

清除重做日志文件就是将重做日志文件中的内容全部清除，相当于删除该重做日志文件，然后再重新建立它。清除重做日志文件组是将该文件组中的所有成员文件全部清空。

使用 ALTER DATABASE CLEAR LOGFILE GROUP …语句可以实现清除重做日志文件组。例如，清除 4 号重做日志文件组。

```
SQL>ALTER DATABASE CLEAR LOGFILE  GROUP 4;
```

在下列情况下，清空重做日志文件组将无法进行：

(1) 数据库只有两个重做日志文件组。

(2) 需要清除的重做日志文件组处于 CURRENT 状态。

如果需要清除的重做日志文件组尚未归档，则必须使用 UNARCHIVED 子句，以避免对这个重做日志文件进行归档。

```
SQL>ALTER DATABASE CLEAR UNARCHIVED LOGFILE GROUP 4;
```

5.5.6 切换日志

当 LGWR 进程结束对当前重做日志文件组的使用，开始写入下一个重做日志文件组时，称为发生了一次“日志切换”。通常，只有当前的重做日志文件组写满后才发生日志切换，但是可以通过设置参数 ARCHIVE_LAG_TARGET 控制日志切换的时间间隔，在必要时也可以采用手工强制进行日志切换。

如果需要将当前处于 CURRENT 状态的重做日志组立即切换到 INACTIVE 状态，必须进行手工日志切换。手动日志切换是使用 ALTER SYSTEM SWITCH LOGFILE 语句实现的。例如：

```
SQL>ALTER SYSTEM  SWITCH LOGFILE;
```

当发生日志切换时，系统将为新的重做日志文件产生一个日志序列号，在归档时该日志序列号一同被保存。日志序列号是在线日志文件和归档日志文件的唯一标识。

5.5.7 查看重做日志文件信息

可以通过数据字典视图查询当前数据库重做日志文件的相关信息，如重做日志文件组的状态等。Oracle 包含重做日志文件信息的视图如下。

- V$LOG：包含从控制文件中获取的所有重做日志文件组的基本信息。
- V$LOGFILE：包含重做日志文件组及其成员文件的信息。
- V$LOG_HISTORY：包含关于重做日志文件的历史信息。

(1) 查看重做日志文件组的信息。

```
SELECT GROUP#,SEQUENCE#,MEMBERS,STATUS,ARCHIVED  FROM V$LOG;
```

(2) 查看重做日志文件的信息。

```
SELECT GROUP#,TYPE,MEMBER  FROM V$LOGFILE ORDER BY GROUP#;
```

5.5.8 在 OEM 中管理重做日志组及日志文件

以管理员身份启动并登录 OEM 数据库控制台，打开“管理”属性页，单击“数据库管理”部分“存储”下的“日志文件”链接，可以进入日志文件管理页面，进行日志文件的管理，可以进行重做日志文件的创建、编辑、查看、删除及清空操作。

1. 创建重做日志文件组

单击“重做日志组”管理界面中的“创建”按钮，进入如图 5.15 所示的“创建 重做日志组”界面。设置完组号和文件大小后，可以进行重做日志成员的添加、删除和修改操作。

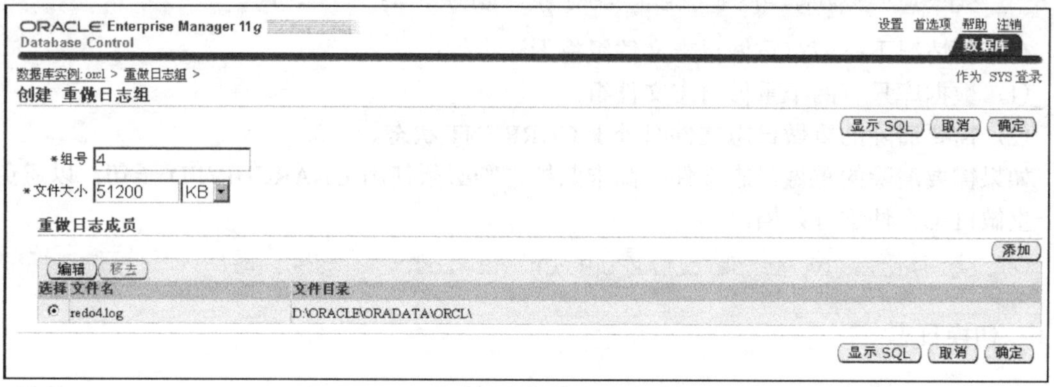

图 5.15 “创建 重做日志组”界面

在“创建 重做日志组”管理界面中选择一个重做日志成员文件后，单击“编辑”按钮，进入 “添加日志组成员”界面，可以对选择的重做日志组成员的名称和位置进行修改。

2. 编辑重做日志文件组

在“重做日志组”管理界面中选择一个要编辑的重做日志组后，单击“编辑”按钮，进入图 5.16 所示的“编辑重做日志组”界面，可以查看重做日志成员的组成情况，并对文件名及文件目录进行修改。

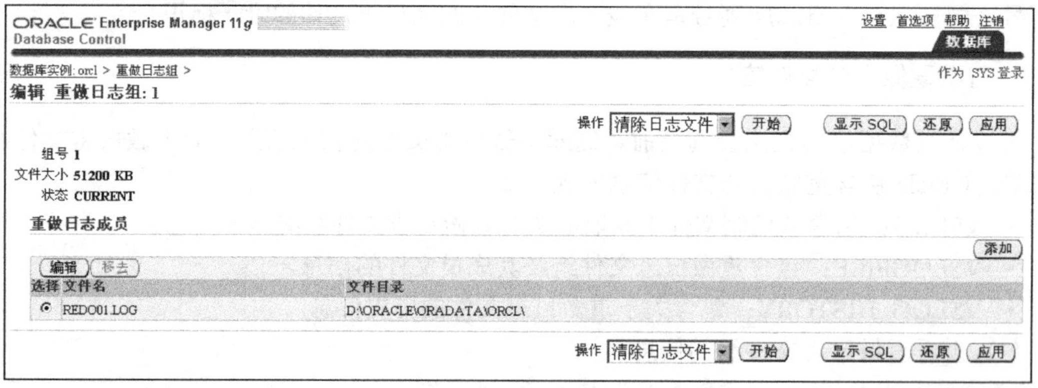

图 5.16 “编辑 重做日志组”界面

3. 删除重做日志组

在“重做日志组”管理界面中选择一个要删除的重做日志组后，单击“删除”按钮，可以删除处于 INACTIVE 状态的重做日志组。

5.6 本 章 小 结

本章首先介绍了表空间作用及常用的表空间类型，然后介绍了表空间的管理。表空间是 Oracle 一个重要的逻辑存储结构，是 Oracle 数据文件的一种组织方式，通过表空间可以实现数据存储空间的限制。Oralce 数据库是由一系列文件组成的，不同类型的文件有不同的作用，常用的文件主要是数据文件、控制文件和日志文件。在本章中，详细介绍 Oracle 11g 中实例文件、控制文件和日志文件的管理及日常操作。

思 考 题

1. 说明数据库表空间的种类及不同类型表空间的作用。
2. 如何创建普通表空间？
3. 增加表空间的存储容量有几种方式？
4. 如何创建新的数据文件？如何手动修改数据文件的大小？
5. 如何创建控制文件？
6. 如何实现控制文件的多路复用？
7. 如何创建日志文件组？
8. 如何实现向日志文件组中添加新的成员文件？

第 6 章　创建和管理数据库对象

在数据库中，表、索引、视图是非常重要的概念。数据保存到数据库中，在关系数据库模型中，需要用某种形式显示出来，这种显示形式就是通常所说的表或视图；数据存储在数据库表中，为了提高数据检索的效率，通常使用索引；视图则是为了提高数据的安全程度或者使数据以一种使用者的方式显示出来的有效方式。

本章主要讲授在 Oracle 中，表、索引、视图等数据库对象是如何管理的，重点为表、索引，以及视图的创建、修改和删除。

6.1　表

为了适应各种类型的数据库、数据访问和性能的要求，Oracle 提供了多种类型的表。对于所有类型的表，Oracle 允许管理员和开发者自定义表的各种属性，规定表的空间，存储表的物理磁盘，以及从磁盘读取数据时如何映射内存等。

在用户的应用中，传统的关系类型表已经完全可以胜任，但使用其他类型的表可以使工作更有效率、使用更少数量的磁盘空间和处理资源。因此，用户应该知道各种各样表的类型，以及如何选择一个表的类型。

6.1.1　创建表的策略

表有堆表、外部表、索引组织表、临时表、对象和对象表、分区表、簇表和散列聚簇表。

1. 堆表

堆表是最常使用的普通表，数据的存储没有顺序，当增加数据时会使用 Oracle 找到的第一个合适空间。堆表又称堆组织表，以堆的方式管理，当增加数据时，将使用段中第一个适合数据大小的空闲空间。当删除数据时，留下的空间允许以后的 DML 操作重用。

2. 外部表

外部表是在数据库以外的文件系统上存储的只读表，也就是说，外部表中的数据存储在 Oracle 数据库外部的文件中，并且只能读不能写。外部表无需将数据复制到数据库中，因此可以让数据保留在普通的文件中，并且允许数据库对其进行实时读取。

3. 索引组织表

索引组织表是 Oracle 提供的用于提高查询效率的新型表，其典型的应用类似于字典的情形，主要用于搜索一些有意义的信息。数据按主码存储和排序，与索引结构一样，不过数据直接存储于主码后面，适用于信息检索、空间和 OLAP 程序。

4. 临时表

Oracle 的临时表与其他关系数据库中的不同，其定义是“静态”的，也就是说，用户不需要在每次希望使用临时表时再重新建立，它与普通的数据表一样在数据库中只需一次创建，其结构总是有效的，被作为对象存在数据字典中。

5. 对象和对象表

Oracle 8 以来，Oracle 数据库引入了面向对象技术，使得不仅可以处理 NUMBER、DATA 和 VARCHAR2 这样的系统预定义类型，而且还可以处理一种新的数据类型——用户定义的对象类型。在 Oracle 中把对象作为一种数据类型 object，不但可以包含基本的数据类型、集合，还可以为其定义函数和过程作为其方法。

6. 分区表

在大型数据库应用程序中，用户需要处理的数据量可以达到数十到数百 GB 甚至 TB。为使用户的读、写操作和查询操作更快，Oracle 提供了分区表。分区表是将一个非常大的表划分成小块(分区)。在实际应用中，对分区表的操作是在独立的分区上，但是对用户而言分区表就像一个表一样工作。

7. 簇表

簇表是一种用于存储数据的方法。簇群是一组表，实际上是一组多个表共享相同的数据块。因为这些表都有一个共同的列，而且经常在一起，所以将这些表组织在一起，以提高存取效率。

8. 散列聚簇表

散列聚簇表的概念类似簇表，在簇表中，Oracle 使用存储在索引中的键值来定位表中的行，但是使用散列函数代替了簇索引。在散列聚簇表中，Oracle 采用行的码值，使用内部函数或自定义的函数进行散列运算，从而确定数据的存放位置。

6.1.2 创建表

Oracle 建表基本语法：

```
create table 表名(
  字段名1 字段类型(长度) 是否为空,
  字段名2 字段类型(长度) 是否为空
);
```

增加主键：

```
alter table 表名 add constraint 主键名 primary key (字段名1);
```

增加外键：

```
altcr tablc 表名
add constraint 外键名 foreign key (字段名1)
references 关联表 (字段名2);
```

按照上述语法，Oracle 数据库会自动建立堆表，而在建立其他类型的表时，基本语法和建立堆表差不多，但是又有些区别。

1. 外部表

为了建立外部表，Oracle 需要知道该文件在操作系统上的位置，这可以通过使用目录对象作为服务器文件系统上目录的别名来解决。为了建立指向数据文件的目录，用户需要具有 CREATE ANY DIRECTORY 权限。

```
Create directory exterior_data as 'D:\exterior';
```

在指定数据文件后，就可以使用 CREATE TABLE…ORGANIZATION EXTERNAL 语句创建外部表。

例 6-1 创建成绩表。

```
Create table 成绩表(
ID varchar(10) ,
Name varchar(8) ,
Chinese number,
Math number,
English number,
Sum_grade number
Organization external(
Type oracle_loader
Default directory exterior_data
Access parameters(Fields terminated by',')
Location('成绩表.csv));
```

在确定外部表的结构后，为了区别创建的表类型，还需要使用 ORGANIZATION EXTERNAL 子句指出正在建立的表是外部表。

2. 索引组织表

在使用 CREATE TABLE 语句创建索引组织表时，必须提供如下附加信息：

- ORGANIZATION INDEX 子句，以指示创建的表为索引组织表。
- 必须为索引组织表指定主键。

下面是创建索引组织表的一个例子。

例 6-2 创建一个简单的索引组织表 IndexTable。

```
Create table IndexTable(
ID varchar(10),
OP varchar(100),
Constraint pk primary key(ID))
Organization index;
```

从例 6-2 中可以看出，索引组织表使用 ORGANIZATION INDEX 子句。

3. 临时表

由于临时表存储的数据只在当前事务处理或会话进行期间有效，因此，创建的临时表分为事务级别临时表和会话级别临时表。这就需要使用 create global temporary table 语句来创建临时表，还需要使用如下的子句说明创建临时表的作用：

- 如果要创建一个事务级别的临时表，需要使用 on commit deleter ows 子句。事务级别的临时表在 Oracle 每次提交事务时，其中的记录就会被删除。

• 如果要创建一个会话级别的临时表，则需要使用 on commit preserve rows 子句。会话级别的临时表在用户连接到服务器期间，其中的记录将被一直保存，持续到用户断开与服务器的连接。

下面的示例将创建两个临时表，一个为事务级别，一个为会话级别。

例 6-3 创建会话级别的临时表：

```
Create global temporary table session_table(
ID NUMBER,
OPVARCHAR(50),
OP_DATE date)
On commit preserve rows;
```

创建事务级别的临时表：

```
Create global temporary table transaction_table(
ID NUMBER,
OPVARCHAR (50),
OP_DATE date)
On commit delete rows;
```

4. 对象和对象表

对象是开发人员在计算机内对现实世界中的实体的模型化。对象包含了专用于模型化实体的数据，以及对这些数据进行操作的函数和过程。例如，person 对象是现实世界中人的模型，该对象包括有关人的信息，如 NAME、SEX、DATE_OF_BIRTH 等，还可以包含 CHANGE_NAME 等方法。

在 Oracle 中，对象类型也就是用户定义的对象数据类型。对象类型与用户定义数据类型不同，它不仅可以包含基本的数据类型、集合或以前定义的对象类型，同时用户也可以为其定义函数和过程作为基本方法。

对象类型如同基本的 PL/SOL 程序包，也具有规范和主体。规范用于定义对象类型的公共接口，主体用于定义对象类型的实现。

例 6-4 创建对象类型 person 的规范。

```
Create or replace type person as object (
    NAME varchar (10),
    SEX char (2),
    DATE_OF_BIRTH date,
    NATIVE_PLACE varchar (100));
```

在这里创建一个名为 person 的对象类型的规范，在规范中为该对象类型定义了 4 个属性：NAME、SEX、DATE_OF_BIRTH 和 NATIVE_PLACE。

其中，对象类型的名称必须是唯一的，属性可以是任何 Oracle 数据类型(甚至可以是已经定义的对象类型)，但是不可以是以下类型：

- LONG 和 LONG RAW。
- ROWID。
- PL/SQL 特定类型，如 BINARY_INTEGER、BOOLEAN、%TYPE 和%ROWTYPE 等。
- 程序包中定义的数据类型。

对象类型并不一定必须具有方法，也就是说，对象类型的主体是可选的。例如，上面的对象类型 person 就没有方法。

在创建对象类型后，下面的问题是如何使用对象类型。

例 6-5 使用 person 对象类型。

```
DeclarePreson_one preson;
Begin
    Preson_one: =person ('刘丽', '女', date'1981-09-12', '北京市');
    Dbms_output.put_line (preson_one.Name);
End;
```

在上面的程序中，首先声明一个 person 类型的局部变量，然后创建一个 person 对象类型的实例，实例化的对象类型，系统使用默认构造函数。构造函数用于初始化实例时，实例化对象属性。

5. 分区表

Oracle 数据库提供 5 种对表或索引的分区方法：范围分区、散列分区、列表分区、组合范围散列分区和组合范围列表分区。每种分区都有自己的特点，在创建分区表时，应当根据其特点选择合适的分区类型。

1）范围分区

范围分区表中的数据是一个值的范围，根据值的大小或序列，决定数据存储的分区。例如，根据日期值的分区，即根据不同范围的日期，将表中的数据存储在不同的分区。

例 6-6 假设有一个商品交易表 merchandise_transactions，该表将来可能存储上万行数据。为了提高读写操作和查询性能，可以使分区表根据编号分 3 个区，第一个分区中存储 10000 行数据，第二个分区存储 20000 行数据，其余的数据将被存储在第三个分区上。

```
Create table merchandise_transactions (
Transaction_id number primary key,
Item varchar2 (300),
Transaction_date date not null,
Transaction_state varchar2 (10))
Partition by range (transaction_id) (
Partition part_01 values less than (10000) tablespance users,
Partition part_02 values less than (30000) tablespance sysaux,
Partition part_03 values less than (maxvalue) tablespance system,);
```

这里创建的分区根据交易的编号进行分区存储，交易编号 Transaction_id 在 10000 以下的记录将存储在第一个表空间 users 中，分区的名称为 part_01，编号在 30000 以下的记录将存储在第二个表空间 sysaux 中，分区的名称为 part_02，在 30000 以上的记录将存储在第三个表空间 system 中，分区的名称为 part_03。

从例 6-6 可以看出，在创建每个分区时都需要使用 values less than 子句，以指定分区的上限。也就是说，如果表中某条记录的分区列的值大于或等于该子句指定的值，该记录将被分配到下一个分区。另外，可以使用 maxvalue 表示分区列可能的最大值，它一般用于设置最后一个分区的上限。

2）散列分区

散列分区是通过散列算法均匀分布数据的一种分区类型。通过在 I/O 设备上进行散列分区，可以使得这些分区的大小一致。

例 6-7 重新创建商品交易表，根据交易 ID 散列地存放在指定的 3 个表空间中。

```
Create table merchandise_transactions (
Transaction_id number primary key,
Item varchar2 (300),
Transaction_date date not null,
Transaction_state varchar2 (10))
Partition by hash (transaction_id) (
Partition part_01 tablespance users,
Partition part_02 tablespance sysaux,
Partition part_03 tablespance system);
```

3）列表分区

如果分区列的值是非数字或日期数据类型，并且分区列的取值范围只是一个包含少数值的集合，则可以对表进行列表分区，需要为每个分区指定一个取值列表，分区列的取值处于同一取值列表中的行被存储在同一分区中。

创建列表分区的过程与创建范围分区的过程很相似，只是在创建列时，在 create table 语句中指定 partition by list 子句，并且在 partition 子句中指定分区列的取值。

例 6-8 根据交易地点将表分为两个分区。

```
Create table merchandise_transactions (
Transaction_id number primary key,
Item varchar2 (300),
Transaction_date date not null,
Transaction_state varchar2 (10))
Partition by list (transaction_state) (
Partition part_01 valuse ('北京市','天津市')tablespace users,
Partition part_02 valuse ('上海市','广州市','深圳市')tablespace sysaux) ;
```

4）组合范围散列分区

根据范围分区后，有时也需要将每个分区的数据分布在散列的几个表空间中，使范围分区形成组合范围散列分区。

例 6-9 按时间分区，每个分区的数据可以分为 3 个子分区，以便数据散列地存储在表空间的指定空间内。

```
Create table merchandise_transactions (
Transaction_id number primary key,
Item varchar2 (300),
Transaction_date date not null,
Transaction_state varchar2 (10))
Partition by range (transaction_date)
Subpartition by hash (transaction_id)
Subpartitions 3 store in (users,sysaux,system) (
Partition part_01 values less than (date'2008-01-01'),
Partition part_02 values less than (date'2018-01-01'),
Partition part_03 values less than (maxvalue)) ;
```

5）组合范围列表分区

组合范围列表分区将范围分区和列表分区技术组合，首先进行范围分区，然后对每个单独的范围分区使用列表分区技术进一步细分。与组合范围散列分区不同，组合范围列表分区中每个子分区的内容表示数据的逻辑子集，由适当的范围和列表分区设置来描述。

例 6-10　首先将表 merchandise_transactions 分为两个分区，然后再对每个分区以列表分区形式进行子分区。

```
Create table merchandise_transactions (
Transaction_id number primary key,
Item varchar2 (300),
Transaction_date date not null,
Transaction_state varchar2 (10))
Partition by range (transaction_id)
Subpartition by list (transaction_state) (
Partition part_01 values less than (10000) (partition part_01_1 value
        ('北京市','天津市')tablespace users,partition part_02_2 value
        (default)tablespace system),
Partition part_02 values less than (maxvalue) (partition part_01_1 value
        ('北京市','天津市')tablespace users,partition part_02_2 value
        (default)tablespace system)) ;
```

6. 簇表

用户在创建之前，必须具有 create cluster 系统权限及能够包含该簇的表空间配额，或具有 unlinited tablespace 系统权限。如果想在其他模式中建立簇，还必须具有 create any cluster 系统权限。

创建簇的语法如下：

```
Create cluster cluster_name
 (column date_type[,colmn date_type]…)
[pctused 40| integer][pctfree 10| integer]
[size integer]
[initrans 1| integer][maxtrans 255| integer]
[tablespace tablespance]
[storage]
```

其中，size 选项用于指定估计平均簇键，以及与其相关的行所需要的字节数。

例 6-11　使用 create cluster 语句创建表名为 emp 和 dept 的表，并按 deptno 列创建簇。

```
Create cluster emp_dept_clu (depton number (10))
Pctused 60
Pctfree 10
Size 1024
Tablespace users
Storage (initial 128k
Next 128k
Minextents 2
Maxextents 20) ;
```

7. 散列聚簇表

使用 Create cluster 语句创建散列聚簇表，还需要指定 Hashkeys 子句。

例 6-12 创建针对 empno 列进行散列运算的散列簇。

```
Create cluster emp_hash_clu
 (empno numnber (10))
Pctusted 70
Pctfree 10
Tablespace users
Hash is empno
Hashkeys 150
```

在上面的语句中使用了默认的内部散列函数。Hash is 子句指定了进行散列的列，如果列能唯一地标识行，就可以将列指定为散列值。Hashkeys 子句指定和限制散列函数可以产生的唯一的散列值的数量。

在创建了散列簇后，就可以创建使用该散列簇进行存储的散列表。

例 6-13 创建散列表 emp。

```
Create table emp (
Empno number (10) primary key,
Ename varchar2 (15) not null,
Date_of_birth date,
Deptno number (10))
```

6.1.3 修改表结构

修改表基本语法：

```
alter table tablename add (column datatype [default value][null/not null],…);
altertabletablenamemodify (columndatatype [defaultvalue][null/notnull],…);
alter table tablename drop (column);
```

这里分别使用 alter table 来增加、删除和修改一个列。

而对于其他类型的表结构，其基本语法与上述基本相同，但又有其各自的特点。

1. 外部表

外部表与堆表相似，也可以使用 ALTER TABLE 语句修改定义表。下面举例说明如何使用 ALTER TABLE 语句修改外部表的访问参数。例如，如果“成绩表”的数据文件用分号“；”作为分隔符，分隔数据文件中的各字段，则可以使用如下语句修改访问参数：

```
Alter tabler 成绩表 Access parameters (fields terminated by'; ')
```

2. 索引组织表

1）OVERFLOW 子句

在创建索引组织表时，可以使用行溢出说明子句 OVERFLOW。在索引组织表中，由于所有数据都存放在索引中，当索引包含大量数据时，会降低索引组织表的查询性能。为了解决这个问题，Oracle 引用了行溢出说明子句，它可以将经常要查询的数据放到基本索引块中，而不经常查询或者较大的数据列存储到另外的段中，这种段称为溢出段。有两个选项可以规定数据的存储方式：INCLUDING 和 PCTTHRESHOLD。

- PCTTHRESHOLD n：当行中数据超出此百分比，该行尾部的列溢出到溢出段。
- INCLUDING column_name：指定列之前的所有列均存入基本索引块，之后的列则存入溢出段。

PCTTHRESHOLD 指定数据块的百分比，当一行中的数据占据空间大于这个百分比时，该行将被分隔到两个存储位置：主键列被存储到基本索引段中，所有其他列被存储在溢出段中。通过将大量的数据存储在溢出段中，可以提高查询主键的性能，这是因为可以避免访问更大的溢出段。

例 6-14 在创建索引组织表时，规定当行中的数据超过数据块大小的 20%时，所有非主键列被存储到溢出段。

```
Create table IndexTable (
ID varchar (10),
OP varchar (100),
Constraint pk primary key (ID))
Organization index
Pctthreshold 20
Overflow;
```

当用户拥有变化长度、无法确定各行数据大小时，PCTTHRESHOLD 就会非常有效。通过将大量的数据存储在溢出段，而将关键列存储在基本索引块，可大大提高针对关键列的查询性能。

2）使用键压缩

使用键压缩方法创建索引组织表时，能消除索引键列中重复出现的值。键压缩实际上是一个可以用于所有索引的选项。在创建索引组织表时，可以使用 COMMPRESS 子句启用键压缩。在下面的实例中将创建两个索引组织表，一个启用了键压缩，而另一个没有启用。

```
--不启用键压缩
Create table IOT_A (
i number, j number, k number,
Primary key(i, j, k))
Organization index
Nocompress;
--启用键压缩
Create table IOT_B(
i number, j number, k number,
Primary key (i, j, k))
Organization index
Compress;
```

3. 临时表

使用 commit 命令提交结束事务，这样用户就会终止当前的事务。由事务级别临时表的定义可知，当事务结束后，事务级别临时表中的数据就会丢失。正如其定义，经过 commit 命令结束事务后，session_table 表中的记录会被保留，而 transaction_table 表中的记录会被删除。

4. 对象和对象表

对象类型的过程和函数称为方法。方法名称必须有别于对象中定义的任何属性名称，但是在包中(详见第 7 章)，可以通过包中的方法进行重载，实现重名方法。方法的定义在对象类型的规范内，而方法的实现在对象类型的主体内。

对象类型共有 5 种方法：实例方法、类方法、构造函数、映射方法和排序方法。其中，构造函数由 Oracle 建立，用于创建特定对象的实例。

1) 实例方法和类方法

实例方法在对象实例上调用，用于对属于该实例的数据进行操作，实例方法需要使用关键字 MEMBER 标识。

与实例方法相对的是类方法，类方法也称静态方法，用于设置属于该对象类型所有实例的数据。通常，必须通过对象类型的实例化后调用相应的方法，在类中，定义成静态 STATIC 方法时，类无须实例化可以直接调用。

Person 对象类型中的 CHANGE_NAME 方法就是实例方法，用 MEMBER 关键字标识。

例 6-15 为 person 对象类型添加一个静态方法和一个实例方法。其中静态方法用于创建 person 对象类型的实例，实例方法用于修改 NAME 的属性。

```
Create or replace type person object (
Name varchar (10),
Sex varchar (2),
Date_of_birth date,
Native_place varchar (100),
Member procedure change_name (name varchar2),
Static function new (v_name varchar2, v_sex char) return person) ;
```

在对象类型的规范中定义方法后，下一步就需要在主体中具体实现方法。注意规范中定义的静态方法，该方法只需要提供 NAME 和 SEX 属性值就可以创建一个 person 对象类型的实例，这就意味着，该方法需要为 DATE_OF_BIRTH 属性和 NATIVE_PLACE 属性提供一个默认值。为 person 对象类型添加方法的语句如下：

```
Create or replace type body person is
    Member procedure change_name (name varchar2) is
    Begin
        Self.name: =name;
    End change_name;
    Static function new (v_name varchar2, v_sex char)return person
    Is
        Begin
        Return (preson (v_name, v_sex, date'1918-9-12', '上海市'));
    End new;
End;
```

2) 映射方法

对于 NUMBER、VARCHAR2 和 DATE 这些数据类型而言，它们的变量都可以进行比较排序。如果用户想要对对象类型的实例进行比较排序，需要使用映射方法 MAP。映射方法最重要的一个特点是：当在 WHERE 或 ORDER BY 等比较关系子句中使用对象时，会间接地使用映射方法。

3）排序方法

对象类型的排序方法可以简化为比较对象之间的值。对象的排序方法具有一个与对象类型相同的参数，在排序方法中将使用参数与 SELF 对象实例进行比较。如果调用方法的 SELF 对象比参数对象小，则返回负值，如果相等则返回 0，如果 SELF 对象大于参数对象，则返回正值。

5. 分区表

了解分区表的创建和使用后，在应用时还要经常对分区进行维护。对分区表的维护主要表现在分区上，这包括增加一个分区、合并一个分区及删除分区等。

使用 alter table…drop partition 语句可以删除分区中的一个分区。删除一个分区后，该分区中的数据将全部消失。所以在删除分区时要慎重，应先备份数据再删除。例如，可以使用下面的语句删除 merchandise_transactions 表中的第三个分区 part_03。

```
alter table merchandise_transactions
drop partition part_03;
```

使用 alter table…add partition 语句可以为分区表添加一个分区。例如，可以使用如下语句为分区表添加一个范围分区：

```
Alter table merchandise_transactions
add partition part_04 values less than (date'2028-01-01') ;
```

为分区表增加分区时，增加的分区必须大于现有分区的最大值。

Alter table…merge partition 语句可以合并分区表中的两个分区，并重新指定合并后的分区名。例如，下面的语句将原有的分区 part_01 和 part_02 进行合并，合并后的新分区名为 new_part。

```
alter table merchandise_transactions
merge partitions part_01, part_02 into partition new_part;
```

6. 簇表

如果想要修改簇，必须具有 ALTER ANY CLUSTER 系统权限。可以修改现有簇的如下属性值：

- 物理属性，包括 pctfree、pctused、initrans、maxtrans 和 storage。
- 为了存储簇值的所有行所需空间的平均值 size。
- 默认的并行度。

当调整簇的数据块空间使用参数 pctfree、pctused 或簇的大小参数 size 时，新的属性值适用于簇使用的所有数据块。而当修改簇的事务项特性值 initrans 和 maxtrans 时，新设置的 initrans 值仅适用于以后分配的数据块，而新设置的 maxtrans 值适用于所有的数据块。新设置的存储参数 storage 仅仅影响以后的分配给簇的盘区。

例 6-16 使用 alter cluster 语句修改 emp_dept_clu 簇的数据块使用空间参数。

```
Alter cluster emp_dept_clu
Pctfree 40
Pctused50;
```

当用户删除一个簇时，会将簇中的表及其对应的簇索引删除，并且簇所占用的空间也会被释放。删除不包含表的簇及其簇索引使用的 drop cluster 语句如下：

```
Drop cluster emp_dept_clu;
```

上面的语句仅可以删除一个空簇，即没有簇表的簇。如果想要删除簇时同时删除簇表，可以在后面加 including tables 选项：

```
Drop cluster emp_dept_clu including tables;
```

删除簇、簇表及外键约束的 dropcluster 语句如下：

```
Drop cluster emp_dept_clu including tables cascade constraints;
```

簇表也可以被单独删除，而不影响表的其他簇表或簇索引。删除簇表与删除非簇表一样使用 drop table 语句。

7. 散列聚簇表

可以使用 alter cluster 语句修改散列簇。修改散列簇的含意与修改簇一样，但是在 alter cluster 语句中不能指定 size、hashkeys 和 hash is 参数，如果要修改这些参数，必须重建簇，然后从原来的簇中复制数据。

可以使用 drop cluster 语句来删除散列簇，而用 drop table 语句来删除散列簇中的表。

6.1.4 删除表

1. 删除表

1）执行删除表语句

drop table 语句删除后的表被放在回收站(user_recyclebin)里，而不是直接删除掉，这样，回收站里的表信息就可以被恢复。要彻底清除，通过查询回收站 user_recyclebin 获取被删除的表信息，然后使用语句：

```
Flashback tableto before drop [rename to];
```

将回收站里的表恢复为原名称或指定新名称，表中数据不会丢失。若要彻底删除表，则使用语句：

```
Drop table purge;
```

2）清除回收站里的信息

清除指定表：

```
Purge table;
```

清除当前用户的回收站：

```
Purge recyclebin;
```

清除所有用户的回收站：

```
Purge dba_recyclebin;
```

不放入回收站，直接删除：

```
Drop table xx purge;
```

2. 清除表中的数据

truncate 操作与没有 where 条件的 delete 操作十分相似，只是把表里的信息全部删除，但是表依然存在。

例如

```
Truncate table xx;
```

truncate 操作不支持回滚，并且不能清除一个带有外键的表，如果要清除首先要取消外键，然后再清除。

例如：

```
Alter table f_minute_td_net_fho_b7 deallocateunused keep 0;
```

或者

```
truncate table (schema)table_name drop(reuse) storage;
```

才能释放表空间。

例如：

```
Truncate tabletest1 drop storage;
```

3. 查询分区表存在哪些分区

分区表的情况可以在 user_tab_partitions 中查询。例如：

```
select 'alter table '||t.table_name ||' truncatepartition ' || t.
partition_name from user_tab_partitions t where t.table_name like 'f_%'
```

清除指定某个分区表的分区数据语法如下：

```
Altertable 表名称 truncatepartition 分区名称;
```

4. 清除分区表占用的空间

```
alter table 表名称 droppartition 分区名称;
```

例如：

```
Alter table f_hour_td_net_mpvoicedroppartition p_09121913;
```

5. 查询表空间信息

可以利用如下语句查询各表在存储空间中的使用情况：

```
Select tablespace_name,
to_char(sum(bytes)/(1024*1024),'999g999d999')
cnt_mbfromdba_extentswhereowner='
```

6.1.5 在 OEM 中管理表

1. OEM 的概念

Oracle 企业管理器是 Oracle 提供的一个基于 Web 的图形化数据库管理工具。通过 OEM 用户可以完成几乎所有的原来只能通过命令行方式完成的工作，包括数据库对象、用户权限、数据文件、定时任务的管理，数据库参数的配置、备份与恢复，性能的检查与调优等。

2. 登录 OEM

在 OEM 中管理数据库对象，需要首先进入 OEM，进入的方式如下：

(1) 在浏览器中输入安装过 Oracle 数据库服务器的 IP 地址+端口号(在局域网中可以输入机器名，Oracle 端口号的地址默认为 1158)。

(2) 在所在页面中单击“登录”按钮，进入图 6.1 所示页面。

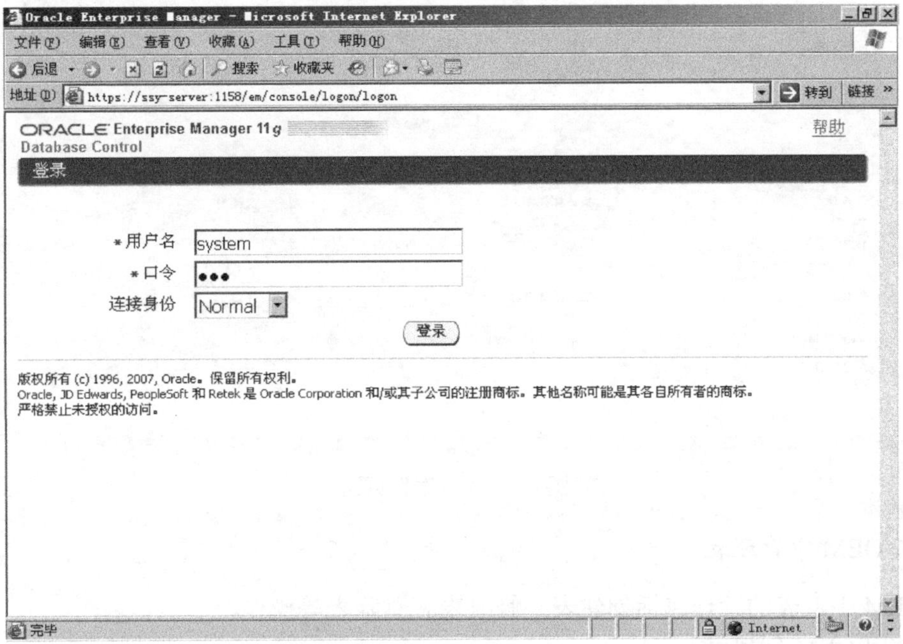

图 6.1 Oracle 登录页面

(3) 单击登录，进入图 6.2 所示页面。

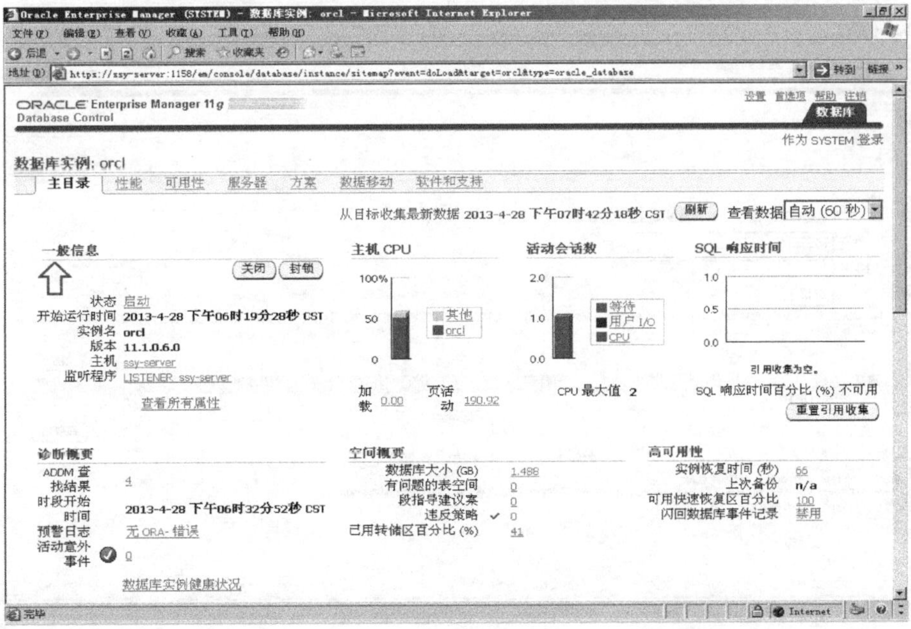

图 6.2 功能页面

(4) 单击图 6.2 中的“方案”选项卡，进入图 6.3 所示页面。

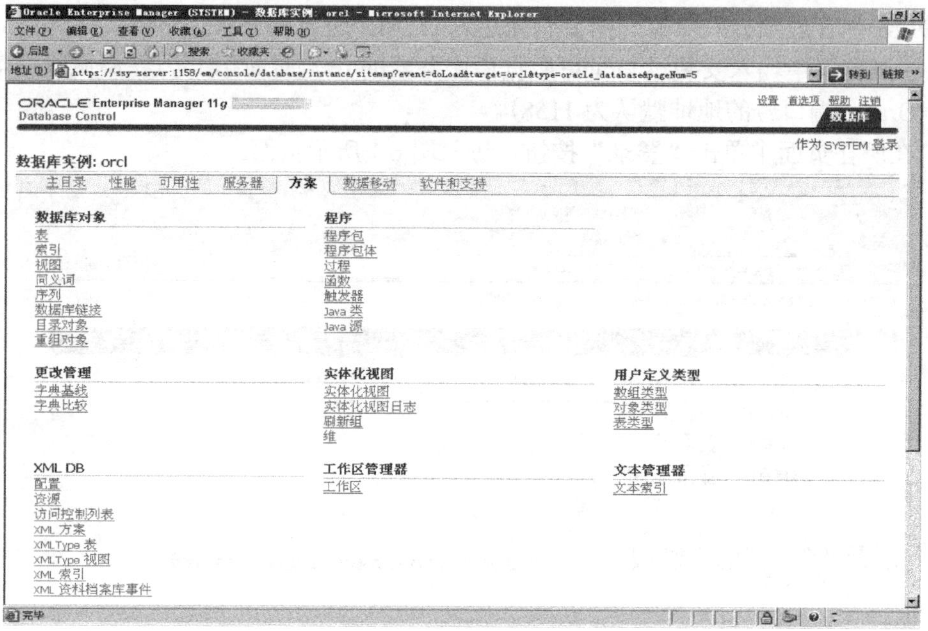

图 6.3 “方案”页面

3. 在 OEM 中管理表

在 OEM 中，表的管理包括创建表、修改表和删除表等操作。

1) 使用 OEM 创建表

(1) 登录后，选择图 6.3 所示“方案”页面中的“表”数据库对象，进入图 6.4 所示页面。

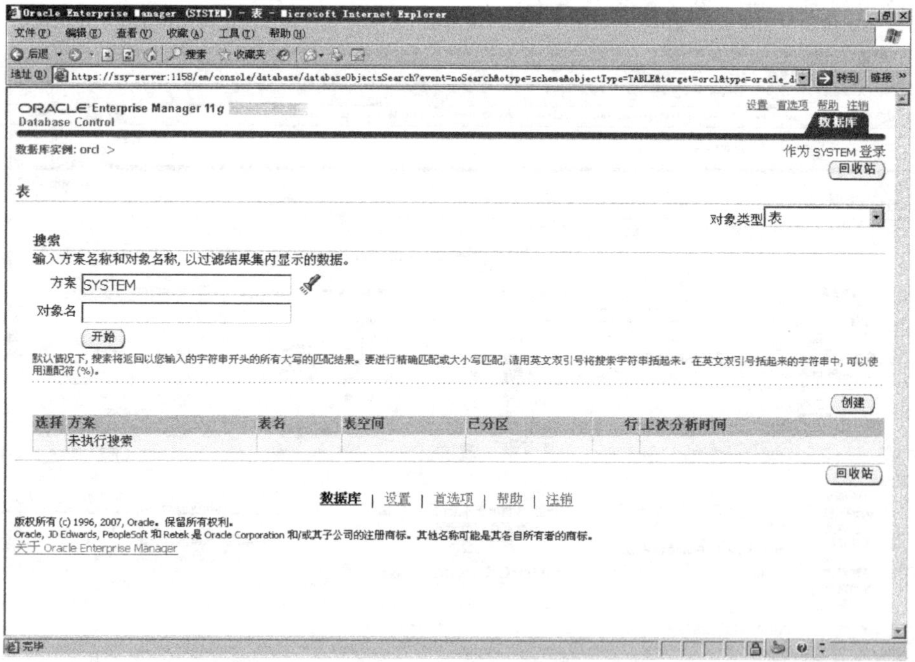

图 6.4 表对象管理页面

(2) 单击页面中的“创建”按钮，进入图 6.5 所示页面。在该页面中创建者可以选择表的组织方式。

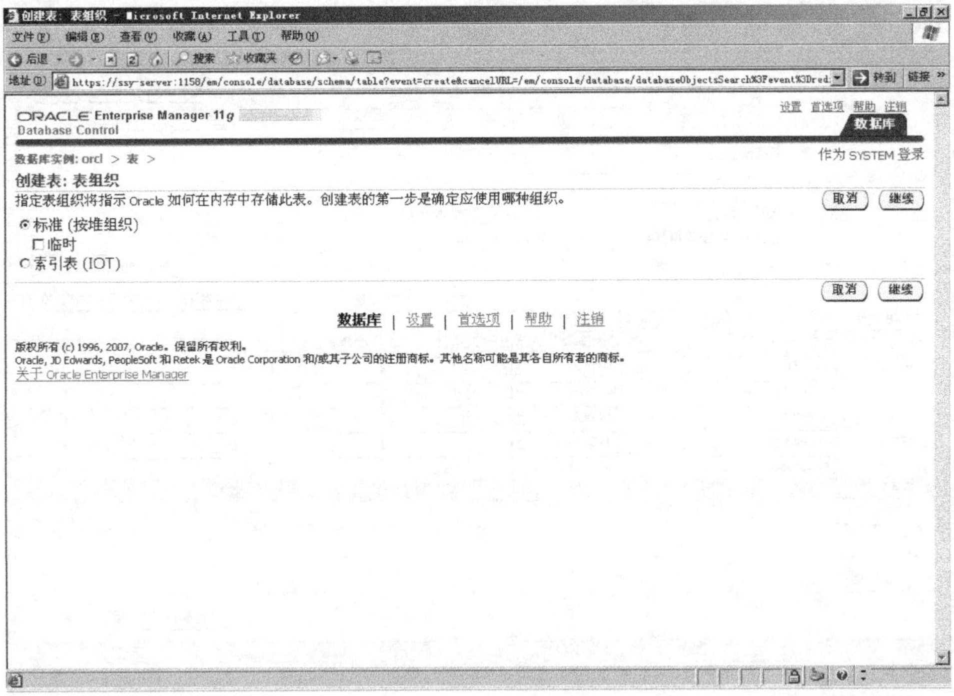

图 6.5 “创建表”页面

(3) 单击“继续”按钮，进入图 6.6 所示页面。在该页面中输入表名、列名、列数据类型及字段长度等参数，也可以设置主键。在该步骤中，“表空间”一定要选择。

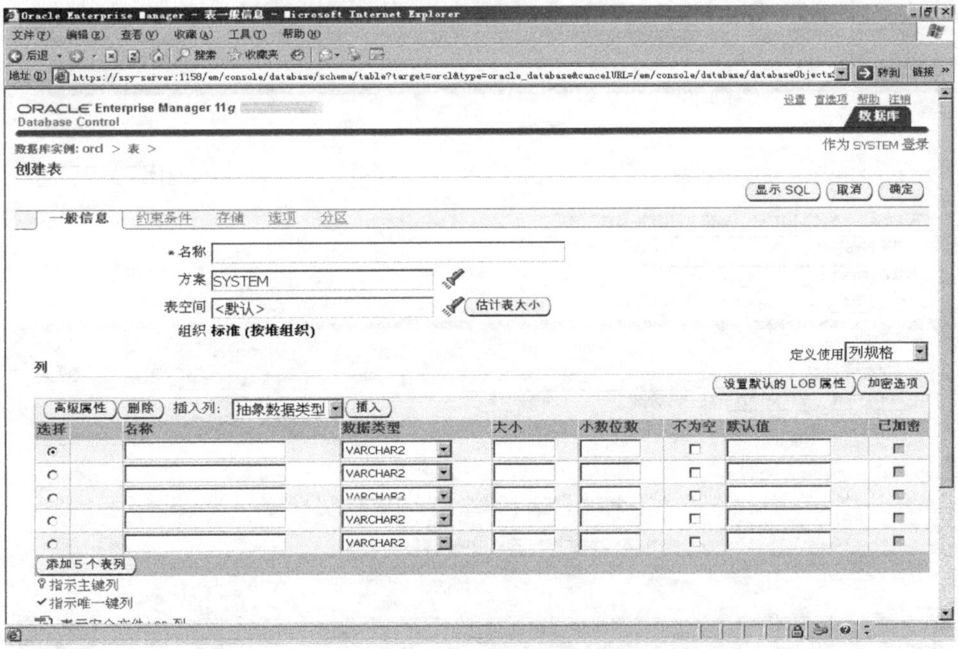

图 6.6 设置表参数

(4) 创建的表实例，如图 6.7 所示。

图 6.7 表实例

(5) 设置好各个选项后，单击“确定”按钮，进入图 6.8 所示页面。

图 6.8 表创建成功

2）使用 OEM 修改表

(1) 进入 OEM 后，进入表对象管理页面，如图 6.4 所示。在该页面中选择要修改的表，单击“编辑”，进入图 6.9 所示页面。

图 6.9　表修改页面

(2) 修改表中字段，如图 6.10 所示。

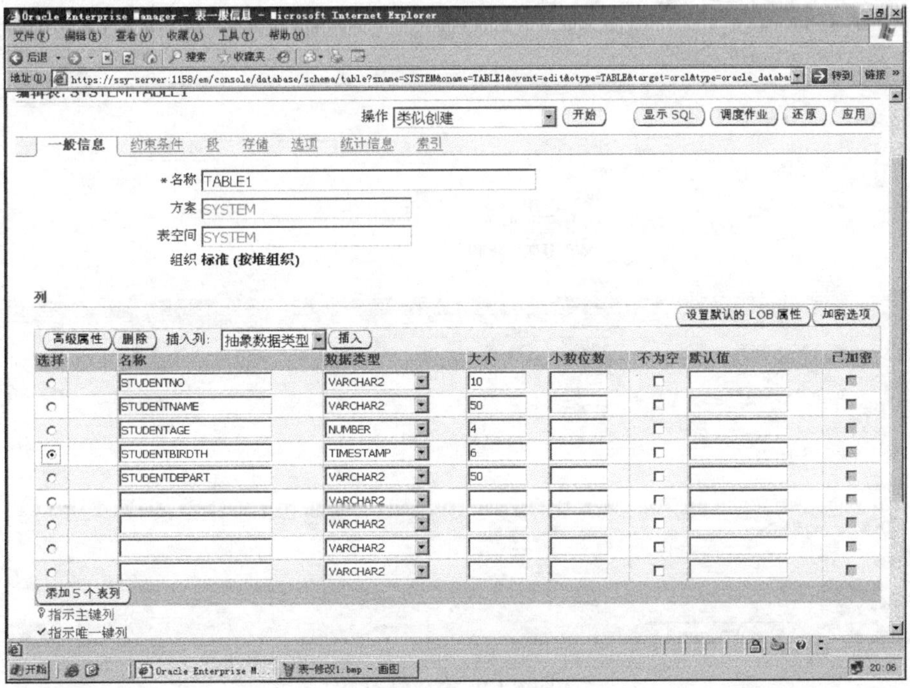

图 6.10　修改表中字段

(3) 删除表中字段，如图 6.11 所示。

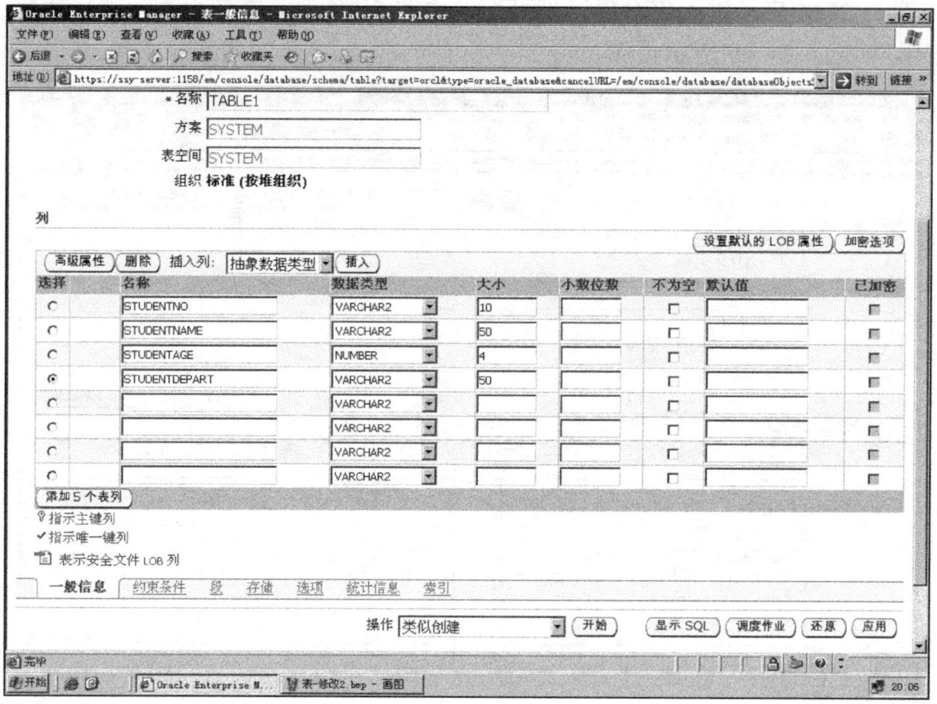

图 6.11　删除字段

(4) 修改完成后，单击“应用”按钮，进入图 6.12 所示页面。单击“确定”按钮完成修改。

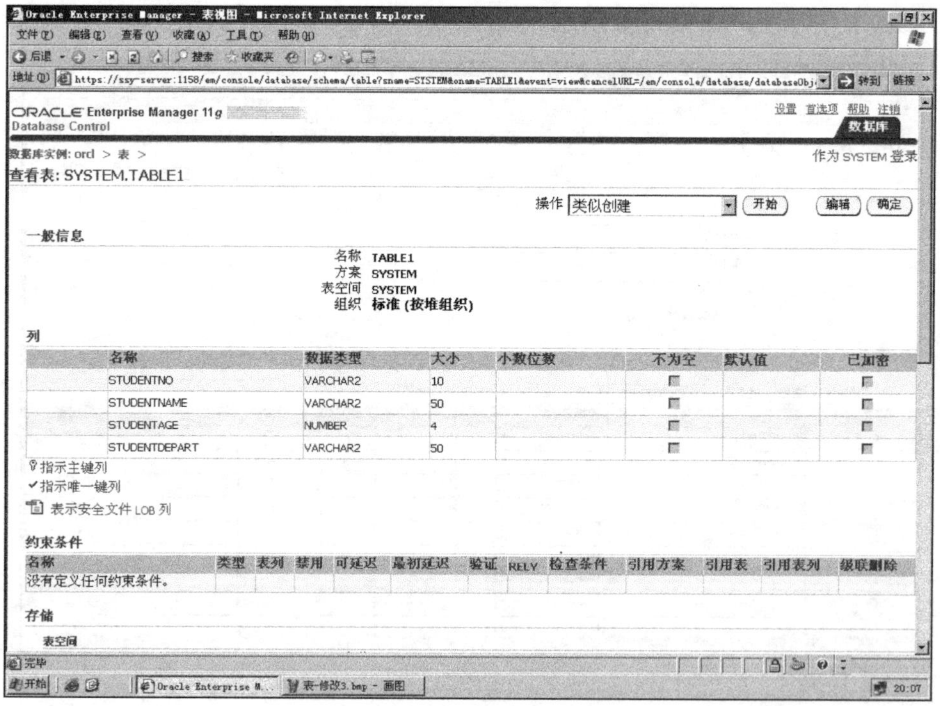

图 6.12　完成修改

3）使用 OEM 删除表

（1）进入 OEM 后，进入表对象管理页面，如图 6.4 所示。在该页面中选择要删除的表，单击“删除”按钮，进入图 6.13 所示页面，在该页面中选择删除选项。

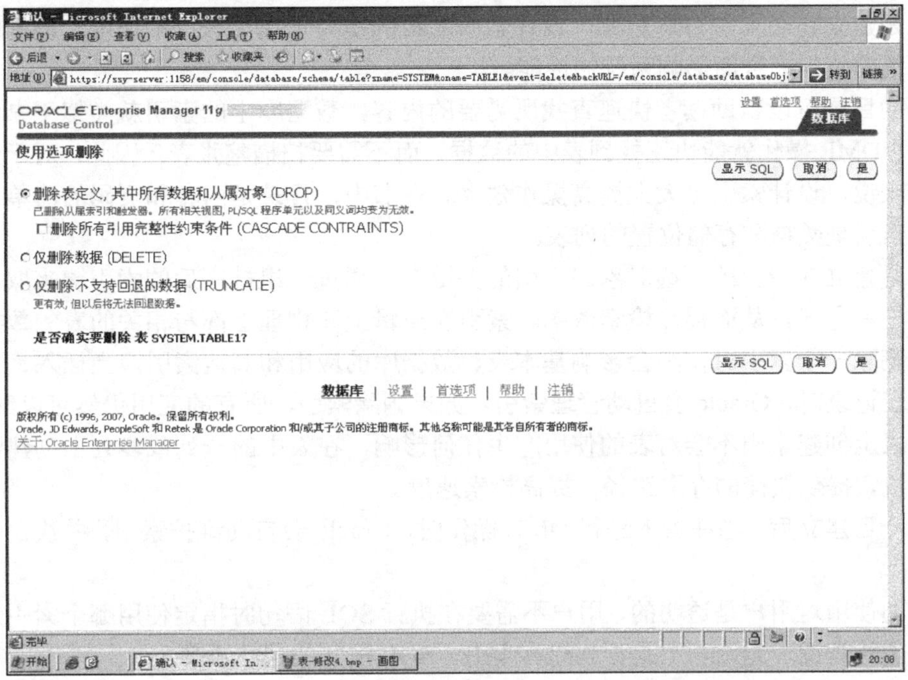

图 6.13　删除表

（2）选中“删除表定义”选项，单击“是”按钮，完成删除，进入图 6.14 所示页面。

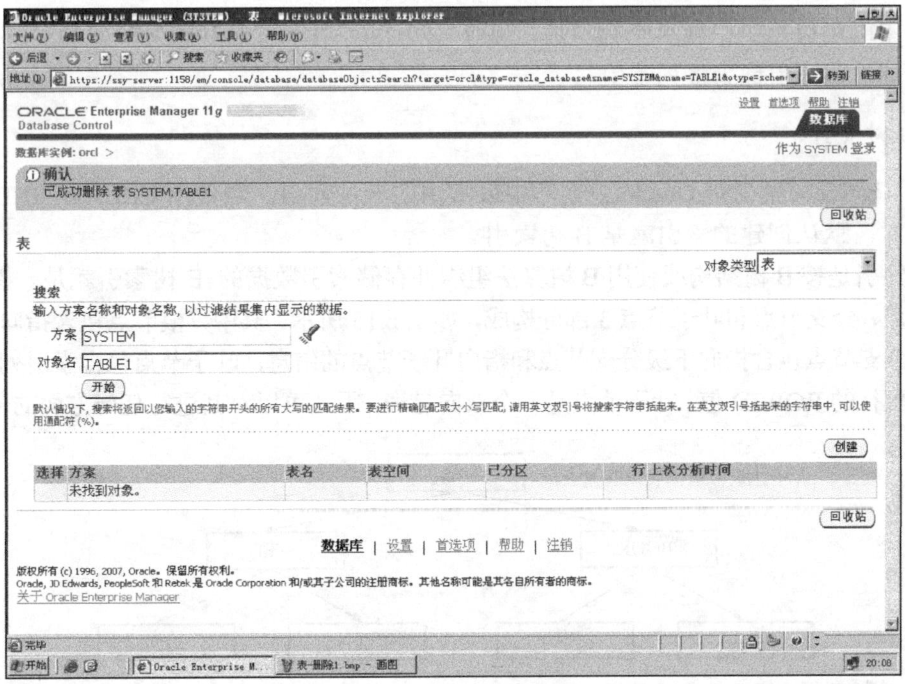

图 6.14　完成删除

6.2 索 引

索引是建立在表上的可选对象，设计索引的目的是为了提高查询的速度。但同时索引也会增加系统的负担，进而影响系统的性能。

图书的目录可以帮助读者快速查找所需要的内容，数据库中的索引就类似于书的目录。有了索引，DML 操作就能快速找到表中的数据，而不需要扫描整张表。因此，对于包含大量数据的表来说，设计索引可大大提高操作效率。在书中，目录是内容和页码的清单，而在数据库中，索引是数据和存储位置的列表。

索引是建立在表上的可选对象。索引的关键在于通过一组排序后的索引键来取代默认的全表扫描检索方式，从而提高检索效率。索引在逻辑上和物理上都与相关的表的数据无关，当创建或删除一个索引时，不会影响基本表、数据库的应用和其他索引，当插入、更改和删除相关的表记录时，Oracle 会自动管理索引，如果删除索引，所有的应用仍然可以继续工作。因此，在表上创建索引不会对表的使用产生任何影响，在表中的一列或多列上创建索引可以为数据的检索提供快捷的存取路径，提高检索速度。

索引一旦建立后，当在表上进行 DML 操作时，Oracle 会自动维护索引，并决定何时使用索引。

索引的使用对用户是透明的，用户不需要在执行 SQL 语句时指定使用哪个索引及如何使用索引，也就是说，无论表上是否创建有索引，SQL 语句的用法不变。

6.2.1 索引的类型

1. 单列索引和复合索引

一个索引可以由一个或多个列组成。基于单个列所创建的索引称为单列索引，基于两列或多列所创建的索引称为多列索引。

2. B 树索引

B 树（b-tree）索引是 Oracle 数据库中最常用的一种索引。当使用 CREATE INDEX 语句创建索引时，默认创建的索引就是 B 树索引。

B 树索引是按 B 树结构或使用 B 树算法组织并存储索引数据的。B 树索引就是一棵二叉树，它由根节点、分支节点和叶子节点 3 部分构成，如图 6.15 所示。其中，根节点包含指向分支节点的信息，分支节点包含指向下级分支节点和指向叶子节点的信息，叶子节点包含索引列和指向表中每个匹配行的 ROWID 值。叶子节点是一个双向链表，因此可以对其进行任何方面的范围扫描。

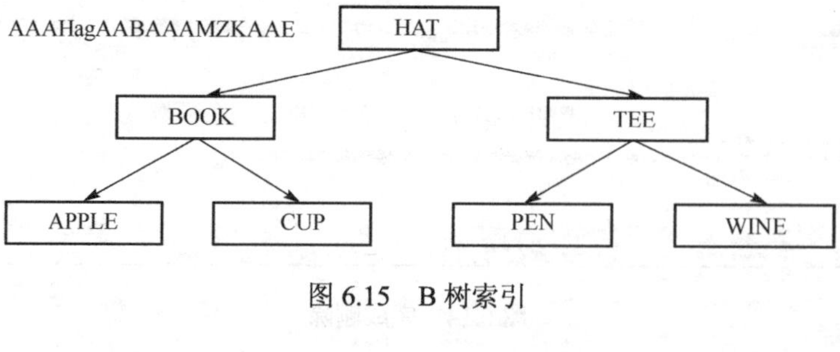

图 6.15 B 树索引

B 树索引的分类如下。

Unique：唯一索引，其索引值不能重复，但允许为 NULL。在创建索引时指定 UNIQUE 关键字可以创建唯一索引。当建立“主键约束条件”时 Oracle 会自动在相应列上建立唯一索引，主键列不允许为 NULL。

Non-Unique：非唯一索引，其索引值可以重复，允许为 NULL。默认情况下，Oracle 创建的索引是非唯一索引。

Reverse Key：反向关键字索引。通过在创建索引时指定 REVERSE 关键字，可以创建反向关键字索引，被索引的每个数据列中的数据都是反向存储的，但仍然保持原来数据列的次序。

3. 函数索引

下面通过一个例子看看函数索引的用法。在 SALES 表中，TOPIC 列的值采用首字母大写方式存储，如表 6.1 所示。

表 6.1 例表

ID	TOPIC	ISLOOK	ROWID
T0001	Book	Y	AAAHagAABAAAMZKAAA
T0203	Pen	Y	AAAHagAABAAAMZKAAB
T1437	Tee	N	AAAHagAABAAAMZKAAC
T1682	Cup	Y	AAAHagAABAAAMZKAAD
T2735	Hat	N	AAAHagAABAAAMZKAAE
T3412	Apple	N	AAAHagAABAAAMZKAAF
T4724	Wine	Y	AAAHagAABAAAMZKAAG

使用下列语句查询：

```
SELECT * FROM SALES WHERE TOPIC='TEE';
```

将没有结果。现在忽略大小写，将代码修改如下：

```
SELECT * FROM SALES WHERE UPPER (TOPIC) ='TEE';
```

这样可以查到相应的结果，但是，由于不是直接查询 TOPIC 列，所以，即使在 TOPIC 列上创建了索引也无法使用。

这时，就可以使用函数索引，创建函数索引的代码如下：

```
CREATE INDEX funidx_upper_topic ON SALES (UPPER (TOPIC));
```

由于函数索引存储了预先计算过的值，因此，查询时不需要对每条记录都再计算一次 WHERE 条件，从而可以提高查询的速度。

在函数索引中可以使用各种算术运算符、PL/SQL 函数和内置 SQL 函数，如 LEN、TRIM、SUBSTR 等。这些函数的共同特点是为每行返回独立的结果，因此，像函数 SUM、MAX、MIN、AVG 等不能使用。

4. 更多外部索引类型

Oracle 还提供了很多更为复杂的索引类型。不过请注意，最好全面阅读过相关的说明文档后再使用这些索引，因为它们各自都有特定的适用范围。

(1) 位图索引。在 B 树索引中，保存的是经排序过的索引列及其对应的 ROWID 值。但是对于一些基数很小的列来说，这样做并不能显著提高查询的速度。所谓基数，是指某个列可能拥有的不重复值的个数，如性别列的基数为 2(只有男和女)。

因此，对于性别、婚姻状况、政治面貌等只具有几个固定值的字段而言，如果要建立索引，应该建立位图索引，而不是默认的 B 树索引。

当创建位图索引时，Oracle 会扫描整张表，并为索引列的每个取值建立一个位图。在这个位图中，对表中每一行使用一位(bit，取值为 0 或 1)来表示该行是否包含该位图的索引列的取值，如果为 1，则表示该位对应的 ROWID 所在的记录包含该位图索引列值，如图 6.16 所示。最后通过位图索引中的映射函数完成位到行的 ROWID 的转换。

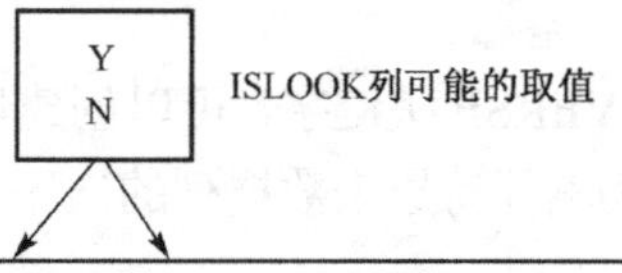

Y	N	ROWID
1	0	AAHagAABAAAMXKAAA
1	0	AAHagAABAAAMXKAAB
0	1	AAHagAABAAAMXKAAC
1	0	AAHagAABAAAMXKAAD
0	1	AAHagAABAAAMXKAAE
0	1	AAHagAABAAAMXKAAF
1	0	AAHagAABAAAMXKAAG

图 6.16　ISLOOK 列上创建位图索引的结构

(2) 位图连接索引(bitmap join index)。位图连接索引比位图索引更进了一步。这些索引将位图化的列完全从表数据中抽取出来，并将其存储在索引中，其假定条件是这些列集合必须一起查询。除了在句法最后有一个 WHERE 子句之外，位图连接索引的创建指令与位图索引的创建指令 CREATE BITMAP INDEX 一样。

(3) 压缩索引。压缩索引实际是标准 B 树索引的一个选项。压缩索引的叶节点更少，所以总的 I/O 数量和需要的缓存也更少。这些都意味着 Oracle 的优化器更可能使用这些压缩索引，而不倾向于使用标准的非压缩索引。不过，这些好处也是有代价的，当对这些压缩索引进行存取操作时，要消耗更多的 CPU 来进行解压缩。优化器如何使用这些索引，如何选择合适的压缩级别很复杂。不同的用户、不同的设置从压缩索引中得到的好处也可能会有不同。

(4) 降序索引(descending index)。这是基于函数索引的一种特殊类型。降序索引可以显著优化 ORDER BY x，y，z DESC 子句查询。

(5) 分区索引(partitioned index)。如果数据库中有一个分区表，就有机会体验几种新的索引类型，如贯穿所有分区的全局分区索引(global)和集中于各个单独分区的本地分区索引(local)。细节问题可以查询相关文献。

(6) 索引组织表(index organized table，IOT)。这是在 Oracle 9i 中引进的一种新类型表。Oracle 会将级联索引及其扩展类型的索引用于表中所有的列。当所有数据都载入到索引结构之后，表就成多余的了，尽可以将表本身删除掉。这就是索引组织表。

(7) 簇索引(cluster index)。簇索引就是将多个表的相同列放在一起，而对该列使用一个簇索引。这种索引在实际应用中比较少，因为还存在各种有待解决的性能问题。

(8) 域索引(domain index)。当我们为用户自定义数据类型(datatype)创建用户自定义索引类型(indextype)时就要使用域索引。

(9) 隐藏索引(invisible index)。这是 Oracle 11g 中推出的新特性。其创建过程和标准索引一样，但创建后对于基于代价的优化器(CBO)是不可见的。通过它可对性能进行大型测试查询，而不会影响现有的正在运行的应用程序。

(10) 虚拟索引(virtual index)。这是为测试人员和开发人员准备的又一个工具。对于 GB 级的表来说，构建索引非常耗费资源而且还要占用大量时间。虚拟索引(不分配段空间)可以在不需要实际创建索引的情况下，测试新索引及其对查询计划的影响。

(11) 其他的索引类型。Oracle 数据库还提供了很多其他类型的索引，如用来为字符型大型二进制对象(CLOB)或其他大型文本数据构建索引的 Oracle TEXT、Oracle Spatial 等。有兴趣的读者可以自己查找相关资料了解。

如果你曾经广泛接触过 MySQL 和其他数据库，会发现 Oracle 虽然是全球领先的数据库供应商，但它们的数据库对于用户来说用起来其实并不是很方便。市面上有很多以 Oracle 基于代价的优化器(Cost Based Optimizer，CBO)为主题内容的书籍，专门介绍分析表和索引的技巧及策略。

对于数据库，除了需要一直更新统计信息外，可能还需要不断测试新的查询。使用解析计划机制并进行优化，以减少总 I/O 量和排序及合并数据的计算量，只有这样才能获得更好的性能表现。

6.2.2 创建索引

创建索引使用 CREATE INDEX 语句。

在用户自己的方案中创建索引，需要 CREATE INDEX 系统权限，在其他用户的方案中创建索引则需要 CREATE ANY INDEX 系统权限。另外，索引需要存储空间，因此，还必须在保存索引的表空间中有配额，或者具有 UNLIMITED TABLESPACE 系统权限。

CREATE INDEX 语句的语法如下：

```
CREATE [UNIQUE] | [BITMAP] INDEX index_name
ON table_name([column1 [ASC|DESC], column2
[ASC|DESC], …] | [express])
[TABLESPACE tablespace_name]
[PCTFREE n1]
[STORAGE (INITIAL n2)]
[NOLOGGING]
[NOLINE]
[NOSORT];
```

其中：

UNIQUE 表示唯一索引，默认情况下，不使用该选项。

BITMAP 表示创建位图索引，默认情况下，不使用该选项。

PCTFREE 指定索引在数据块中的空闲空间。对于经常插入数据的表，应该为表中索引指定一个较大的空闲空间。

NOLOGGING 表示在创建索引的过程中不产生任何重做日志信息。默认情况下，不使用该选项。

ONLINE 表示在创建或重建索引时，允许对表进行 DML 操作。默认情况下，不使用该选项。

NOSORT 在默认情况下不使用。Oracle 在创建索引时对表中的记录进行排序，如果表中数据已经是按该索引顺序排列的，则可以使用该选项。

可以在一个表上创建多个索引，但这些索引的列的组合必须不同。如下索引是合法的：

```
CREATE INDEX idx1 ON SALES(ID, TOPIC)
CREATE INDEX idx2 ON SALES(TOPIC, ID)
```

其中，idx1 和 idx2 索引都使用了 ID 和 TOPIC 列，但由于顺序不同，因此是合法的。

1. 创建B树索引

B树索引是Oracle默认的索引类型，当在WHERE子句中经常要引用某些列时，应该在这些列上创建索引。

例如，经常需要在SALES表的TOPIC列上按标题查询，就可以在TOPIC列上建立B树索引。

(1) 在Oracle中，打开SALES表项，右键单击“索引”项，选择“创建…”，如图6.17所示。

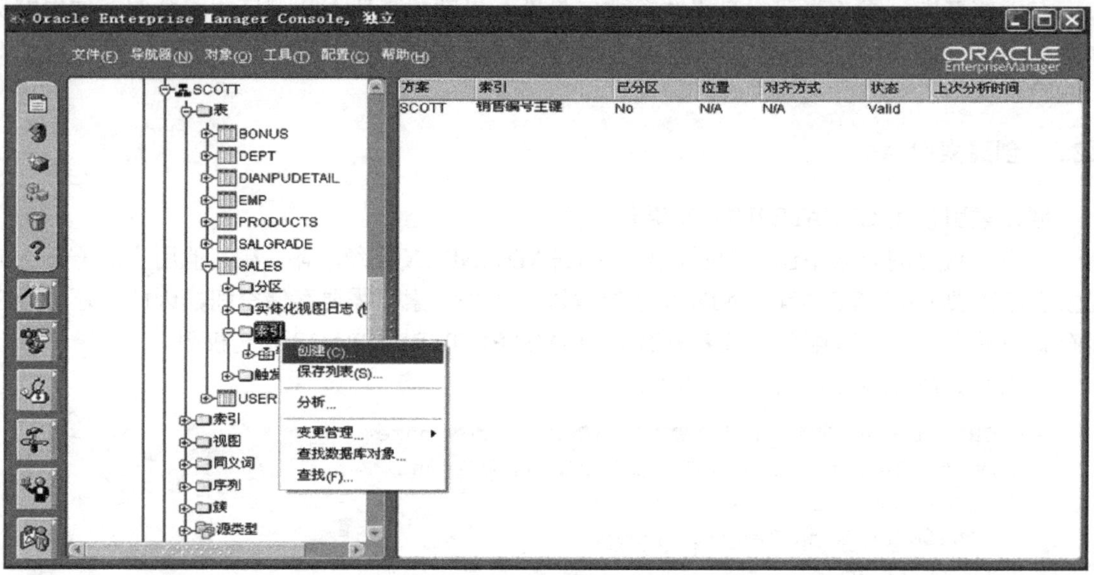

图6.17　创建索引

(2) 出现创建索引的界面，选择“一般信息”页面，如图6.18所示。

(3) 单击TOPIC列，在其上创建名为“标题索引”的索引，结果如图6.19所示。

图6.18　“一般信息”页面

图6.19　创建索引

(4) 单击“创建”按钮，创建索引成功，如图 6.20 所示。

图 6.20 创建索引

2. 创建位图索引

位图索引适合于那些基数较少，且经常对该列进行查询、统计的列。

3. 创建函数索引

使用函数索引可以提高在查询条件中使用函数和表达式的查询语句的执行速度。

Oracle 在创建函数索引时，首先对包含索引列的函数值或表达式进行求值，然后将排序后的结果存储到索引中。函数索引可以根据基数的大小，选择使用 B 树索引或位图索引。

6.2.3 修改索引

当需要修改已创建的索引时，可以使用 ALTER INDEX 语句。

用户想要修改自己方案中的索引，需要具有 ALTER INDEX 系统权限，如果想要修改其他用户方案中的索引，则需要具有 ALTER ANY INDEX 系统权限。

1. 重命名索引

重命名索引可以使用 ALTER INDEX 语句。例如，将上节中为 SALES 表创建的索引“标题索引”改名为“标题 B 树索引”，代码如下：

```
ALTER INDEX "SCOTT"."索引标题" RENAME TO " B树索引标题";
```

2. 合并索引

表在使用一段时间后，由于用户不断对其进行更新操作，而每次对表的更新必然伴随着索引的改变，因此，在索引中会产生大量的碎片，从而降低索引的使用效率。

有两种方法可以清理碎片：合并索引和重建索引。

合并索引就是将 B 树叶子节点中的存储碎片合并在一起，从而提高存取效率，但这种合并并不会改变索引的物理组织结构。

3. 重建索引

当表中一个已编制索引的值被更新后，旧值会从索引中删除，新值将被插入索引的另一个部分，旧值释放的空间将不能被再次使用。随着更新或删除索引值的增多，索引中不可用空间的量也在增加，这种情况称为索引滞留。由于滞留索引中的数据和空闲区混在一起，查看索引的效率便会降低。因此，如果在索引列上频繁进行 UPDATE 和 DELETE 操作，为了提高空间的利用率，应该定期重建索引。

重建索引相当于删除原来的索引，然后再创建一个新的索引，因此，CREAT INDEX 语句中的选项同样适用于重建索引。

重建索引使用 ALTER INDEX 语句的 REBUILD 选项。

合并索引和重建索引都能消除索引碎片，但两者在使用上有明显的区别：

- 合并索引不能将索引移动到其他表空间，但重建索引可以。
- 合并索引代价较低，无需额外存储空间，但重建索引恰恰相反。

• 合并索引只能在 B 树的同一子树中合并，不改变树的高度，但重建索引重建整个 B 树，可能会降低树的高度。

6.2.4 删除索引

当以下情况发生时，需要删除索引：

• 不需要该索引时。
• 当索引中包含损坏的数据块或碎片过多时，应删除该索引然后再重建。
• 如果移动了表的数据，将导致索引无效，此时应删除该索引然后再重建。
• 当向表中装载大量数据时，Oracle 也会向索引增加数据，为了加快装载速度，可以在装载之前删除索引，在装载完毕后重新创建索引。

删除索引使用 DROP INDEX 语句。要删除用户自己方案中的索引，需要具有 DROP INDEX 系统权限，而要删除其他用户方案中的索引，则需要具有 DROP ANY INDEX 系统权限。

例如：

```
DROPINDEX "SCOTT"."索引标题";
```

如果索引是在定义约束时(如创建主键)由系统自动创建的，则可以通过禁用约束或删除约束来删除对应的索引。

6.2.5 在 OEM 中管理索引

在 OEM 中管理索引主要包括对索引的创建、管理、删除等操作。

1. 使用 OEM 建立索引

(1) 进入 OEM 后，进入数据库对象管理页面，如图 6.4 所示。在该页面中选择“索引”选项，进入如图 6.21 所示页面。

图 6.21 索引管理页面

(2) 单击“创建”按钮，进入图 6.22 所示页面。

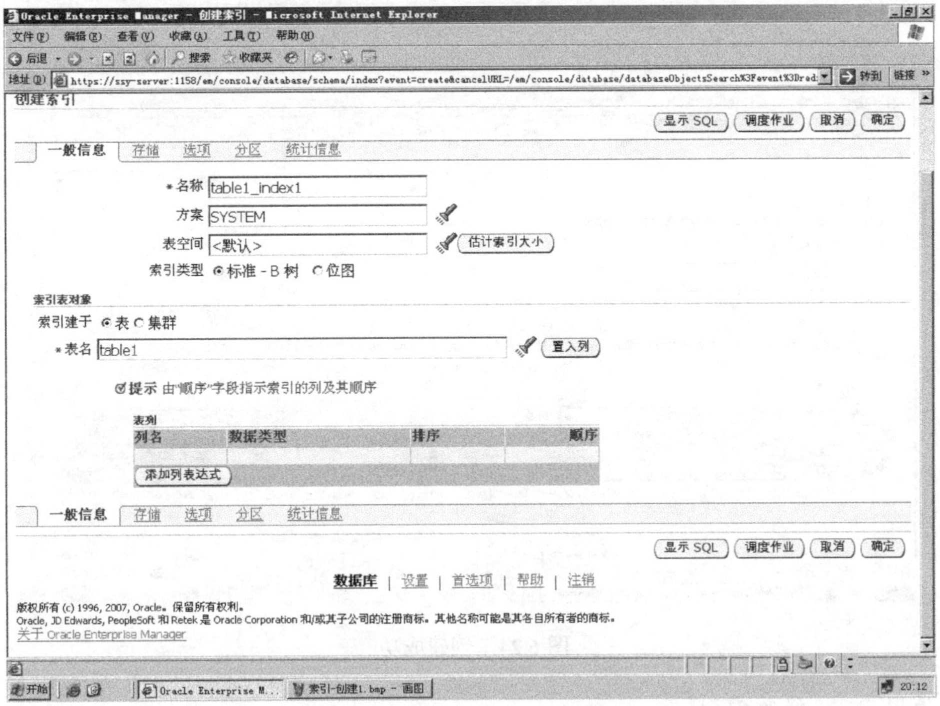

图 6.22 “创建索引”页面

(3) 输入创建索引的条件，如图 6.23 所示。

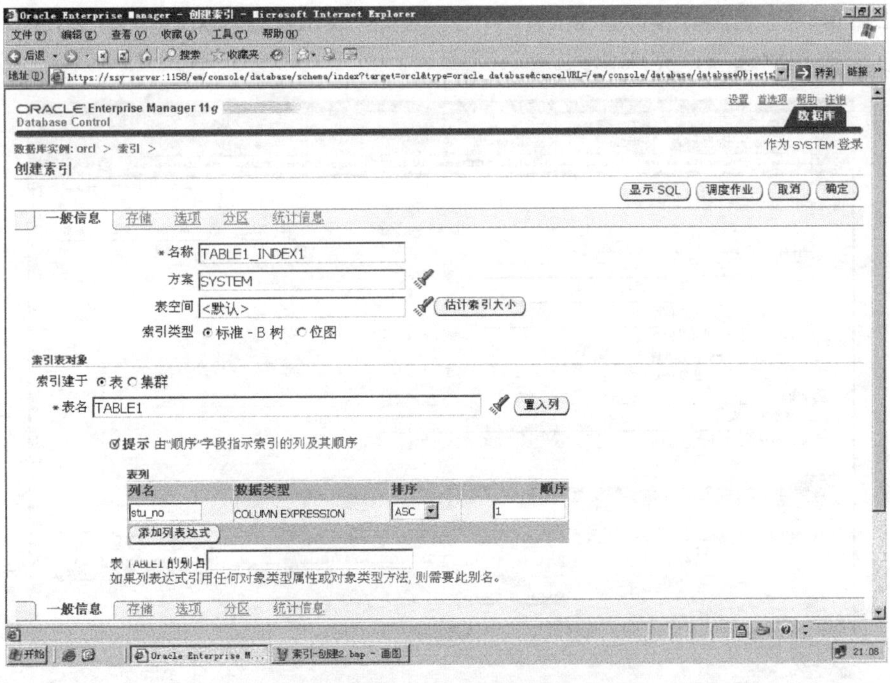

图 6.23 创建索引的条件

(4) 单击“确定”按钮，完成创建，如图 6.24 所示。

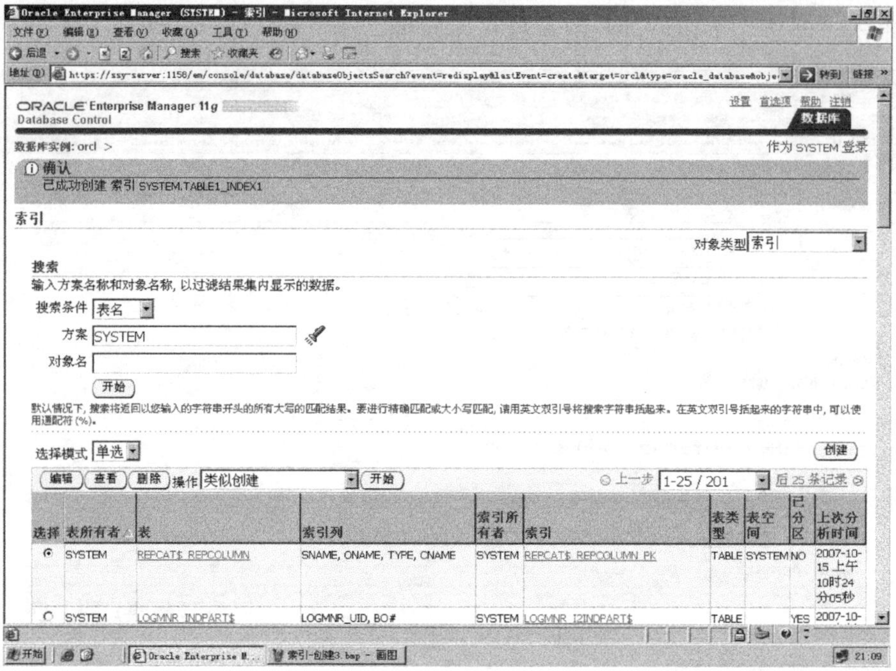

图 6.24 创建成功

2. 使用 OEM 修改索引

(1) 进入 OEM 后，进入数据库对象管理页面，如图 6.4 所示。在该页面中选择“索引”选项，进入图 6.25 所示页面。

(2) 在图 6.24 中选择要修改的索引，单击“编辑”按钮，进入图 6.25 所示页面，单击“存储”选项，修改相应选项，完成修改。

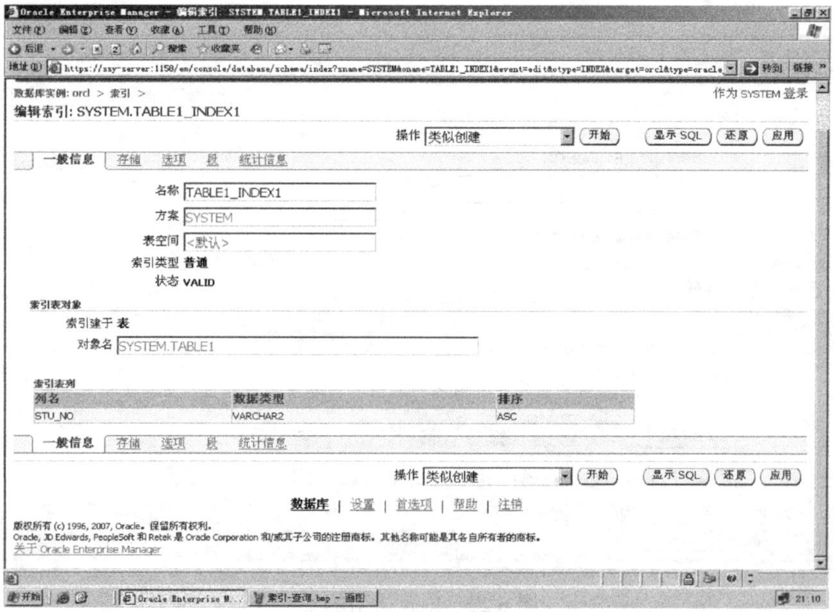

图 6.25 修改索引

3. 使用 OEM 删除表

(1) 进入 OEM 后，进入数据库对象管理页面，如图 6.4 所示。在该页面中选择“索引”选项，进入图 6.24 所示页面。选中要删除的索引，单击“删除”按钮。

(2) 单击“是”按钮，如图 6.26 所示，完成删除。

图 6.26　删除索引

6.3 视　　图

视图是一个虚拟表，是一个封装了各种复杂查询的语句，输出是一个表。视图与真实的表一样，也包含一系列带有名称的列和行数据。但是，视图并不在数据库中存储数据值。行和列的数据来自定义视图的查询语句所引用的表，数据库只在数据字典中存储视图定义本身。视图可以建立在关系表上，也可以建立在其他视图上，或者同时建立在两者之上。

6.3.1 创建视图

创建视图需要 CREAE VIEW 系统权限，视图的创建语法如下：

```
CREATE [OR REPLACE] [FORCE|NOFORCE] VIEW 视图名[(别名1[, 别名2…])]
AS 子查询
[WITH CHECK OPTION [CONSTRAINT 约束名]]
[WITH READ ONLY]
```

其中：

- OR REPLACE 表示替代已经存在的视图。
- FORCE 表示不管基表是否存在，创建视图。
- NOFORCE 表示只有基表存在时，才创建视图，是默认值。
- 别名是为子查询中选中的列新定义的名字，替代查询表中原有的列名。

- 子查询是一个用于定义视图的 SELECT 查询语句，可以包含连接、分组及子查询。
- WITH CHECK OPTION 表示进行视图插入或修改时必须满足子查询的约束条件。后面的约束名是该约束条件的名字。
- WITH READ ONLY 表示视图是只读的。

1. 创建简单视图

例 6-17 创建图书作者视图。

（1）创建图书作者视图。

```
CREATE VIEW 图书作者(书名，作者)
AS SELECT 图书名称，作者 FROM 图书;
```

输出结果：

```
视图已建立。
```

（2）查询视图全部内容。

```
SELECT * FROM 图书作者;
```

输出结果：

```
书名                作者
计算机原理          刘勇
C 语言程序设计      马丽
汇编语言程序设计    黄海明
```

（3）查询部分视图。

```
SELECT 作者 FROM 图书作者;
```

输出结果：

```
作者
刘勇
马丽
黄海明
```

说明 本例创建的视图名称为“图书作者”，视图只包含两列，为“书名”和“作者”，对应图书表的“图书名称”和“作者”两列。如果省略了视图名称后面的列名，则视图会采用和表一样的列名。对视图查询和对表查询一样，但通过视图最多只能看到表的两列，可见视图隐藏了表的部分内容。

2. 创建复杂视图

例 6-18 修改作者视图，加入出版社名称。

（1）重建图书作者视图。

```
CREATE OR REPLACE VIEW 图书作者(书名，作者，出版社)
AS SELECT 图书名称，作者，出版社名称 FROM 图书，出版社
WHERE 图书。出版社编号=出版社。编号;
```

输出结果：

```
视图已建立。
```

(2) 查询新视图内容。

```
SELECT * FROM 图书作者;
```

输出结果：

```
书名                  作者          出版社
计算机原理            刘勇          清华大学出版社
C语言程序设计         马丽          电子科技大学出版社
汇编语言程序设计      黄海明        电子科技大学出版社
```

说明 本例中，使用了 OR REPLACE 选项，使新的视图替代了同名的原有视图，同时在查询中使用了相等连接，使得视图的列来自于两个不同的基表。

例 6-19 创建一个统计视图。

(1) 创建 emp 表的一个统计视图。

```
CREATE VIEW 统计表(部门名，最大工资，最小工资，平均工资)
AS SELECT DNAME，MAX(SAL)，MIN(SAL)，AVG(SAL) FROM EMP E，DEPT D
WHERE E.DEPTNO=D.DEPTNO GROUP BY DNAME;
```

执行结果：

```
视图已建立。
```

(2) 查询统计表。

```
SELECT * FROM 统计表;
```

执行结果：

```
部门名最大工资最小工资平均工资
ACCOUNTING   5000     1300      3050
RESEARCH     3000     800       2175
SALES        2850     950       1566.66667
```

说明 本例中，使用了分组查询和连接查询作为视图的子查询，每次查询该视图都可以得到统计结果。

3. 创建只读视图

创建只读视图要用 WITH READ ONLY 选项。

例 6-20 创建只读视图。

(1) 创建 emp 表的经理视图。

```
CREATE OR REPLACE VIEW manager
AS SELECT * FROM emp WHERE job= 'MANAGER'
WITH READ ONLY;
```

执行结果：

```
视图已建立。
```

(2) 进行删除。

```
DELETE FROM manager;
```

4. 创建基表不存在的视图

正常情况下，不能创建错误的视图，特别是当基表还不存在时。但使用 FORCE 选项就可以在创建基表前先创建视图，但此时创建的视图是无效视图，当访问无效视图时，Oracle 将重新编译无效的视图。

例 6-21 使用 FORCE 选项创建带有错误的视图。

```
CREATE FORCE VIEW 班干部 AS SELECT * FROM 班级 WHERE 职务 IS NOT NULL;
```

6.3.2 修改和删除视图

删除视图的语法如下：

```
DROP VIEW 视图名;
```

删除视图需要是视图的建立者或者拥有 DROP ANY VIEW 权限。视图的删除不影响基表，不会丢失数据。

例 6-22 创建清华大学出版社的图书视图。

(1) 创建清华大学出版社的图书视图。

```
CREATE VIEW 清华图书
AS SELECT 图书名称，作者，单价 FROM 图书 WHERE 出版社编号= '01';
```

执行结果：

```
视图已建立。
```

(2) 查询图书视图：

```
SELECT * FROM 清华图书;
```

执行结果：

```
图书名称    作者    单价
计算机原理  刘勇    25.3
```

(3) 删除视图。

```
DROP VIEW 清华图书;
```

6.3.3 在 OEM 中管理视图

在 OEM 中管理视图，主要包括对视图的创建、修改和删除。

1. 使用 OEM 创建视图

(1) 进入 OEM 后，进入数据库对象管理页面，如图 6.4 所示。在该页面中选择“视图”选项，进入图 6.27 所示页面。

(2) 单击“创建”按钮，进入图 6.28 所示页面。在该页面中，用户可以输入 PL/SQL 语句，也可在“选项”和“对象”选项卡中选择相应的对象和条件建立视图。

(3) 单击“确定”按钮，完成创建视图。

2. 使用 OEM 修改视图

(1) 进入 OEM 后，进入数据库对象管理页面，如图 6.4 所示。在该页面中选择“视图”选项，进入图 6.27 所示页面。

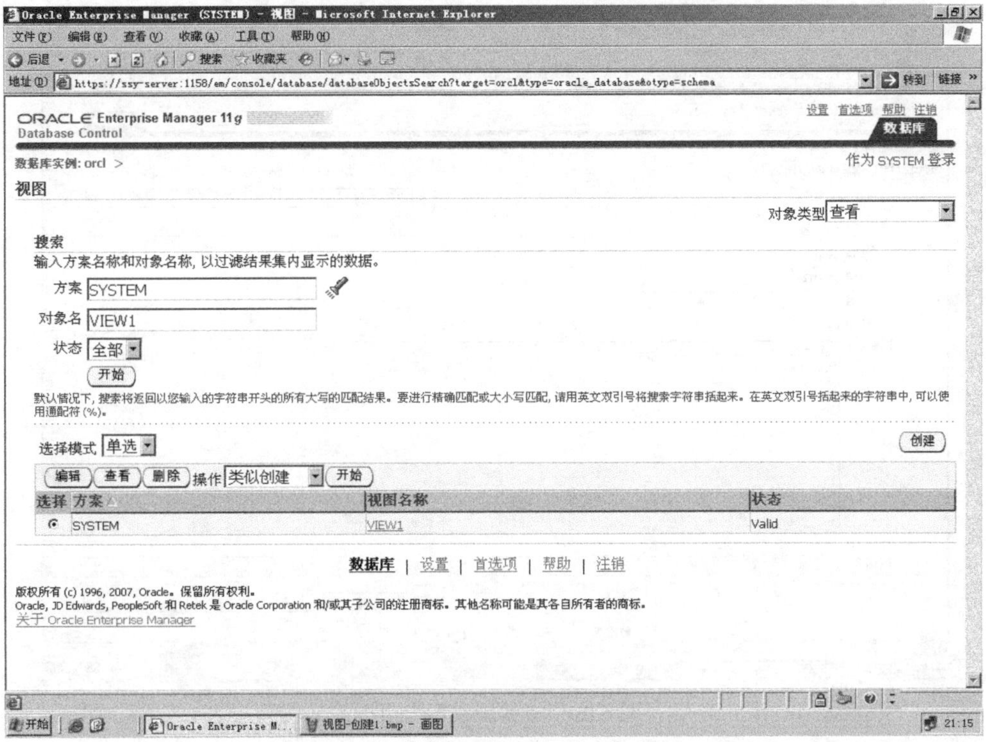

图 6.27 “视图”页面

(2) 在图 6.27 中选择要修改的索引，进入图 6.29 所示页面。在该页面中，可以修改 PL/SQL 语句，也可以在“选项”和“对象”选项卡中修改相应的选项，完成修改。

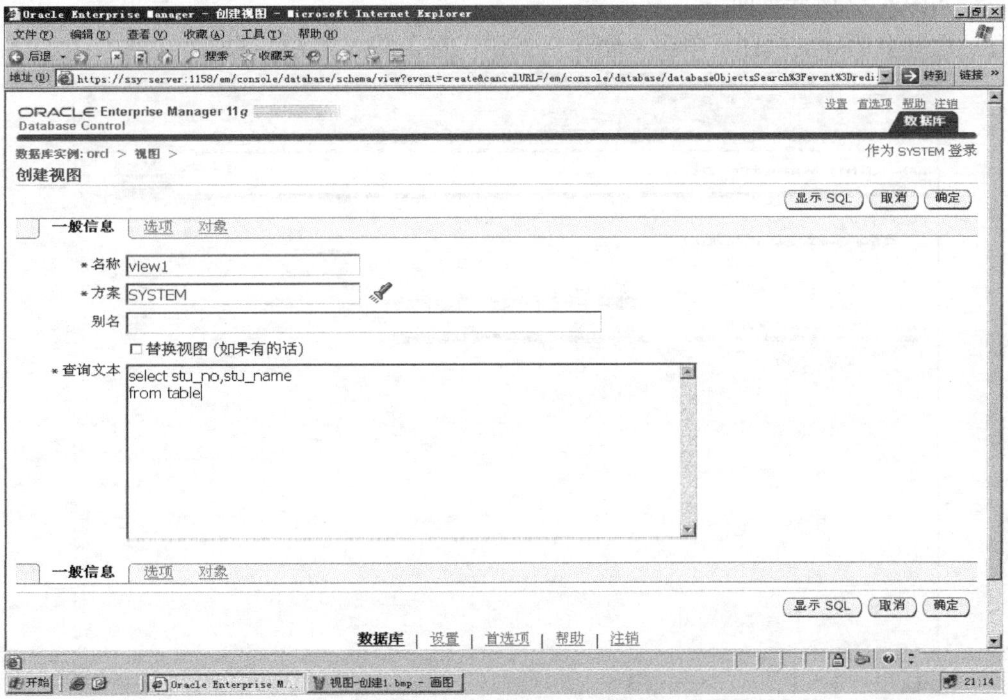

图 6.28 “创建视图”页面

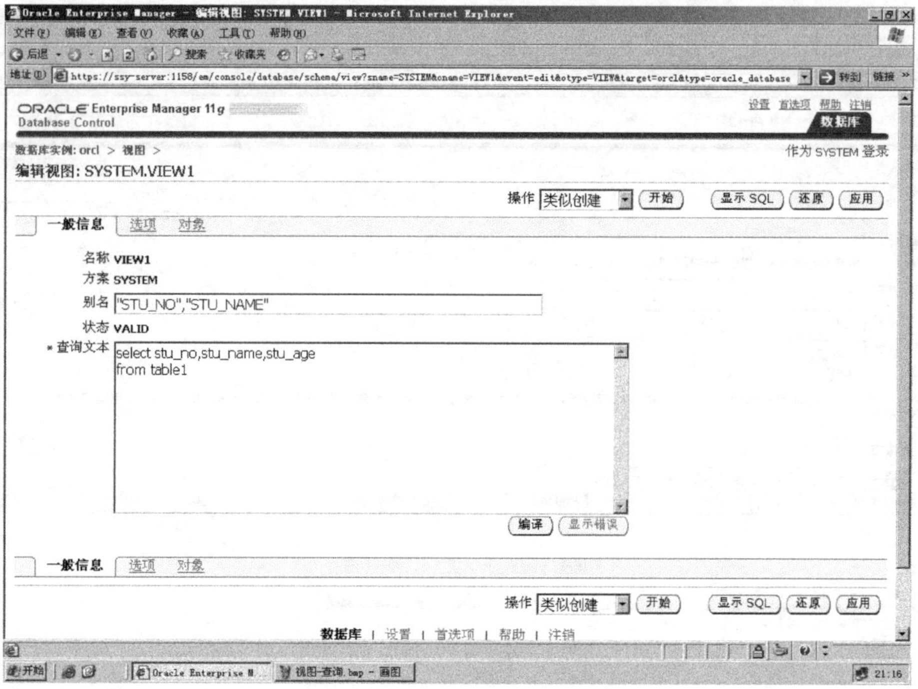

图 6.29 “编辑视图”页面

(3) 单击“应用”按钮，完成修改。

3. 使用 OEM 删除视图

(1) 进入 OEM 后，进入数据库对象管理页面，如图 6.4 所示。在该页面中选择“视图”选项，进入图 6.27 所示页面。

(2) 选择要删除的视图，单击“删除”按钮，进入图 6.30 所示页面。

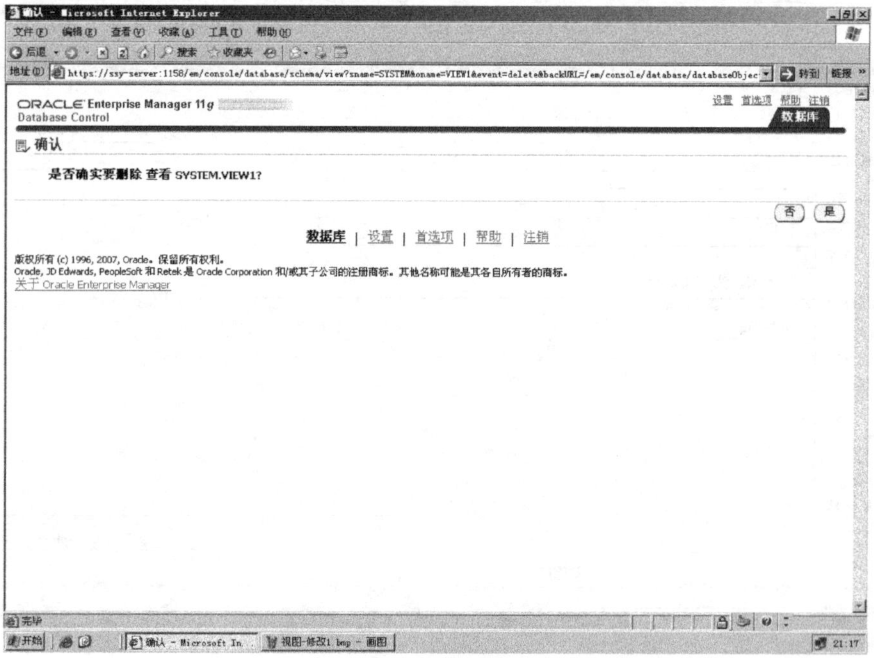

图 6.30 删除视图

(3) 单击“是”按钮，完成删除。

6.4 其他数据库对象

6.4.1 约束

约束指对插入的数据进行各种限制，是为了防止无效的数据进入表中而设置的,由 Oracle 数据库服务器对进入表中的数据进行合法性检查。约束可以在表定义时直接声明，也可以在已建好的表中添加约束。

主要的约束类型有：

- NOT NULL。
- UNIQUE（唯一性约束）。
- PRIMARY KEY。
- FOREIGN KEY。
- CHECK。

定义约束示例如下：

```
CREATE TABLE constraint_tab_infor (
cust_id   INTEGER  PRIMARY KEY,
 first_name   VARCHAR2(40)  NOT NULL,
ageINTEGER  CONSTRAINT  age_constraint NOT NULL,
 salary  NUMBER(18, 2)  CONSTRAINT  salary_min  CHECK( salary > 0 ),
emailVARCHAR2(256),
CONSTRAINT cust_email_uk UNIQUE (email));
```

6.4.2 序列

1. 创建序列

在数据表中，主关键字有时会很复杂，可能是几个列的组合。如果没有序号，就需要将几个列定义成主关键字。序号实际上是加在表中的一个附加选项，该列的值是一些顺序号，Oracle 提供了一种按照用户自定的方式自动增加的整数类型的对象类型——sequence(序列)。

sequence 可以自动进行增长，多进程/线程共享，并且可以解决多个进程/线程的互斥，能保证每一次产生的值都是唯一的。语法如下：

```
CREATE SEQUENCE sequence_name
[INCREMENT BY n]
[START WITH n]
[MAXVALUE n | NOMAXVALUE]
[MINVALUE n |NOMINVALUE]
[CYCLE | NOCYCLE]
[CACHE n | NOCACHE]
[ORDER | NOORDER]
```

其中：

- sequence_name 表示创建的序列名称，n 表示任意正整数值。

• INCREMENT BY 指定序列递增或递减的间隔数值，缺省值为 1。

• START WITH 为序列的起始值。

• MINVALUE 为序列允许的最小值。若指定为 NOMINVALUE，则对升序序列将使用默认值 1，而对降序序列使用默认值-1。

• MAXVALUE 为序列可允许的最大值。对降序序列，将使用该序列默认的最大值。若指定为 NOMAXVALUE，则将对升序序列使用默认值-1，而对降序序列使用默认值-1。

CYCLE 指定在达到序列最小值或最大值之后，序列应继续生成值。若指定为 NOCYCLE，则序列将在达到最小值或最大值后停止生成任何值。缺省值是 NOCYCLE。

CACHE 为由数据库预分配并存储序列值的数目，默认值为 20。若指定为 NOCACHE，则不预分配序列值的数目。

ORDER 为使 Oracle 9 在并行环境下，按照请求的顺序来产生序列号。缺省值为 NOORDER。

2. 维护序列

查询序列信息可以使用 ALL_SEQUENCE 和 USER_SEQUENCE 语句。

3. 删除序列

使用 DROP 指令来删除序列。例如：

```
DROP SEQUENCE order_seq;
```

注意 删除之前一定要检查所有的代码中没有使用该序列，否则会使所有依赖于该序列的操作失败，影响系统的正常运转。

6.5 本 章 小 结

在任何一门数据库语言中，表、索引、视图都是最基本的概念；Oracle 作为一个专门的处理大型数据的数据库，表、索引、视图同样也是最基本的概念。

在 Oracle 中，建立表，首先需要建立表空间，这样大大有益于数据的管理；索引经常用于数据的优化查询；而视图常常用于数据安全方面。

本章重点介绍表、索引、视图的基本概念，如何在 Oracle 中创建表、索引、视图，如何管理表、视图和索引，以及如何在 OEM 中管理表、索引、视图。

思 考 题

1. 下面哪些表空间中存在 undo segments?

A. system　　B. temp　　C. users　　D. undo

2. 索引的 4 种类型是(　　)、(　　)、(　　)、(　　)。假设 employees 表中包含一个 marriage 字段，用于描述雇员的婚姻状况，应当为 marriage 字段建立(　　)索引。

3. 为 ORCL 数据库创建一个 EXERCISE 表空间，其数据文件如下。

D:\ORACLE\ORADATA\ORCL\exercise01.dbf，大小为 5MB。

4. 为 EXERCISE 表空间添加一个新的数据文件，名称如下：

D:\ORACLE\ORADATA\ORCL\exercise02.dbf，文件可以自动扩展，最大为 50MB。

5．将 EXERCISE 表空间的数据文件 D:\ORACLE\ORADATA\ORCL\exercise01.dbf 大小修改为 10MB。

6．将 EXERCISE 表空间的数据文件 D:\ORACLE\ORADATA\ORCL\exercise02.dbf 转移到 D:\ORACLE\ORADATA \exercise02.dbf(即修改路径)。

7．索引有什么作用？Oralce 中有哪几类索引？

8．Oracle 中对表进行分区的方法有哪些？

9．delete from system.table1 与 truncate table system.table1 的区别是什么？

10．索引的作用是什么？建立索引时应注意什么问题？

11．使用索引的理由是什么？

12．给出两种相关约束。

13．TEMPORARY tablespace 和 PERMANENT tablespace 的区别是什么?

14．如何在表空间里增加数据文件?

15．在创建表时，选择“方案”的作用是什么？

16．唯一性约束和非空约束的作用是什么？

17．创建一个分区的 STUDENT 表，包括 SNO(学号)、SNAME(姓名)、SAGE(年龄)、BIRTHDATE(生日)、SEX(性别)5 个字段，其中 SNAME 唯一，SAGE 为 15～40。要求根据 SEX 进行列表分区，男生存放在 users 表空间，女生存放在 tools 表空间。

(1) 创建序列 s，无上限，每次递增 1。

(2) 从序列 s 中取值作为学号，插入表 STUDENT 中。

(3) 创建用户，用户名为姓名全拼(如张三用户名为 zhangsan)。

(4) 采用数据库认证方式，口令自定；指定默认表空间为 users，可使用配额为 200MB；指定临时表空间为 temp；同时该用户在 system 表空间可使用配额为 100MB；给该用户加锁。

第 7 章　PL/SQL 编程

PL/SQL 编程是实现高级语言与 Oracle 数据库数据操作的最重要的媒介操作语言，几乎所有的高级语言与 Oracle 数据库互操作时都要用到 PL/SQL 编程，作为计算机专业的学生，PL/SQL 是 Oracle 中必须精通的内容。

本章介绍 PL/SQL 编程的基本语言、语法格式，讲授存储过程、函数、触发器等基本概念，在最后介绍程序包的概念。

7.1　PL/SQL 基本概念

PL/SQL 是一种编程语言，称为程序 SQL 语言(程序语言/SQL)。PL/SQL 是在 SQL 语言之上发展起来的一种应用，其具有常见的 SQL 语句的特点，同时也增加了编程语言，因此，PL/SQL 是组织数据操作和查询语句在 PL/SQL 代码的过程单元，通过逻辑判断、循环等复杂操作，实现某种特定功能的语句组合。

PL/SQL 是 Oracle 对标准数据库语言 SQL 的过程化扩充，它将数据库技术和过程化程序设计语言联系起来，是一种应用开发语言，可使用循环、分支处理数据，将 SQL 的数据操纵功能与过程化语言数据处理功能结合起来。PL/SQL 的使用，使 SQL 成为一种高级程序设计语言，支持高级语言的块操作、条件判断、循环语句、嵌套等，与数据库核心的数据类型集成，使 SQL 的程序设计效率更高。

使用 PL/SQL 可以编写具有很多高级功能的程序，虽然通过多个 SQL 语句可能也能实现同样的功能，但是相比而言，PL/SQL 具有更为明显的一些优点：

(1) 能够使一组 SQL 语句的功能更具模块化程序特点。

(2) 采用了过程性语言控制程序的结构。

(3) 可以对程序中的错误进行自动处理，使程序能够在遇到错误的时候不会被中断。

(4) 具有较好的可移植性，可以移植到其他 Oracle 数据库中。

(5) 集成在数据库中，调用更快。

(6) 减少了网络的交互，有利于提高程序性能。

通过多条 SQL 语句实现功能时，每条语句都需要在客户端和服务端传递，而且每条语句的执行结果也需要在网络中进行交互，占用大量的网络带宽，消耗大量网络传递时间，而在网络中传输的那些结果，往往都是中间结果，而不是用户所关心的。使用 PL/SQL 程序时，因为程序代码存储在数据库中，程序的分析和执行完全在数据库内部进行，用户所需要做的就是在客户端发出调用 PL/SQL 的执行命令，数据库接收到执行命令后，在数据库内部完成整个 PL/SQL 程序的执行，并将最终的执行结果返馈给用户。在整个过程中网络里只传输了很少的数据，减少了网络传输占用的时间，所以程序整体的执行性能会有明显的提高。

7.1.1 PL/SQL 基本结构

块(Block)是 PL/SQL 程序中最基本的结构。PL/SQL 块由 4 个基本部分组成：声明、执行体开始、异常处理、执行体结束，其基本结构如下：

```
DECLARE --标记声明部分(可选部分)
…… --定义常量、变量、类型和游标等
BEGIN --标记程序题的开始(必要部分)
…… --编写各种 PL/SQL 语句、函数和存储过程
EXCEPTION --标记异常处理部分开始(可选部分)
…… --编写异常处理代码
END;  --标记程序题部分结束(必要部分)
```

在数据库中，当执行一个 PL/SQL 程序时，PL/SQL 语句和 SQL 语句将分别解析和执行。简单 PL/SQL 代码示例：

```
SET ServerOutput ON;
DECLARE
  /* 声明变量 */
  var_UserName VARCHAR2 (100);
BEGIN
  SELECT UserName INTO var_UserName
FROM Users
WHERE UserId = 1;
  dbms_output.put_line(var_UserName); --输出变量
END;
```

说明

(1) SET ServerOutput ON 用于将环境变量 SET。

(2) output 设为打开状态，从而使 PL/SQL 程序能够在 SQL*Plus 中输出结构。

(3) 使用函数 dbms_output.put_line(var_UserName)可以输出参数的值。

7.1.2 PL/SQL 字符集

PL/SQL 程序由一系列语句组成，每个语句是一条或一行文本。我们可以明确使用的字符取决于数据库字符集。表 7.1 列出了 US7ASCII 在 PL / SQL 字符集中的字符。

PL/SQL 中的每一个关键字、操作符和记号都由这个字符集中的若干字符组成。

Oracle 文档(及本书之前的版本)列出了与符号&、花括号{ }、方括号[ ]都属于缺省字符集。

尽管所有字符都可以出现在文本字符串中，不过 Oracle 并没有把这 5 个特殊字符用在 PL/SQL 的可见部分。而且，在程序员自定义的标识符中也不能直接使用这些字符。

表 7.1 PL/SQL 字符

<table>
<tr><th>类 型</th><th>字 符</th></tr>
<tr><td>字母</td><td>A～Z、a～z</td></tr>
<tr><td>数字</td><td>0～9</td></tr>
<tr><td>符号</td><td>~! @#$%*()_-+=|:;”’<>，。?/^</td></tr>
<tr><td>空格</td><td>Tab、空格、换行、回车</td></tr>
</table>

PL/SQL 是一个大小写不敏感的语言，除非使用分隔符包围起来，这时就按照文本字符串对待。

许多字符(单个字符或和其他字符结合的)在 PL/SQL 中都有特别的意义。表 7.2 列出了这些特殊符号。

表 7.2　PL/SQL 特殊字符集

<table>
<tr><th>符　号</th><th>说　明</th><th>符　号</th><th>说　明</th></tr>
<tr><td>;</td><td>代表一个声明和语句的结束</td><td>_</td><td>在 LIKE 条件中单个字符的通配符</td></tr>
<tr><td>%</td><td>属性指示符(游标属性，如%ISOPEN，间接声明属性，如%ROWTYPE)；也用作 LIKE 条件中的通配符</td><td>@</td><td>远程位置指示符</td></tr>
<tr><td>:</td><td>宿主变量标识符，如 Oracle Forms 中的 block.item</td><td>:=</td><td>赋值操作符</td></tr>
<tr><td>**</td><td>幂运算符</td><td>=></td><td>位置表示法使用的关联操作符</td></tr>
<tr><td><>或!=或^=或~=</td><td>表示不相等的关系操作符</td><td>..</td><td>范围操作符</td></tr>
<tr><td>||</td><td>连接操作符</td><td>--</td><td>单行注释符号</td></tr>
<tr><td><<和>></td><td>标签分隔符</td><td>/*和*/</td><td>多行注释块的开始、结束分隔符</td></tr>
<tr><td><=和>=</td><td>小于等于、大于等于关系操作符</td><td></td><td></td></tr>
</table>

字符组成词法单位，也叫语言的原子，因为它们是最小的个体成员。PL/SQL 的一个词法单位可以是：标识符、直接量、分隔符和注释。

7.1.3　PL/SQL 的运算符

1. 关系运算符

关系运算符如表 7.3 所示。

表 7.3　PL/SQL 关系运算符

运算符	意　义	运算符	意　义
=	等于	>	大于
<>，!=，~=，^=	不等于	<=	小于或等于
<	小于	>=	大于或等于

2. 一般运算符

一般运算符如表 7.4 所示。

表 7.4　PL/SQL 一般运算符

<table>
<tr><th>运算符</th><th>意　义</th><th>运算符</th><th>意　义</th></tr>
<tr><td>+</td><td>加号</td><td>:=</td><td>赋值号</td></tr>
<tr><td>-</td><td>减号</td><td>=></td><td>关系号</td></tr>
<tr><td>*</td><td>乘号</td><td>..</td><td>范围运算符</td></tr>
<tr><td>/</td><td>除号</td><td>||</td><td>字符连接符</td></tr>
</table>

3. 逻辑运算符

逻辑运算符如表 7.5 所示。

表 7.5　PL/SQL 逻辑运算符

运算符	意　义	运算符	意　义
IS NULL	是空值	AND	逻辑与
BETWEEN AND	介于两者之间	OR	逻辑或
IN	在一列值中间	NOT	取反，如 IS NOT NULL，NOT IN

7.2　常量、变量和数据类型的定义

7.2.1　Oracle 常用数据类型

Oracle 数据类型可分为 4 类，分别是标量类型、复合类型、引用类型和 LOB 类型。标量类

型没有内部组件，包含一个复杂类型可以独立操作的内部组件；引用类型类似于高级语言的指针，指向一个价值；LOB 类型的值是一个 LOB 定位器，以显示该对象的存储位置(如图像)。

PL/SQL 中常用的数据类型如下。

BLOB：二进制大对象，可以用来保存图像和文档等二进制数据。

BOOLEAN：布尔数据类型，支持 TRUE/FALSE 值。

CHAR：固定长度字符串。

CLOB：字符大对象，可用来保存多达 4GB 的字符数据。

DATE：存储与日期相关的固定长度字符串。

LONG：可变长度字符串。

NUMBER：可变长度数值。

integer：整数。

RAW：二进制数据的可变长度字符串。

1. VARCHAR2

VARCHAR2 说明：

- 存储变长的字符数据。
- 参数是必需的，指定字符数据的最大长度，最大为 32767 字节。
- VARCHAR2 数据库列的最大宽度是 4000 字节，CHAR[maximun_length]。
- 存储定长的字符数据(不足时使用空格填充)。
- 参数是可选的，指定字符数据的最大长度，最大为 32767 字节。
- 必须使用整数型字面值。如果没有指定最大长度，则默认为 1。

2. NUMBER

最大精度是 38 个十进制位。

NUMBER 数据说明：

- 数值范围为 0～127。例如，数值 2 会在最近的百分位进行四舍五入(3.456 变成 3.46)；
- 数值范围可以是负数，会导致四舍五入到小数点的左边。例如，scale 为-3 时，会在千位进行四舍五入(3456 变成 3000)；scale 为 0 时，则在整数位进行四舍五入。如果不指定 scale，其默认值是 0。

3. BINARY_INTEGER

- 存储有正负之分的整数变量。
- 与 NUMBER 数据类型相比较，BINARY_INTEGER 变量被存储为二进制格式，这样会占用更少空间。
- 计算速度更快。
- 可以存储-2147483747～2147483747 的任何整数值。
- 这个数据类型主要用于索引 PL/SQL 表。

4. DATE

- 存储定长的日期值。
- DATE 变量的有效日期在 January 14712 BC 和 December 31 9999 AD 的范围内。
- 当在数据库列中存储时，日期值包含从零时以秒为单位的时间信息。

• 日期部分的默认值是当月的第一天，时间部分的默认值是零时。

• 这个数据类型是 DATE 数据类型的扩展。存储定长的日期值，精度到秒的小数位，最高为十进制小数位的第 9 位(默认是 6)。例如，12-JAN-2008 09.51.44.000000PM 就是这种数据类型的默认值。

借助于 WITH TIME ZONE 或 WITH LOCAL TIME ZONE 选项，能把 TIMESTAMP 绑定到特定时区，然后这些设置会被调整到数据库的时区。例如，允许全球数据库中 London 和 New York 的记录使用相同的时间(实际上 New York 为中午，London 为下午 5 点)。

5. BOOLEAN

• 存储 TRUE、FALSE 或空值 NULL。要记住，NULL 是标识丢失的、未知的或不使用的值。

• 只能把 TRUE、FALSE 或空值 NULL 赋予 BOOLEAN 变量。

6. LONG

• 存储变长的字符串。

• LONG 数据类型类似于 VARCHAR2 数据类型，唯一的区别是 LONG 值的最大长度为 2GB。

• LONG 列可以存储文本、字符数组，甚至短小的文档。

7. LONG RAW

存储原始的二进制变量数据，最大不能超过 2GB。

8. LOB(大型对象)

LOB 的 4 种类型是 BLOB、CLOB、NLOB、BFILE，可以存储二进制对象，如图像或视频文件，最大为 4GB。BFILE 是存储在数据库之外的大型二进制文件，最大尺寸为 4GB。

9. ROWID

• 从根本上讲，每个 Oracle 数据库都有一个 ROWID 伪列，存储名为 rowid 的二进制值。
• rowid 唯一地标识每行数据，并提供访问特定数据行的最快捷方式。
• 使用 ROWID 数据类型，可以以易读的格式存储 rowid。
• 当选择或者检索 rowid，并存入 Rowid 变量时，可以使用函数。
• ROWIDTOCHAR 把二进制转换为 18 字节的字符型字符串，并返回此格式的数据。

7.2.2 常量与变量

变量存放在内存，被 PL/SQL 块引用。可以把变量想像成一个可储藏东西的容器，容器内的东西是可以改变的。

必须先声明变量，然后才可以使用变量，变量声明部分语法如下：

```
Variable_name [CONSTANT] databyte [NOT NULL][:=|DEFAULT expression]
```

注意 可以在声明变量的同时给变量强制性地加上 NOT NULL 约束条件，此时变量在初始化时必须赋值。

给变量赋值有两种方式：

（1）直接给变量赋值。

```
X:=200;
Y=Y+(X*20);
```

（2）通过 SQL SELECT INTO 或 FETCH INTO 给变量赋值。

```
SELECT SUM(SALARY), SUM(SALARY*0。1)
INTO TOTAL_SALARY, TATAL_COMMISSION
FROM EMPLOYEE
WHERE DEPT=10;
```

常量与变量相似，但常量的值在程序内部不能改变，常量的值在定义时赋予，其声明方式与变量相似，但必须包括关键字 CONSTANT。

```
ZERO_VALUE CONSTANT NUMBER: =0;
```

这个语句定了一个变量名为 ZERO_VALUE、数据类型为 NUMBER、值为 0 的常量。

7.3　基本程序结构和语句

PL/SQL 程序可通过条件或循环结构来控制命令执行顺序。PL/SQL 提供了丰富的流程控制语句，与高级语言一样也有 3 种控制结构：顺序结构、条件语句和循环结构。

7.3.1　条件判断结构

PL/SQL 中关于条件控制的关键字有 IF-THEN、IF-THEN-ELSE、IF-THEN-ELSIF 和多分支条件 CASE。

1. IF 语句

在 PL/SQL 中为了控制程序的执行方向，引进了 IF 语句。IF 语句有多种形式，最简单的形式就是 IF…END IF 语句。

1）IF-THEN

该结构先判断一个条件是否为 TRUE，条件成立则执行对应的语句块，与 C#中的 if 语句很相似。具体语法如表 7.6 所示。

表 7.6　PL/SQL IF-THEN 语句

C#中 if 语法	PL/SQL 中 IF 语法

if (条件){
　　//条件结构体
}
	IF 条件 THEN
	　　--条件结构体
	END IF;

说明

(1) 用 IF 关键字开始，END IF 关键字结束，注意 END IF 后面有一个分号。

(2) 条件部分可以不使用括号，但是必须以关键字 THEN 来标识条件结束，如果条件成立，则执行 THEN 后到对应 END IF 之间的语句块内容。如果条件不成立，则不执行条件语句块的内容。

(3) C#结构用一对大括号来包含条件结构体的内容。PL/SQL 中关键字 THEN 到 END IF 之间的内容是条件结构体内容。

(4) 条件可以使用关系运算符合逻辑运算符。

例 7-1　查询 JAMES 的工资，如果大于 900 元，则发奖金 800 元。

```
DECLARE
NewSal emp.sal % TYPE;
    BEGIN
     SELECT sal INTO newSal FROM emp
     WHERE ename='JAMES';
     IF newSal>900 THEN①
         UPDATE EMP
         SET comm=800
         WHERE ename='JAMES';
     END IF;
COMMIT;②
END;
```

代码解析：

表 7.7 PL/SQL IF-THEN-ELSE 语句

C#中 if 语法	PL/SQL 中 IF 语法

if (条件){
//条件成立结构体
}
else{
//条件不成立结构体
}
	IF 条件 THEN
	--条件成立结构体
	ELSE
	--条件不成立结构体
	END IF;

① 先判断条件，如果条件为 TRUE，则执行条件结构体内部的内容。

② 在 PL/SQL 块中可以使用事务控制语句，该 COMMIT 同时也能把 PL/SQL 块外没有提交的数据一并提交。

2) IF-THEN-ELSE

具体语法格式如表 7.7 所示。

把 ELSE 与 IF-THEN 连在一起使用，如果 IF 条件不成立则会执行 ELSE 部分的语句。

例 7-2 查询 JAMES 的工资，如果大于 900 元，则发奖金 800 元，否则发奖金 400 元。

```
DECLARE
NewSal emp.sal % TYPE;
BEGIN
     SELECT sal INTO newSal FROM EMP
     WHERE ename='JAMES';
     IF newSal>900 THEN
         UPDATE EMP
         SET comm=800
         WHERE ename='JAMES';
     ELSE
         UPDATE EMP
         SET comm=400
         WHERE ename='JAMES';
     END IF;
END;
```

3) IF-THEN-ELSIF

具体语法格式如表 7.8 所示。

语法解析：

PL/SQL 中的再次条件判断时使用关键字 ELSIF。

例 7-3 查询 JAMES 的工资，如果大于 1500 元，则发放奖金 1000 元；如果工资大于 900 元，则发奖金 800 元；否则发奖金 400 元。

表 7.8 PL/SQL IF-THEN-ELSIF 语句

C#中 if 语法	PL/SQL 中 IF 语法

if (条件 2){
//条件成立结构体
}
else if(条件 2){
//条件不成立结构体
}
else{
//以上条件都不成立结构体
}
	IF 条件 1 THEN
	--条件 1 成立结构体
	ELSIF 条件 2 THEN
	--条件 2 成立结构体
	ELSE
	--以上条件都不成立结构体
	END IF;

```
DECLARE
NewSal emp.sal % TYPE;
BEGIN
     SELECT sal INTO newSal FROM EMP
     WHERE ename='JAMES';
     IF newSal>1500 THEN
         UPDATE EMP
         SET comm=1000
         WHERE ename='JAMES';
 ELSIF newSal>1500 THEN
      UPDATE EMP
      SET comm=800
      WHERE ename='JAMES';
  ELSE
      UPDATE EMP
      SET comm=400
      WHERE ename='JAMES';
   END IF;
    END;
```

2. CASE 语句

CASE 是一种选择结构的控制语句，可以根据条件从多个执行分支中选择相应的执行动作。也可以作为表达式使用，返回一个值。类似于 C#中的 switch 语句。语法如下：

```
CASE [selector]
WHEN 表达式 1 THEN 语句序列 1;
WHEN 表达式 2 THEN 语句序列 2;
WHEN 表达式 3 THEN 语句序列 3;
……
[ELSE 语句序列 N];
END CASE;
```

语法解析：

如果存在选择器 selector，选择器 selector 与 WHEN 后面的表达式匹配，匹配成功就执行 WHEN 后面的语句。如果所有表达式都与 selector 不匹配，则执行 ELSE 后面的语句。

例 7-4 输入一个字母，A、B、C 分别输出对应的级别信息，不返回值。

```
DECLARE
     v_grade CHAR(1):=UPPER('&p_grade');①
BEGIN
     CASE v_grade  ②
         WHEN 'A' THEN
            dbms_output.put_line ('Excellent');
         WHEN 'B' THEN
            dbms_output.put_line ('Very Good');
         WHEN 'C' THEN
            dbms_output.put_line ('good');
         ELSE
            dbms_output.put_line ('No such grade');
     END CASE;
END;
```

代码解析：

① & p_grade 表示在运行时由键盘输入字符串到 grade 变量中。

② v_grade 分别与 WHEN 后面的值匹配，如果成功就执行 WHEN 后的程序语句。

CASE 语句还可以作为表达式使用，返回一个值。

```
DECLARE
v_gradeCHAR (1):=UPPER ('&grade');
p_grade VARCHAR(20) ;
BEGIN
     p_grade :=  ①
     CASE v_grade
          WHEN 'A' THEN
             'Excellent'
          WHEN 'B' THEN
             'Very Good'
          WHEN 'C' THEN
             'Good'
          ELSE
             'No such grade'
     END;
     dbms_output.put_line ('Grade:' ||v_grade||',  the result is '||p_grade);
END;
```

代码解析：

① CASE 语句可以返回一个结果给变量 p_grade。

PL/SQL 还提供了搜索 CASE 语句。也就是说，不使用 CASE 中的选择器，直接在 WHEN 后面判断条件，第一个条件为真时，执行对应 THEN 后面的语句序列。

```
DECLARE
v_gradeCHAR (1):=UPPER ('&grade');
p_gradeVARCHAR (20);
BEGIN
     p_grade:=
     CASE
          WHEN v_grade='A' THEN
             'Excellent'
          WHEN v_grade='B' THEN
             'Very Good'
          WHEN v_grade='C' THEN
             'Good'
          ELSE
             'No such grade'
     END;
     dbms_output。put_line ('Grade:' ||v_grade||',the result is '||p_grade);
END;
```

7.3.2 循环语句

PL/SQL 提供了丰富的循环结构来重复执行一系列语句。

Oracle 提供的循环类型如下：

- 无条件循环 LOOP-END LOOP 语句。
- WHILE 循环语句。
- FOR 循环语句。

在上面的 3 类循环中，EXIT 用来强制结束循环，相当于 C#循环中的 break。

1. LOOP 循环

LOOP 循环是最简单的循环，也称为无限循环，LOOP 和 END LOOP 是关键字。

语法格式如下：

```
LOOP
     --循环体
END LOOP;
```

语法解析：

(1) 循环体在 LOOP 和 END LOOP 之间，在每个 LOOP 循环体中，首先执行循环体中的语句序列，执行完后再重新开始执行。

(2) 在 LOOP 循环中可以使用 EXIT 或[EXIT WHEN 条件]的形式终止循环。否则该循环就是死循环。

例 7-5 执行循环，求 1+2+3+…+100 的值。

```
DECLARE
Counternumber (3):=0;
SumResult number: =0;
BEGIN
      LOOP
Counter: = counter+1;
SumResult: = sumResult+counter;
          IF counter>=100 THEN  ①
             EXIT;
          END IF;
          -- EXIT WHEN counter>=100;  ②
      END LOOP;
       dbms_output。put_line ('result is:'||to_char (sumResult));
END;
```

代码解析：

① LOOP 循环中可以使用 IF 结构嵌套 EXIT 关键字退出循环。

② 注释行，该行可以代替①中的循环结构，WHEN 后面的条件成立时跳出循环。

2. WHILE

与 C#中的 while 循环很类似，先判断条件，条件成立再执行循环体；如果它为 TRUE，那么循环将继续执行；如果条件为 FALSE，那么循环将会停止执行。

应该注意的是，在编写程序时，判定条件是动态变化的，只有判定条件为 False 时，循环才会结束，所以在编写代码时一定要特别注意避免出现死循环。

语法格式如下：

C#中的 while 语法如下。

```
while (条件){
    //循环体
}
```

PL/SQL 中的 WHILE 语法如下。

```
WHILE 条件 LOOP
    --循环体
END LOOP;
```

在执行 WHILE 循环时，首先会检查判断条件，如果判断条件开始就为 FALSE，程序将直接执行 END LOOP 后面的语句，则该项循环将一次都不执行。如果判断条件为 TRUE，则执行循环体内的语法。

例 7-6 使用 WHILE 循环计算 100 以内能被 3 整除的整数之和。

```
DECLARE
i number:=1;
Sum_num number: =0;
BEGIN
      WHILE i<100 LOOP
         IF MOD (i, 3) =0 THEN
           Sum_num:=sum_num+i;
         END IF;
             i: =i+1;
      END LOOP;
       dbms_output.put_line (sum_num);
END;
```

在上面的 WHILE 循环中，首先，判断 i 的值是否小于 100，不到 100 执行循环体，否则将执行循环后语句。再通过 IF 语句判断是否是能被 3 整除的数，如果能被 3 整除，则进行加计算。无论是否值能被 3 整除，作为判断条件都必须加上 1，否则 WHILE 循环将进入一个无限循环。

3. FOR 循环

FOR 循环需要预先确定循环次数，可通过给循环变量指定下限和上限来确定循环运行的次数，然后循环变量在每次循环中递增(或者递减)。FOR 循环的语法如下：

```
FOR 循环变量 IN [REVERSE] 循环下限…循环上限 LOOP
--循环体
END LOOP;
```

语法解析如下

循环变量：该变量的值每次循环时根据上下限的 REVERSE 关键字进行加 1 或减 1。

REVERSE：指明循环从上限向下限依次循环。

例 7-7 FOR 循环计算 1~100 的整数之和。

```
DECLARE
Sum_num number: =0;
BEGIN
      FOR i IN 1…100 LOOP
```

```
        sum_num:= sum_num + i;
      END LOOP;
       dbms_output.put_line (sum_num);
END;
```

在上面的程序中，循环控制变量 i 不需要在 DECLARE 部分重新定义，它属于 FOR 循环的一部分。控制变量 i 的取值将从 1~100 依次取值，这样明确了循环的执行次数。

注意 FOR 循环中的控制变量只能在循环内使用，不能在循环的外部使用循环控制变量。

当使用关键字 REUERSE 时，循环控制变量将自动减 1，循环控制变量的值从上限值到下限值递减。例如，下面的程序将输出 20~1 之间能被 3 整除的数。

```
DECLARE
      FOR i IN REVERSE 1…20 LOOP
        IF MOD (I,3) =0 THEN
           dbms_output.put_line (i);
        END IF;
     END LOOP;
END;
```

FOR 循环是众多循环中最灵活的，循环的上限和下限还可以使用变量，使得循环的次数可根据循环的执行情况而变化。另外，LOOP、WHILE 和 FOR 循环内的语句也可以是另外一个循环，这样就构成了嵌套循环。使用嵌套循环可以实现一些复杂的控制。例如，下面的程序使用嵌套的 FOR 循环打印了一个由星号“*”组成的三角形。

例 7-8 *三角形输出。

```
SET SERVEROUTPUT ON
BEGIN
    FOR y IN 1…2*x-1 LOOP
       dbms_output.put ('*');
      END LOOP;
      DBMS_OUTPUT.put_line ('');
    END LOOP;
END;
```

在上面的程序中，外循环控制输出行数，内循环控制输出的内容，每一行的输出是由外循环变量 x 控制，而输出的“*”的数量由内循环决定。

7.3.3 GOTO 标号

GOTO 和 NULL 是顺序结构中两个特殊的语句。

1. GOTO 语句

GOTO 语句将无条件地跳转到标签指定的语句去执行。标签是用双尖括号括起来的标示符，在 PL/SQL 块中必须具有唯一的名称，标签后必须紧跟可执行语句或 PL/SQL 块。GOTO 不能跳转到 IF 语句、CASE 语句、LOOP 语句或子块中。

2. NULL 语句

NULL 语句什么都不做，只是将控制权转到下一行语句。NULL 语句是可执行语句。NULL

语句用在 IF 或其他语句语法要求至少需要一条可执行语句，但又不需要具体操作的地方。例如，GOTO 的目标地方不需要执行任何语句时。

例 7-9 GOGO 语句和 NULL 语句的使用。

```
DECLARE
Sumsal emp.sal%TYPE;
BEGIN
   SELECT SUM (sal) INTO sumsal FROM EMP;
   IF sumsal>20000 THEN
      GOTO first_label; ①
   ELSE
      GOTO second_label; ②
   END IF;
<<first_label>>③
   dbms_output.put_line ('ABOVE 20000:' || sumsal);
<<second_label>>④
   NULL;
END;
```

代码解析：

① 跳转到程序 first_label 位置，就是③的位置。first_label 是一个标签，用两个尖括号包含。

② 无条件跳转到 sedond_label 位置，就是④的位置。④处不执行任何内容，因此是一个 NULL 语句。

7.4 PL/SQL 中的游标

游标是一个指向上下文的句柄(handle)或指针。通过游标，PL/SQL 可以控制上下文区和处理语句时上下文区会发生些什么事情。

对于不同的 SQL 语句，游标的使用情况不同，如表 7.9 所示。

表 7.9 PL/SQL 游标

SQL 语句	游 标
非查询语句	隐式的
结果是单行的查询语句	隐式的或显示的
结果是多行的查询语句	显示的

1. 显式游标

处理显式游标需要 4 个步骤。

(1) 定义游标：定义一个游标名，以及与其相对应的 SELECT 语句，其一般形式如下：

```
CURSOR cursor_name IS select_statement;
```

其中：

- 游标名是标识符，所以也有作用域，并且必须在使用前进行说明。
- 任何 SELECT 语句都是合法的，但是 SELECT …INTO 语句是非法的。
- 在声明部分的末尾声明游标。

(2) 打开游标：就是执行游标所对应的 SELECT 语句，将其查询结果放入工作区，并且指针指向工作区的首部，标识游标结果集合。

```
OPEN cursor_name
```

PL/SQL 程序不能用 OPEN 语句重复打开一个游标。

（3）提取游标：就是检索结果集合中的数据行，放入指定的输出变量中。

```
FETCH cursor_name INTO {variable_list | record_variable};
```

（4）关闭游标：当提取和处理完游标结果集合数据后，应及时关闭游标，以释放该游标所占用的系统资源，并使该游标的工作区变成无效，不能再使用 FETCH 语句取其中数据。关闭后的游标可以使用 OPEN 语句重新打开。

```
CLOSE cursor_name;
```

例 7-10

```
DECLARE v_ename emp.ename%TYPE;
    v_sal   emp.sal%TYPE;
    CURSOR c_cursor IS SELECT ename， sal FROM EMP WHERE rownum<11;
BEGIN
OPEN c_cursor;
FETCH c_cursor INTO v_ename， v_sal;
WHILE c_cursor %FOUND LOOP
  DBMS_OUTPUT。PUT_LINE (v_ename||'---'||to_char (v_sal));
  FETCH c_cursor INTO v_ename， v_sal;
END LOOP;
CLOSE c_cursor;
END;
```

例 7-11　参数化游标。

```
DECLARE v_ename emp.ename%TYPE;
    v_sal emp。sal%TYPE;
    CURSOR c_cursor (P_sal emp.sal%type)
      IS SELECT ename， sal FROM EMP WHERE sal >= P_sal;
BEGIN
OPEN c_cursor (1000);
FETCH c_cursor INTO v_ename， v_sal;
WHILE c_cursor %FOUND LOOP
  DBMS_OUTPUT。PUT_LINE (v_ename||'---'||to_char (v_sal) );
  FETCH c_cursor INTO v_ename， v_sal;
END LOOP;
CLOSE c_cursor;
END;
```

2. 游标属性

游标属性如表 7.10 所示。

表 7-10　PL/SQL 游标属性

属　性	描　述
%FOUND	布尔型属性，当最近一次读记录时成功返回，则值为 TRUE
%NOTFOUND	布尔型属性，与%FOUND 相反
%ISOPEN	布尔型属性，当游标已打开时返回 TRUE
%ROWCOUNT	数字型属性，返回已从游标中读取的记录数

(1) 控制多行提取。

- 使用循环从一个显式游标中取出多行数据。
- 每次重复，取出一行数据。
- 通过使用%NOTFOUND 属性，判断上一次的取操作是否成功取到数据。
- 也可以通过%FOUND 属性来控制循环取操作。

(2) %ISOPEN 属性。

- 只有在游标打开时，才能从游标中取数据。
- 在执行提取操作前，可以使用%ISOPEN 游标属性测试游标是否已打开。

```
IF emp_cursor%ISOPEN THEN
      FETCH emp_cursor INTO v_name, v_sal;
ELSE
  OPEN emp_cursor;
END IF;
```

(3) %NOTFOUND 属性。

使用%NOTFOUND 游标属性，确定是否已取出所有数据

(4) %ROWCOUNT 属性。

使用%ROWCOUNT 游标属性，准确获取取出的行数。

```
LOOP
FETCH emp_cursor
     INTO v_name, v_sal;
         EXIT WHEN emp_cursor%ROWCOUNT > 5
        OR emp_cursor%NOTFOUND;
      v_sal := v_sal + 500;
    …
END LOOP;
```

3. 隐式游标

隐式游标主要用于查询处理，特别是在查询结果为多记录的集合时。由 Oracle 系统自动为查询、修改、删除这些操作和其工作区创建并设置光标，创建的隐含系统光标被称为隐式游标。隐式游标的名称是 SQL、Oracle 系统定义的。对于隐式游标的操作，如定义、打开和关闭，也是由 Oracle 系统自动处理的，用户无需理会，只需通过隐式游标相关属性完成相应的操作。

INSERT、UPDATE、DELETE、SELECT 语句中不必明确定义游标。

格式调用为：

```
SQL%
```

1) 隐式游标属性

隐式游标属性如表 7.11 所示。

表 7.11

属　性	描　述
%FOUND	布尔型属性，当最近一次读记录时成功返回，则值为 TRUE
%NOTFOUND	布尔型属性，与%FOUND 相反
%ISOPEN	布尔型属性，取值总是 FALSE。SQL 命令执行完毕立即关闭隐式游标
%ROWCOUNT	数字型属性，返回已从游标中读取得记录数

2）处理隐式游标

例 7-12

```
DECLARE V_deptno emp.deptno%TYPE: =&p_deptno;
BEGIN
    DELETE FROM EMP WHERE deptno=v_deptno;
    IF SQL%NOTFOUND THEN   --简单 sql 记录读取属性
            DELETE FROM dept WHERE deptno= 20;
    END IF;
END;
```

3）游标检索循环

例 7-13

```
DECLARE
   v_empno emp.empno%TYPE;
   v_sal      emp.sal%TYPE;
   CURSOR c_cursor IS SELECT empno， sal FROM EMP;
    BEGIN
   OPEN c_cursor;
   LOOP
     FETCH c_cursor INTO v_empno， v_sal;
     EXIT WHEN c_cursor %NOTFOUND;
     IF v_sal<=1200 THEN
           UPDATE EMP SET sal=sal+50 WHERE empno=v_empno;
           DBMS_OUTPUT。PUT_LINE('编码为'||v_empno||'工资已更新!');
              END IF;
              DBMS_OUTPUT。PUT_LINE('记录数:'|| c_cursor %ROWCOUNT);
   END LOOP;
  CLOSE c_cursor;
END;
```

4）游标的 FOR 循环

PL/SQL 语言提供了游标 FOR 循环语句，自动执行游标的 OPEN、FETCH、CLOSE 语句和循环语句的功能。当进入循环时，游标 FOR 循环语句自动打开游标，并提取第一行游标数据；当程序处理完当前所提取的数据而进入下一次循环时，游标 FOR 循环语句自动提取下一行数据供程序处理，当提取完结果集合中的所有数据行后结束循环，并自动关闭游标。

```
FOR index_variable IN cursor_name [value [， value]…] LOOP
    -- 游标数据处理代码
END LOOP;
```

其中：index_variable 为游标 FOR 循环语句隐含声明的索引变量，该变量为记录变量，其结构与游标查询语句返回的结构集合的结构相同。在程序中可以通过引用该索引记录变量元素来读取所提取的游标数据，index_variable 中各元素的名称与游标查询语句选择列表中所指定的列名相同。如果在游标查询语句的选择列表中存在计算列，则必须为这些计算列指定别名后才能通过游标 FOR 循环语句中的索引变量来访问这些列数据。

例 7-14

```
DECLARE CURSOR c_sal IS SELECT empno， ename， sal FROM emp ;
BEGIN
```

```
--隐含打开游标
   FOR v_sal IN c_sal LOOP
   --隐含执行一个 FETCH 语句
DBMS_OUTPUT.PUT_LINE (to_char(v_sal.empno)||'---'||v_sal.ename||'---'||
         to_char(v_sal.sal)) ;
--隐含监测 c_sql%NOTFOUND
   END LOOP;
--隐含关闭游标
END;
```

例 7-15

```
DECLARE
    CURSOR c_cursor (dept_no NUMBER DEFAULT 10) IS
         SELECT dname, loc FROM dept WHERE deptno <= dept_no;
BEGIN
    DBMS_OUTPUT.PUT_LINE('dept_no 参数值为 30: ');
    FOR c1_rec IN c_cursor (30) LOOP
        DBMS_OUTPUT.PUT_LINE (c1_rec.dname||'---'||c1_rec.loc);
    END LOOP;
    DBMS_OUTPUT.PUT_LINE(CHR(10)||' 使用默认的 dept_no 参数值 10: ' );
    FOR c1_rec IN c_cursor LOOP
        DBMS_OUTPUT.PUT_LINE (c1_rec.dname||'---'||c1_rec.loc);
    END LOOP;
END;
```

NO_DATA_FOUND 和 %NOTFOUND 的区别如下：

SELECT … INTO 语句触发 NO_DATA_FOUND。当一个显式游标的 WHERE 子句未找到时触发%NOTFOUND；当 UPDATE 或 DELETE 语句的 WHERE 子句未找到时触发 SQL%NOTFOUND；在提取循环中要用 %NOTFOUND 或%FOUND 来确定循环的退出条件，而不要用 NO_DATA_FOUND。

5）游标修改和删除操作

如果另一个会话已对活动集中的行加了锁，那么 SELECT FOR UPDATE 操作一直等待到其他的会话释放这些锁后才继续自己的操作，对于这种情况，当加上 NOWAIT 子句时，如果这些行真的被另一个会话锁定，则 OPEN 立即返回并给出如下信息：

```
ORA-0054 : Resourcebusy and acquire with nowait specified
```

如果使用 FOR UPDATE 声明游标，则可在 DELETE 和 UPDATE 语句中使用 WHERE CURRENT OF cursor_name 子句，修改或删除游标结果集合当前行对应的数据库表中的数据行。

例 7-16

```
DECLARE V_deptno emp.deptno%TYPE: =&p_deptno;
    CURSOR emp_cursor IS SELECT empno, sal
FROM EMP WHERE deptno=v_deptno FOR UPDATE NOWAIT;
BEGIN
    FOR emp_record IN emp_cursor LOOP
IF emp_record.sal < 1500 THEN
    UPDATE EMP SET sal=1500 WHERE CURRENT OF emp_cursor;
END IF;
    END LOOP;
COMMIT;
END;
```

6）游标变量

游标变量是一个指针，指向一个多行查询结果集。它与光标不同，光标变量是动态的，而游标是静态的。

7）声明游标变量

游标变量为一个指针，它属于参照类型，所以在声明游标变量类型之前必须先定义游标变量类型。在 PL/SQL 中，可以在块、子程序和包的声明区域内定义游标变量参照类型。

```
TYPE ref_type_name IS REF CURSOR [ RETURN return_type]
```

其中：

- ref_type_name 为新定义的游标变量类型名称。
- retuen_type 为游标变量的返回值类型，它必须为记录变量。

例 7-17 声明两个强类型游标变量和一个弱类型游标变量

```
DECLARE
TYPE deptrecord IS RECORD (
    Deptno deptdeptno%TYPE,
    Dname deptdeptno%TYPE,
    Loc deptloc%TYPE);
TYPE deptcurtype IS REF CURSOR RETURN dept%ROWTYPE;
TYPE deptcurtyp1 IS REF CURSOR RETURN deptrecord;
TYPE curtype IS REF CURSOR;
Dept_c1 deptcurtype;
Dept_c2 deptcurtyp1;
CV curtype;
```

8）游标变量操作

与游标一样，游标变量操作也包括打开、提取和关闭 3 个步骤。

(1) 打开游标变量。使用 OPEN…FOR 语句。格式为：

```
OPEN {cursor_variable_name | :host_cursor_variable_name}
    FOR select_statement;
```

其中：cursor_variable_name 为游标变量， host_cursor_variable_name 为 PL/SQL 主机环境（如 Oracle Call Interface（OCI），Pro*c 程序等）中声明的游标变量。OPEN…FOR 语句可以在关闭当前的游标变量之前重新打开游标变量，而不会导致 CURSOR_ALREAD_OPEN 异常错误。新打开游标变量时，前一个查询的内存处理区将被释放。

(2) 提取游标变量数据。使用 FETCH 语句提取游标变量结果集合中的数据。格式为：

```
FETCH {cursor_variable_name |:host_cursor_variable_name}
    INTO {variable [, variable]…| record_variable};
```

其中：cursor_variable_name 和 host_cursor_variable_name 分别为游标变量和宿主游标变量名称；variable 和 record_variable 分别为普通变量和记录变量名称。

(3) 关闭游标变量。使用 CLOSE 语句关闭游标变量，格式为：

```
CLOSE {cursor_variable_name |:host_cursor_variable_name}
```

其中：cursor_variable_name 和 host_cursor_variable_name 分别为游标变量和宿主游标变量名称，如果应用程序试图关闭一个未打开的游标变量，将导致 INVALID_CURSOR 异常错误。

例 7-18　强类型参照游标变量类型。

```
DECLARE
TYPE emp_job_rec IS RECORD (
    Employee_id empempno%TYPE,
    Employee_name empename%TYPE,
    Job_title empjob%TYPE);
TYPE emp_job_refcur_type IS REF CURSOR RETURN emp_job_rec;
Emp_refcur emp_job_refcur_type;
Emp_job emp_job_rec;
```

例 7-19

```
BEGIN
    OPEN emp_refcur FOR
SELECT empno, ename, job FROM emp ORDER BY deptno;
FETCH emp_refcur INTO emp_job;
WHILE emp_refcur%FOUND LOOP
DBMS_OUTPUTPUT_LINE (emp_jobemployee_id||': '||emp_jobemployee_name||
        ' is a '||emp_jobjob_title);
FETCH emp_refcur INTO emp_job;
END LOOP;
END;
```

例 7-20　弱类型参照游标变量类型。

```
DECLARE
Type refcur_t IS REF CURSOR;
Refcur refcur_t;
TYPE sample_rec_type IS RECORD (
    Id number,
    Description VARCHAR2 (30));
Sample sample_rec_type;
Selectionvarchar2 (1):= UPPER (SUBSTR ('&tab', 1, 1));
```

7.5　Oracle 系统函数

Oracle SQL 提供了特殊函数用于执行特定的操作，这些功能大大提高了函数的 SQL 语言。函数可以采用零个或多个输入参数，并返回一个输出。

1. 单行函数

每一个单行函数应用在表的记录中时，参与运算的参数可是一个或多个，但是返回的结果只能是一个，如 MOD(x，y)返回 x 除以 y 的余数(x 和 y 可以是两个整数，也可以是表中的整数列)。常用的单行函数如下。

- 字符函数：对字符串操作。
- 数字函数：对数字进行计算，返回一个数字。
- 转换函数：可以将一种数据类型转换为另外一种数据类型。
- 日期函数：对日期和时间进行处理。

1) 字符函数

字符函数接受字符参数，这些参数可以是表中的列，也可以是一个字符串表达式。表 7.12 列出了常用的字符函数。

表 7.12 PL/SQL 常用字符函数

函　数	说　明
ASCII(x)	返回字符 x 的 ASCII 码
CONCAT(x，y)	连接字符串 x 和 y
INSTR(x， str [，start] ，n)	在 x 中查找 str，可以指定从 start 开始，也可以指定从第 n 次开始
LENGTH(x)	返回 x 的长度
LOWER(x)	x 转换为小写
UPPER(x)	x 转换为大写
LTRIM(x[，trim_str])	把 x 的左边截去 trim_str 字符串，缺省截去空格
RTRIM(x[，trim_str])	把 x 的右边截去 trim_str 字符串，缺省截去空格
TRIM([trim_str FROM] x)	把 x 的两边截去 trim_str 字符串，缺省截去空格
REPLACE(x，old，new)	在 x 中查找 old，并替换为 new
SUBSTR(x，start[，length])	返回 x 的字串，从 start 处开始，截取 length 个字符，缺省 length，默认到结尾

字符函数实例如表 7.13 所示。

表 7.13 PL/SQL 字符函数实例

实　例	实 例 结 果
SELECT ASCII('a') FROM DUAL	97
SELECT CONCAT('Hello'， ' world') FROM DUAL	Hello world
SELECT INSTR('Hello world'，'or') FROM DUAL	8
SELECT LENGTH('Hello') FROM DUAL	5
SELECT LOWER('hEllO') FROM DUAL;	hello
SELECT UPPER('hello') FROM DUAL	HELLO
SELECT LTRIM('===HELLO==='， '=') FROM DUAL	HELLO===
SELECT '=='||LTRIM(' HELLO===') FROM DUAL	==HELLO===
SELECT RTRIM('===HELLO==='， '=') FROM DUAL	===HELLO
SELECT '='||TRIM(' HELLO ')||'=' FROM DUAL	=HELLO=
SELECT TRIM('=' FROM '===HELLO===') FROM DUAL	HELLO
SELECT REPLACE('ABCDE'，'CD'，'AAA') FROM DUAL	ABAAAE
SELECT SUBSTR('ABCDE'，2) FROM DUAL	BCDE
SELECT SUBSTR('ABCDE'，2，3) FROM DUAL	BCD

2）数字函数

数字函数接受数字参数，参数可以来自表中的一列，也可以是一个数字表达式，如表 7.14 所示。

表 7.14 PL/SQL 数字函数

函　数	说　明	示　例
ABS(x)	x 绝对值	ABS(-3)=3
ACOS(x)	x 的反余弦	ACOS(1)=0
COS(x)	余弦	COS(1)=1.57079633
CEIL(x)	大于或等于 x 的最小值	CEIL(5.4)=6
FLOOR(x)	小于或等于 x 的最大值	FLOOR(5.8)=5
LOG(x, y)	x 为底 y 的对数	LOG(2，4)=2
MOD(x, y)	x 除以 y 的余数	MOD(8，3)=2
POWER(x, y)	x 的 y 次幂	POWER(2，3)=8
ROUND(x[, y])	x 在第 y 位四舍五入	ROUND(3.456，2)=3.46
SQRT(x)	x 的平方根	SQRT(4)=2
TRUNC(x[, y])	x 在第 y 位截断	TRUNC(3.456，2)=3.45

说明

(1) ROUND(X[，Y])，四舍五入。

- 在缺省 y 时，默认 y=0，如 ROUND(3.56)=4。
- y 是正整数，四舍五入到小数点后 y 位，如 ROUND(5.654, 2)=5.65。
- y 是负整数，四舍五入到小数点左边|y|位，如 ROUND(351.654, –2)=400。

(2) TRUNC(x[，y])，直接截取，不四舍五入。

- 在缺省 y 时，默认 y=0，如 TRUNC (3.56)=3。
- y 是正整数，四舍五入到小数点后 y 位，如 TRUNC (5.654, 2)=5.65。
- y 是负整数，四舍五入到小数点左边|y|位，如 TRUNC (351.654, –2)=300。

3) 日期函数

日期函数对日期进行运算。常用的日期函数如下：

(1) ADD_MONTHS(d，n)，在某一个日期 d 上，加上指定的月数 n，返回计算后的新日期。d 表示日期，n 表示要加的月数，如图 7.1 所示。

(2) LAST_DAY(d)，返回指定日期当月的最后一天，如图 7.2 所示。

(3) ROUND(d[，fmt])，返回一个以 fmt 为格式的四舍五入日期值，d 是日期，fmt 是格式模型。默认 fmt 为 DDD，即月中的某一天，如图 7.3 所示。

• 如果 fmt 为 YEAR 则舍入到某年的 1 月 1 日，即前半年舍去，后半年作为下一年。

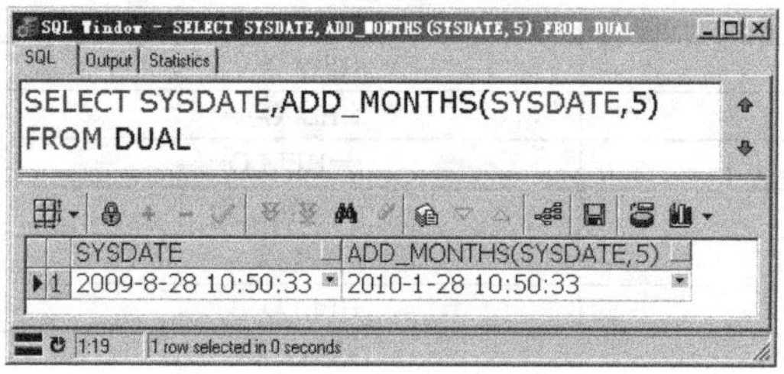

图 7.1　ADD_MONTHS 实例

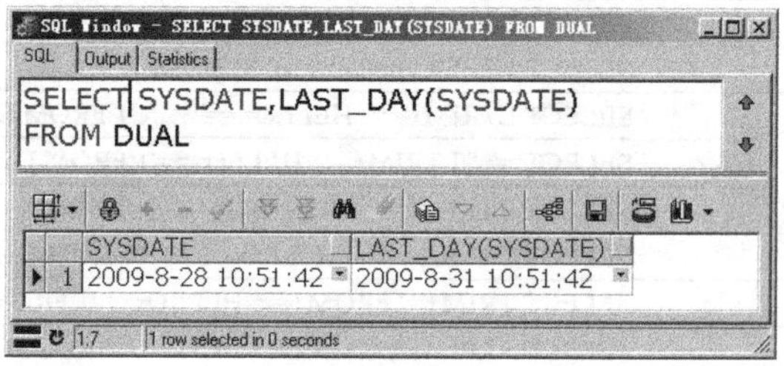

图 7.2　LAST_DAY 实例

• 如果 fmt 为 MONTH 则舍入到某月的 1 日，即前月舍去，后半月作为下一月。

• 默认 fmt 为 DDD，即月中的某一天，最靠近的天，前半天舍去，后半天作为第二天。

• 如果 fmt 为 DAY 则舍入到最近的周的周日，即上半周舍去，下半周作为下一周周日。

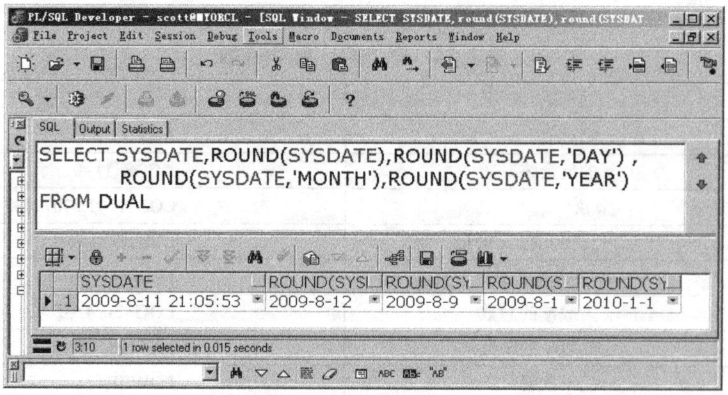

图 7.3　ROUND 实例

与 ROUND 对应的函数是 TRUNC(d[，fmt])，对日期的操作，TRUNC 与 ROUND 非常相似，只是不对日期进行舍入，直接截取到对应格式的第一天。

(4) EXTRACT(fmt FROM d)，提取日期中的特定部分(图 7.4)。

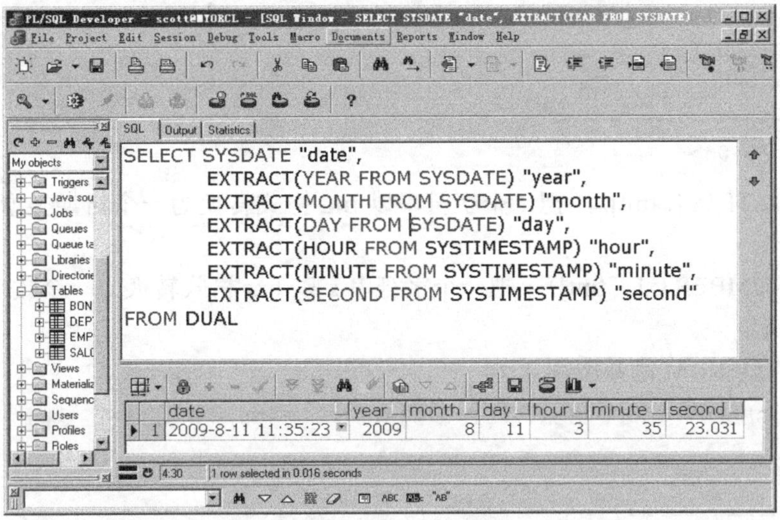

图 7.4 EXTRACT 实例

fmt 为 YEAR、MONTH、DAY、HOUR、MINUTE、SECOND。其中 YEAR、MONTH、DAY 可以与 DATE 类型匹配，也可以与 TIMESTAMP 类型匹配，但是 HOUR、MINUTE、SECOND 必须与 TIMESTAMP 类型匹配。

HOUR 匹配的结果中没有加上时区，因此在中国运行的结果少 8 小时。

4) 转换函数

转换函数将值从一种数据类型转换为另一种数据类型，常用的转换函数如下。

(1) TO_CHAR (d|n [, fmt])，把日期和数字转换为指定格式的字符串。fmt 是格式化字符串，日期的格式化字符串前面已经学习过。

例 7-21 TO_CHAR 对日期的处理。

```
SQL> SELECT TO_CHAR(SYSDATE, 'YYYY"年"MM"月"DD"日" HH24:MI:SS') "date"
  FROM DUAL;
date
------------------------
2013年05月11日 12:06:00
```

代码解析：

在格式化字符串中，使用双引号对非格式化字符进行引用。

针对数字的格式化字符如表 7.15 所示。

表 7.15 PL/SQL 格式化字符串

参　数	示　例	说　明
9	999	指定位置处显示数字
.	9.9	指定位置返回小数点
,	99，99	指定位置返回一个逗号
$	$999	数字开头返回一个美元符号
EEEE	9.99EEEE	科学记数法表示
L	L999	数字前加一个本地货币符号
PR	999PR	如果数字是负数则用尖括号进行表示

例 7-22　TO_CHAR 对数字的处理。

```
SQL> SELECT TO_CHAR(-123123.45, 'L9.9EEEEPR') "date"
  FROM DUAL
 date
--------------------
<￥1.2E+05>
```

(2) TO_DATE(x [, fmt])，把一个字符串以 fmt 格式转换为一个日期类型，前面已经学习过。

(3) TO_NUMBER(x[, fmt])，把一个字符串 x 以 fmt 格式转换为一个数字。fmt 格式字符如表 7.15 所示。

例 7-23　TO_NUM 函数应用。

```
SQL> SELECT TO_NUMBER('-$12, 345.67', '$99, 999.99') "NUM"
  FROM DUAL
   NUM
---------------
 -12345.67
```

(4) NVL(x, value)，如果 x 为空，返回 value，否则返回 x。

例 7-24　对工资 2000 元以下的员工，如果没有发奖金，每人奖金 100 元。

```
SQL> SELECT ENAME, JOB, SAL, NVL(COMM, 100) FROM EMP WHERE SAL<2000;
ENAME         JOB          SAL       NVL(COMM, 100)
SMITH         CLERK        800       100
ALLEN         SALESMAN     1600      300
WARD          SALESMAN     1250      500
MARTIN        SALESMAN     1250      1400
TURNER        SALESMAN     1500      50
ADAMS         CLERK        1100      100
JAMES         CLERK        950       100
7 rows selected
```

(5) NVL2(x, value1, value2)，如果 x 非空，返回 value1，否则返回 value2。

例 7-25　对 EMP 表中工资为 2000 元以下的员工，如果没有奖金，则奖金设为 200 元；如果有奖金，则在原来的奖金基础上加 100 元。

```
SQL> SELECT ENAME, JOB, SAL, NVL2(COMM, comm+100, 200) "comm"
  2  FROM EMP WHERE SAL<2000;
ENAME         JOB          SAL       comm
SMITH         CLERK        800       200
ALLEN         SALESMAN     1600      400
WARD          SALESMAN     1250      600
MARTIN        SALESMAN     1250      1500
TURNER        SALESMAN     1500      150
ADAMS         CLERK        1100      200
JAMES         CLERK        950       200
MILLER        CLERK        1300      200
8 rows selected
```

2. 聚合函数

聚合函数可同时对一组数据进行操作，返回一行结果，如计算一组数据的总和、平均值等，如表 7.16 所示。

表 7.16　PL/SQL 聚合函数

名　称	作　用	语　法
AVG	平均值	AVG(表达式)
SUM	求和	SUM(表达式)
MIN、MAX	最小值、最大值	MIN(表达式)、MAX(表达式)
COUNT	数据统计	COUNT(表达式)

例 7-26　求本月所有员工的基本工资总和。

```
SQL> select sum(sal) from emp;
  SUM(SAL)
----------------
     29025
```

例 7-27　求不同部门的平均工资。

```
SQL> SELECT DEPTNO, AVG(SAL) FROM EMP GROUP BY DEPTNO;
DEPTNO   AVG(SAL)
--------------------
    30 1566.66666
    20    2175
    10 2916.66666
```

7.6　过　　程

存储过程和函数也是一种存入数据库的 PL/SQL 块。但存储过程和函数不同于已经介绍过的 PL/SQL 程序，我们通常把 PL/SQL 程序称为无名块，而存储过程和函数是以命名的方式存储于数据库中的。和 PL/SQL 程序相比，存储过程有很多优点，具体归纳如下：

(1) 存储过程和函数以命名的数据库对象形式存储于数据库当中，其优点是很明显的，因为代码不保存在本地，用户可以在任何客户机上登录到数据库，并调用或修改代码。

(2) 存储过程和函数可由数据库提供安全保证，要想使用存储过程和函数，需要有存储过程和函数的所有者的授权，只有被授权的用户或创建者本身才能执行存储过程或调用函数。

(3) 存储过程和函数的信息是写入数据字典的，所以存储过程可以看作是一个公用模块，用户编写的 PL/SQL 程序或其他存储过程都可以调用它(但存储过程和函数不能调用 PL/SQL 程序)。一个重复使用的功能，可以设计成为存储过程，如显示一张工资统计表，可以设计成为存储过程；一个经常调用的计算，也可以设计成为存储函数，如根据雇员编号返回雇员的姓名，可以设计成存储函数。

(4) 像其他高级语言的过程和函数一样，可以给存储过程或函数传递参数，参数的传递也有多种方式。存储过程可以有返回值，也可以没有返回值，存储过程的返回值必须通过参数带回；函数有一定的数据类型，与其他的标准函数一样，我们可以通过对函数名的调用返回函数值。存储过程和函数需要进行编译，以排除语法错误，只有编译通过才能调用。

7.6.1 创建和删除存储过程

创建存储过程，需要有 CREATE PROCEDURE 或 CREATEANY PROCEDURE 的系统权限。该权限可由系统管理员授予。创建一个存储过程的基本语句如下：

```
CREATE [OR REPLACE] PROCEDURE 存储过程名[(参数[IN|OUT|IN OUT] 数据类型···)]
{AS|IS}
[说明部分]
BEGIN
可执行部分
[EXCEPTION
错误处理部分]
END[过程名];
```

其中：

- 可选关键字 OR REPLACE 表示如果存储过程已经存在，则用新的存储过程覆盖，通常用于存储过程的重建。
- 参数部分用于定义多个参数(如果没有参数，就可以省略)。参数有三种形式：IN、OUT 和 IN OUT。如果没有指明参数的形式，则默认为 IN。
- 关键字 AS 也可以写成 IS，后跟过程的说明部分，可以在此定义过程的局部变量。

编写存储过程可以使用任何文本编辑器，或者直接在 SQL*Plus 或 PL/SQL 环境下进行，编写好的存储过程必须要在 SQL*Plus 或 PL/SQL 环境下进行编译，生成编译代码，原代码和编译代码在编译过程中都会被存入数据库。编译成功的存储过程就可以在 Oracle 环境下进行调用了。

一个存储过程在不需要时可以删除。删除存储过程的人是过程的创建者或拥有 DROP ANY PROCEDURE 系统权限的人。删除存储过程的语法如下：

```
DROP PROCEDURE 存储过程名;
```

如果要重新编译一个存储过程，则只能是过程的创建者或拥有 ALTER ANY PROCEDURE 系统权限的人。语法如下：

```
ALTER PROCEDURE 存储过程名 COMPILE;
```

7.6.2 调用无参存储过程

执行(或调用)存储过程的人是过程的创建者或是拥有 EXECUTE ANY PROCEDURE 系统权限的人或是被拥有者授予 EXECUTE 权限的人。执行的方法如下：

方法 1：

```
EXECUTE 模式名.存储过程名[(参数…)];
```

方法 2：

```
BEGIN
 模式名.存储过程名[(参数…)];
END;
```

传递的参数必须与定义的参数类型、个数和顺序一致(如果参数定义了默认值，则调用时可以省略参数)。参数可以是变量、常量或表达式。

如果是调用本账户下的存储过程，则模式名可以省略。要调用其他账户编写的存储过程，则模式名必须要添加。

以下是一个生成和调用简单存储过程的训练。注意要事先授予创建存储过程的权限。

1. 调用无参存储过程

例 7-28 创建一个显示雇员总人数的存储过程。

步骤 1：登录 SCOTT 账户。

步骤 2：在 SQL*Plus 输入区中，输入以下存储过程：

```
CREATE OR REPLACE PROCEDURE EMP_COUNT
AS
 V_TOTAL NUMBER(10);
BEGIN
 SELECT COUNT(*) INTO V_TOTAL FROM EMP;
 DBMS_OUTPUT.PUT_LINE('雇员总人数为：'||V_TOTAL);
END;
```

步骤 3：按“执行”按钮进行编译。如果存在错误，就会显示：

```
 警告：创建的过程带有编译错误。
```

存在错误时，需对脚本进行修改，直到没有错误产生。如果编译结果正确，将显示：

```
过程已创建。
```

步骤 4：调用存储过程，在输入区中输入以下语句并执行：

```
EXECUTE EMP_COUNT;
```

显示结果为：

```
雇员总人数为：14
```

说明 在例 7-28 中，V_TOTAL 变量是存储过程定义的局部变量，用于接收查询到的雇员总人数。

注意 在 SQL*Plus 中输入存储过程，按“执行”按钮是进行编译，不是执行存储过程。

如果在存储过程中引用了其他用户的对象，如表，则必须有其他用户授予的对象访问权限。一个存储过程一旦编译成功，就可以由其他用户或程序来引用。但存储过程或函数的所有者必须授予其他用户执行该过程的权限。

存储过程没有参数，在调用时，直接写过程名即可。

例 7-29 在 PL/SQL 程序中调用存储过程。

步骤 1：登录 SCOTT 账户。

步骤 2：授权 STUDENT 账户使用该存储过程，即在 SQL*Plus 输入区中，输入以下的命令：

```
GRANT EXECUTE ON EMP_COUNT TO STUDENT
```

授权成功。

步骤 3：登录 STUDENT 账户，在 SQL*Plus 输入区中输入以下程序：

```
SET SERVEROUTPUT ON
BEGIN
  SCOTT.EMP_COUNT;
END;
```

步骤 4：执行以上程序，结果为：

```
雇员总人数为：14
```

PL/SQL 过程已成功完成。

说明 在本例中， 存储过程是由 SCOTT 账户创建的，STUDEN 账户获得 SCOTT 账户的授权后，才能调用该存储过程。

注意 在程序中调用存储过程，使用了第二种语法。

2. 在存储过程中调用存储过程

例 7-30 编写显示雇员信息的存储过程 EMP_LIST，并引用 EMP_COUNT 存储过程。

步骤 1：在 SQL*Plus 输入区中输入并编译以下存储过程：

```
CREATE OR REPLACE PROCEDURE EMP_LIST
AS
CURSOR emp_cursor IS
 SELECT empno,ename FROM emp;
 BEGIN FOR Emp_record IN emp_cursor LOOP
 DBMS_OUTPUT.PUT_LINE(Emp_record.empno||Emp_record.
 ename);
 END LOOP;
EMP_COUNT;
END;
```

执行结果：

```
过程已创建。
```

步骤 2：调用存储过程，在输入区中输入以下语句并执行：

```
EXECU 4 磅 TE EMP_LIST
```

显示结果为：

```
7369SMITH
7499ALLEN
7521WARD
7566JONES
```

执行结果：

```
雇员总人数为：14
```

说明 以上的 EMP_LIST 存储过程中定义并使用了游标，用来循环显示所有雇员的信息。然后调用已经成功编译的存储过程 EMP_COUNT，用来附加显示雇员总人数。通过 EXECUTE 命令来执行 EMP_LIST 存储过程。

7.6.3 存储过程中的参数

参数的作用是向存储过程传递数据，或从存储过程获得返回结果。正确地使用参数可以大大增加存储过程的灵活性和通用性。参数的类型有三种：

IN　　　　定义一个输入参数变量，用于传递参数给存储过程
OUT　　　定义一个输出参数变量，用于从存储过程获取数据
IN OUT　　定义一个输入、输出参数变量，兼有以上两者的功能

参数的定义形式和作用如下：

```
参数名 IN 数据类型 DEFAULT 值;
```

定义一个输入参数变量，用于传递参数给存储过程。在调用存储过程时，主程序的实际参数可以是常量、有值变量或表达式等。DEFAULT 关键字为可选项，用来设定参数的默认值。如果在调用存储过程时不指明参数，则参数变量取默认值。在存储过程中，输入变量接收主程序传递的值，但不能对其进行赋值。

```
参数名 OUT 数据类型;
```

定义一个输出参数变量，用于从存储过程获取数据，即变量从存储过程中返回值给主程序。在调用存储过程时，主程序的实际参数只能是一个变量，而不能是常量或表达式。在存储过程中，参数变量只能被赋值而不能将其用于赋值，在存储过程中必须给输出变量至少赋值一次。

```
参数名 IN OUT 数据类型 DEFAULT 值;
```

定义一个输入、输出参数变量，兼有以上两者的功能。在调用存储过程时，主程序的实际参数只能是一个变量，而不能是常量或表达式。DEFAULT 关键字为可选项，用来设定参数的默认值。在存储过程中，变量接收主程序传递的值，同时可以参加赋值运算，也可以对其进行赋值。在存储过程中必须给变量至少赋值一次。

如果省略 IN、OUT 或 IN OUT，则默认模式是 IN。

1. 调用 in 参数存储过程

例 7-31 编写给雇员增加工资的存储过程 CHANGE_SALARY，通过 IN 类型的参数传递要增加工资的雇员编号和增加的工资额。

步骤 1：登录 SCOTT 账户。

步骤 2：在 SQL*Plus 输入区中输入以下存储过程并执行：

```
CREATE OR REPLACE PROCEDURE
CHANGE_SALARY(P_EMPNO IN NUMBER DEFAULT 7788,P_RAISE NUMBER DEFAULT 10)
AS
V_ENAME VARCHAR2(10);
V_SAL NUMBER(5);
BEGIN
SELECT ENAME,SAL INTO V_ENAME,V_SAL FROM EMP
WHERE EMPNO=P_EMPNO;
UPDATE EMP SET SAL=SAL+P_RAISE WHERE
EMPNO=P_EMPNO;
DBMS_OUTPUT.PUT_LINE('雇员'||V_ENAME||'的工资被改为'||TO_CHAR(V_SAL+P_RAISE));
COMMIT;
EXCEPTION
WHEN OTHERS THEN
DBMS_OUTPUT.PUT_LINE('发生错误，修改失败！');
ROLLBACK;
END;
```

执行结果为：

```
过程已创建。
```

步骤 3：调用存储过程，在输入区中输入以下语句并执行：

```
EXECUTE CHANGE_SALARY(7788,80)
```

显示结果为：

```
雇员 SCOTT 的工资被改为 3080
```

说明 从执行结果可以看到，雇员 SCOTT 的工资已由原来的 3000 改为 3080。

参数的值由调用者传递，传递的参数的个数、类型和顺序应该和定义的一致。如果顺序不一致，可以采用以下调用方法，如例 7-31 中，执行语句可以改为：

```
EXECUTE CHANGE_SALARY(P_RAISE=>80,P_EMPNO=>7788);
```

可以看出传递参数的顺序发生了变化，并且明确指出了参数名和要传递的值，=>运算符左侧是参数名，右侧是参数表达式，这种赋值方法的意义较清楚。

例 7-32 调用存储过程 CHANGE_SALARY，不传递参数，使用默认参数值。

在 SQL*Plus 输入区中输入以下命令并执行：

```
EXECUTE CHANGE_SALARY
```

显示结果为：

```
雇员 SCOTT 的工资被改为 3090
```

说明 在存储过程的调用中没有传递参数，而是采用了默认值 7788 和 10，即默认雇员号为 7788，增加的工资为 10。

2. 调用 out 参数存储过程

例 7-33 使用 OUT 类型的参数返回存储过程的结果。

步骤 1：登录 SCOTT 账户。

步骤 2：在 SQL*Plus 输入区中输入并编译以下存储过程：

```
CREATE OR REPLACE PROCEDURE EMP_COUNT(P_TOTAL OUT NUMBER)
AS
BEGIN
SELECT COUNT(*) INTO P_TOTAL FROM EMP;
END;
```

执行结果为：

```
过程已创建。
```

步骤 3：输入以下程序并执行：

```
DECLARE
V_EMPCOUNT NUMBER;
BEGIN
EMP_COUNT(V_EMPCOUNT);
DBMS_OUTPUT.PUT_LINE(' 雇员总人数为:
'||V_EMPCOUNT);
END;
```

显示结果为：

```
雇员总人数为：14
```

PL/SQL 过程已成功完成。

说明　在存储过程中定义了 OUT 类型的参数 P_TOTAL，在主程序调用该存储过程时，传递了参数 V_EMPCOUNT。在存储过程中的 SELECT…INTO… 语句中对 P_TOTAL 进行赋值，赋值结果由 V_EMPCOUNT 变量带回给主程序并显示。

3. 调用 in out 型参数存储过程

例 7-33　使用 IN OUT 类型的参数，给电话号码增加区码。

步骤 1：登录 SCOTT 账户。

步骤 2：在 SQL*Plus 输入区中输入并编译以下存储过程：

```
CREATE OR REPLACE PROCEDURE
ADD_REGION(P_HPONE_NUM IN OUT VARCHAR2)
AS
BEGIN
P_HPONE_NUM:='024-'||P_HPONE_NUM;
END;
```

执行结果为：

```
过程已创建。
```

步骤 3：输入以下程序并执行：

```
SET SERVEROUTPUT ON
DECLARE
V_PHONE_NUM VARCHAR2(15);
BEGIN
V_PHONE_NUM:='26731092';
ADD_REGION(V_PHONE_NUM);
DBMS_OUTPUT.PUT_LINE('新的电话号码：'||V_PHONE_NUM);
END;
```

显示结果为：

```
新的电话号码：024-26731092
```

PL/SQL 过程已成功完成。

说明　变量 V_HPONE_NUM 既用来向存储过程传递旧电话号码，也用来向主程序返回新号码。新的号码在原来基础上增加了区号 024 和连接符“-”。

7.7 函　　数

函数类似于过程，遵循与过程相同的规则。但是函数必须有返回值。

7.7.1 创建函数

函数创建首先需要创建者具有创建函数的心痛权限；创建存储函数的语法类似于创建存储过程的语法：其语法格式为：

```
CREATE [OR REPLACE] FUNCTION 函数名[(参数[IN] 数据类型…)]
RETURN 数据类型
{AS|IS}
[说明部分]
```

```
BEGIN
可执行部分
RETURN (表达式)
[EXCEPTION
错误处理部分]
END [函数名];
```

其中：

• 参数是可选的，但只能是IN类型(IN关键字可以省略)。

• 在定义部分的RETURN 数据类型，用来表示函数的数据类型，也就是返回值的类型，此部分不可省略。

• 在可执行的部分返回(表达式)，用于生成函数的返回值，表达式的类型和定义函数返回值的数据类型必须一致。在函数体执行过程中，可以出现多次Return语句，但返回的结果在函数体内只能执行一次，并且返回结果的类型必须和定义函数的返回类型一致。

简单的函数如下：

```
Create or replace function Fn_First
 return varchar2 --不需要长度
Is
  Result varchar2(100); --declare，长度定义
Begin
  NULL;
Return Result;
End Fn_First;
```

例 7-33 判断一个职工工资是否超出范围的函数。

```
FUNCTION SAL_OK (SALARY REAL, TITLE CHAR)
RETURN BOOEAN IS
MAX_SAL REAL;
MIN_SAL REAL;
BEGIN
    SELECT LOSAL, HISAL INTO MIN_SAL, AMX_SAL
    FROM SALS WHERE JOB=TITLE;
    RETURN (SALARY>=MIN_SAL) AND (SALARY<=MAX_SAL);
END SAL_OK;
```

当函数调用时，接受一个工人工资值和工人名称，在函数体内部判断该工人的工资是否在规定的范围内。

函数调用时也可以作为表达式的一部分参与到运算中来，这和高级程序语言是一致的。例如：

```
IF SAL_OK (NEW_SAL, NEW_TITLE) THEN
    …
END IF;
    …
PROMOTABLE: =SAL_OK (NEW_SAL, NEW_TITLE) AND (RATING>3);
```

函数用于返回特定的数据，当构建函数时，函数声明部分必须包括 return 子句，在函数体内部必须具有return语句，在此返回的数据类型必须和声明的一致。例如：

```
--输入雇员的姓名，返回该雇员的年薪
Create function annual_incomec (name varchar2)
Return number is
Annual_salazy number (7, 2);
Begin
    --执行部分
    Select sal*12+nvl(comm, 0) into annual_salazy from EMP where ename=name;
    Return annual_salazy;
End;
```

例 7-34 创建一个通过雇员编号返回雇员名的函数 GET_EMP_NAME。

步骤 1：登录 SCOTT 账户。

步骤 2：在 SQL*Plus 输入区中输入以下存储函数并编译。

```
CREATE OR REPLACE FUNCTION GEG_EMP_NAME(P_EMPNO NUMBER DEFAULT 7788)
    RETURN VARCHAR2
    AS
    V_ENAME VARCHAR2(10);
BEGIN
    SELECT ENAME INTO V_ENAME FROM EMP MHERE EMPNO=P_EMPNO;
     RETURN(V_ENAME);
  EXCEPTION
    WHEN NO_DATA_FOUND THEN
    DBMS_OUTPUT.PUT_LINE('没有该编号号雇员!');
    RETURN(NULL);
   WHEN TOO_MANY_ROWS THEN
    DBMS_OUTPUT.PUT_LINE('有重复雇员编号!');
    RETURN(NULL);
   WHEN OTHERS THEN
    DBMS_OUTPUT.PUT_LINE('发生其他错误!');
    RETURN(NULL);
 END;
```

步骤 3：调用该存储函数，输入并执行以下程序。

```
BEGIN
    DBMS_OUTPUT.PUT_LINE('雇员 7369 的名称是：'||GEG_EMP_NAME(7369));
    DBMS_OUTPUT.PUT_LINE('雇员 7839 的名称是：'||GEG_EMP_NAME(7839));
END;
```

显示结果如下：

```
雇员 7369 的名称是：SMITH
雇员 7839 的名称是：KING
PL/SQL 过程已成功完成。
```

7.7.2 函数调用

1. 直接调用

```
Declare
Var_strvarchar (100);
```

```
Begin
  var_str:= fn_first ();
  dbms_output。put_line (var_str);
End;
```

2. 在语句中调用

```
Select t *, fn_first () from t_mc t;
```

如果函数创建过程有编译错误，可以使用“show error;”命令显示错误。

3. 在 SQL*Plus 中调用

```
SQL> var income number
SQL> call annual_incomec ('scott') into: income;
SQL> print income
```

同样可以在 Java 程序中调用该函数。

```
Select annual_income ('SCOTT') from dual;
```

例 7-35 查询过程 GET_EMP_NAME 的参数。

在 SQL*Plus 中输入并执行如下查询。

```
    DESCRIBE GET_EMP_NAME
```

结果如下：

```
FUNCTION GEG_EMP_NAME RETURNS VARCHAR2
参数名称            类型          输入/输出默认值?
-----------------------------------------------------------------
P_EMPNO            NUMBER(4)IN       DEFAULT
```

7.7.3 函数的修改与删除

一个存储函数在不需要时可以删除，但删除的人应是函数的创建者或是拥有 DROP ANY PROCEDURE 系统权限的人。其语法如下：

```
DROP FUNCTION 函数名;
```

修改函数时，修改人应是函数的创建者或拥有 ALTER ANY PROCEDURE 系统权限的人。修改函数的语法如下：

```
ALTER PROCEDURE 函数名 COMPILE;
```

7.8 包

1. 包的概念和组成

包是用来存储相关程序结构的对象，它存储于数据字典中。包由两个分离的部分组成：包头(PACKAGE)和包体(PACKAGE BODY)。包头是包的说明部分，是对外的操作接口，对应用是可见的；包体是包的代码和实现部分，对应用来说是不可见的黑盒。

包中可以包含的程序结构如下：

过程(PROCUDURE)　　　带参数的命名的程序模块

函数(FUNCTION)	带参数、具有返回值的命名的程序模块
变量(VARIABLE)	存储变化的量的存储单元
常量(CONSTANT)	存储不变的量的存储单元
游标(CURSOR)	用户定义的数据操作缓存区，在可执行部分使用
类型(TYPE)	用户定义的新的结构类型
异常(EXCEPTION)	在标准包中定义或由用户自定义，用于处理程序错误

说明部分可以出现在包的三个不同的部分：出现在包头中的称为公有元素，出现在包体中的称为私有元素，出现在包体的过程(或函数)中的称为局部变量。它们的性质各不相同：

- 公有元素(PUBLIC)，在包头中说明，在包体中具体定义在包外可见并可以访问，对整个应用的全过程有效。
- 私有元素(PRIVATE)，在包体的说明部分说明，只能被包内部的其他部分访问。
- 局部变量(LOCAL)，在过程或函数的说明部分说明，只能在定义变量的过程或函数中使用。

在包体中出现的过程或函数，如果需要对外公用，就必须在包头中说明，包头中的说明应该和包体中的说明一致。

包有以下优点：

(1) 包可以方便地将存储过程和函数组织到一起，每个包又是相互独立的。在不同的包中，过程、函数都可以重名，这解决了在同一个用户环境中命名的冲突问题。

(2) 包增强了对存储过程和函数的安全管理，对整个包的访问权只需一次授予。

(3) 在同一个会话中，公用变量的值将被保留，直到会话结束。

(4) 区分了公有过程和私有过程，包体的私有过程增加了过程和函数的保密性。

(5) 包在被首次调用时，就作为一个整体被全部调入内存，减少了多次访问过程或函数的 I/O 次数。

2. 创建包和包体

包由包头和包体两部分组成，包的创建应该先创建包头部分，然后创建包体部分。创建、删除和编译包的权限与创建、删除和编译存储过程的权限相同。

创建包头的简要语句如下：

```
CREATE [OR REPLACE] PACKAGE 包名
{IS|AS}
公有变量定义
公有类型定义
公有游标定义
公有异常定义
函数说明
过程说明
END;
```

创建包体的简要语法如下：

```
CREATE [OR REPLACE] PACKAGE BODY 包名
{IS|AS}
私有变量定义
私有类型定义
```

```
私有游标定义
私有异常定义
函数定义
过程定义
END;
```

包的其他操作命令包括：

- 删除包头：

```
DROP PACKAGE 包头名
```

- 删除包体：

```
DROP PACKAGE BODY 包体名
```

- 重新编译包头：

```
ALTER PACKAGE 包名 COMPILE PACKAGE
```

- 重新编译包体：

```
ALTER PACKAGE 包名 COMPILE PACKAGE BODY
```

在包头中说明的对象可以在包外调用，调用的方法和调用单独的过程或函数的方法基本相同，唯一的区别就是要在调用的过程或函数名前加上包的名字(中间用“.”分隔)。但要注意，不同的会话将单独对包的公用变量进行初始化，所以不同的会话对包的调用属于不同的应用。

3. 系统包

Oracle 预定义了很多标准的系统包，这些包可以在应用中直接使用，如在上例中使用的 DBMS_OUTPUT 包就是系统包，常用系统包如下：

DBMS_OUTPUT	在 SQL*Plus 环境下输出信息。
DBMS_DDL	编辑过程函数和包。
DBMS_SESSION	改变用户的会话，初始化包等。
DBMS_TRANSACTION	控制数据库事务。
DBMS_MAIL	连接 Oracle*Mail。
DBMS_LOCK	进行复杂的锁机制管理。
DBMS_ALERT	识别数据库事件告警。
DBMS_PIPE	通过管道在会话间传递信息。
DBMS_JOB	管理 Oracle 的作用。
DBMS_LOB	操纵大对象。
DBMS_SQL	执行动态 SQL 语句。

4. 包的应用

在 SQL*Plus 环境下，包和包体可以分别编译，也可以一起编译。如果分别编译，则要先编译包头，后编译包体。如果在一起编译，则包头写在前，包体在后，中间用“/”分隔。

可以将已经存在的存储过程或函数添加到包中，方法是去掉过程或函数创建语句的 CREATE OR REPLACE 部分，将存储过程或函数复制到包体中，然后重新编译即可。

如果需要将私有过程或函数变成共有过程或函数的话，将过程或函数说明部分复制到包头说明部分，然后重新编译就可以了。

例 7-36 创建管理雇员信息的包 EMPLOYE，它具有从 EMP 表获得雇员信息，修改雇员名称，修改雇员工资和写回 EMP 表的功能。

（1）登录 SCOTT 账户，输入以下代码并编译。

```
CREATE OR REPLACE PACKAGE EMPLOYE  --包头部分
        IS
PROCEDURE SHOW_DETAIL;
PROCEDURE GET_EMPLOYE(P_EMPNO NUMBER);
PROCEDURE SAVE_EMPLOYE;
PROCEDURE CHANGE_NAME(P_NEWNAME VARCHAR2);
PROCEDURE CHANGE_SAL(P_NEWSAL NUMBER);
 END EMPLOYE;
 /
 CREATE OR REPLACE PACKAGE BODY EMPLOYE  --包体部分
 IS
EMPLOYE EMP%ROWTYPE;
-------------显示雇员信息-------------
    PROCEDURE SHOW_DETAIL
    AS
BEGIN
DBMS_OUTPUT.PUT_LINE('-----雇员信息----');
    DBMS_OUTPUT.PUT_LINE('雇员编号:'||EMPLOYE.EMPNO);
    DBMS_OUTPUT.PUT_LINE('雇员名称:'||EMPLOYE.ENAME);
    DBMS_OUTPUT.PUT_LINE('雇员职务:'||EMPLOYE.JOB);
    DBMS_OUTPUT.PUT_LINE('雇员工资:'||EMPLOYE.SAL);
    DBMS_OUTPUT.PUT_LINE('部分编号:'||EMPLOYE.DEPTNO);
    END SHOW_DETAIL;
---------------------从 EMP 表取得一个雇员---------------------
    PROCEDURE GET_EMPLOYE(P_EMPNO NUMBER)
    AS
    BEGIN
    SELECT * INTO EMPLOYE FROM EMP WHERE   EMPNO=P_EMPNO;
    EBMS_OUTPUT.PUT_LINE('获取雇员'||EMPLOYE.ENAME||'信息成功');
    EXCEPTION
    WHEN OTHERS THEN
      EBMS_OUTPUT.PUT_LINE('获取雇员信息发生错误！');
    END GET_EMPLOYE;
---------------------保存雇员到 EMP 表---------------------
    PROCEDURE SAVE_EMPLOYE
    AS
    BEGIN
    UPDATE EMP SET ENAME=EMPLOYE.ENAME, SAL=EMPLOYE.SAL WHERE
            EMPNO=EMPLOYE.EMPNO;
    EMPLOYE.EMPNO;
    DBMS_OUTPUT.PUT_LONE('雇员信息保存完成!');
    END SAVE_EMPLOYE;
```

```
----------------------修改雇员名称----------------------
    PROCEDURE CHANGE_NAME(P_NEWNAME VARCHAR2)
    AS
    BEGIN
    EMPLOYE.ENAME:=P_NEWNAME;
    DBMS_OUTPUT.PUT_LINE('修改名称完成!');
    END CHANGE_NAME;
----------------------修改雇员工资----------------------
    PROCEDURE CHANGE_SAL(P_NEWSAL NUMBER)
    AS
    BEGIN
    EMPLOYE.SAL:=P_NEWSAL;
    DBMS_OUTPUT.PUT_LINE('修改工资完成!');
    END CHANGE_SAL;
    END EMPLOYE;
```

(2) 获取雇员 7788 的信息:

```
SET SERVEROUTPUT ON
EXECUTE EMPLOYE.GET_EMPLOYE(7788);
```

结果如下:

```
获取雇员 SCOTT 信息成功
PL/SQL 过程已成功完成。
```

(3) 显示雇员信息:

```
EXECUTE EMPLOYE.SHOW_DETAIL;
```

结果如下:

```
---------------------雇员信息---------------------
        雇员编号: 7788
        雇员名称: SCOTT
        雇员职务: ANALYST
        雇员工资: 3000
        部门编号: 20
        PL/SQL:过程已成功完成。
```

(4) 修改雇员工资:

```
EXECUTE EMPLOYE.CHANGE_SAL(3800);
```

结果如下:

```
修改工资完成!
PL/SQL 过程已成功完成。
```

(5) 修改的雇员信息存入 EMP 表:

```
EXECUTE EMPLOYE.SAVE_EMPLOYE;
```

结果为:

```
雇员信息保存完成!
PL/SQL 过程已成功完成。
```

说明 该包完成将EMP表中的某个雇员的信息取入内存记录变量，在记录变量中进行修改编辑，在确认显示信息正确后写回EMP表的功能。记录变量EMPLOYE用来存储取得的雇员信息，定义为私有变量，只能被包的内部模块访问。

7.9 触 发 器

在Oracle中，触发器是一种特殊的存储过程，它在发生某种数据库事件时由Oracle系统自动触发。触发器通常用于加强数据的完整性约束和业务规则等，对于表来说，触发器可以实现比CHECK约束更为复杂的约束。

7.9.1 触发器简介

在Oracle中，触发器是一种特殊的存储过程，它在发生某种数据库事件时由Oracle系统自动触发触发器，通常用于加强数据的完整性约束和业务规则等。

触发器与存储过程的区别在于：存储过程是由用户或应用程序显式调用的，而触发器不能被直接调用，而是由一个事件来启动运行。即触发器是当某个事件发生时自动地隐式运行。

1. 触发器的功能

(1) 允许/限制对表的修改。
(2) 自动生成派生列，如自增字段。
(3) 强制数据一致性。
(4) 提供审计和日志记录。
(5) 防止无效的事务处理。
(6) 启用复杂的业务逻辑。

2. 触发器的优缺点

1) 优点

触发器可通过数据库中的相关表实现级联更改，但通过级联引用完整性约束可以更有效地执行这些更改。触发器可以强制比用CHECK约束定义的约束更为复杂的约束。与CHECK约束不同，触发器可以引用其他表中的列。例如，触发器可以使用另一个表中的SELECT比较插入或更新的数据，以及执行其他操作，如修改数据或显示用户定义错误信息。触发器也可以评估数据修改前后的表状态，并根据其差异采取对策。一个表中的多个同类触发器(INSERT、UPDATE或DELETE)允许采取多个不同的对策以响应同一个修改语句。

2) 缺点

触发器功能强大，能轻松可靠地实现许多复杂的功能，但是它也具有一些缺点，即由于滥用会造成数据库及应用程序的维护困难。在数据库操作中，可以通过关系、触发器、存储过程、应用程序等来实现数据操作。同时规则、约束、缺省值也是保证数据完整性的重要保障。如果对触发器过分依赖，势必影响数据库的结构，同时增加了维护的复杂程度。

3. 触发器的组成

触发事件：引起触发器被触发的事件。例如，DML语句(INSERT、UPDATE、DELETE

语句对表或视图执行数据处理操作)、DDL 语句(如 CREATE、ALTER、DROP 语句在数据库中创建、修改、删除模式对象)、数据库系统事件(如系统启动或退出、异常错误)、用户事件(如登录或退出数据库)。

触发时间：即该 TRIGGER 是在触发事件发生之前(BEFORE)还是之后(AFTER)触发，也就是触发事件和该 TRIGGER 的操作顺序。

触发操作：即该 TRIGGER 被触发之后的目的和意图，正是触发器本身要做的事情，如 PL/SQL 块。

触发对象：包括表、视图、模式、数据库。只有在这些对象上发生了符合触发条件的触发事件，才会执行触发操作。

触发条件：由 WHEN 子句指定一个逻辑表达式。只有当该表达式的值为 TRUE 时，遇到触发事件才会自动执行触发器，使其执行触发操作。

触发频率：说明触发器内定义的动作被执行的次数。即语句级(STATEMENT)触发器和行级(ROW)触发器。

7.9.2 创建触发器

Oracle 中触发器的类型主要有 DML 触发器、替代触发器、系统事件触发器和 DDL 触发器。创建触发器的一般语法如下：

```
CREATE [OR REPLACE] TIGGER 触发器名 触发时间 触发事件
    ON 表名
    [FOR EACH ROW]
    BEGIN
    pl/sql 语句
    END
```

其中：

• 触发器名：触发器对象的名称。由于触发器是数据库自动执行的，因此该名称只是一个名称，没有实质的用途。

• 触发时间：指明触发器何时执行，该值可取：

before—表示在数据库动作之前触发器执行；

after—表示在数据库动作之后出发器执行。

• 触发事件：指明哪些数据库动作会触发此触发器。

insert：数据库插入会触发此触发器；

update：数据库修改会触发此触发器；

delete：数据库删除会触发此触发器。

• 表名：数据库触发器所在的表。

• for each row：对表的每一行触发器执行一次。如果没有这一选项，则只对整个表执行一次。

每张表最多可建立 12 种类型的触发器，它们是：

- BEFORE INSERT；
- BEFORE INSERT FOR EACH ROW；
- AFTER INSERT；

- AFTER INSERT FOR EACH ROW；
- BEFORE UPDATE；
- BEFORE UPDATE FOR EACH ROW；
- AFTER UPDATE；
- AFTER UPDATE FOR EACH ROW；
- BEFORE DELETE；
- BEFORE DELETE FOR EACH ROW；
- AFTER DELETE；
- AFTER DELETE FOR EACH ROW。

1. DML 触发器

DML 触发器由 DML 语句触发，如 INSERT、UPDATE 和 DELETE 语句。针对所有的 DML 事件，按触发的时间可以将 DML 触发器分为 BEFORE 触发器与 AFTER 触发器，分别表示在 DML 事件发生之前与之后采取行动。另外，DML 触发器也可以分为语句级触发器与行级触发器，其中，语句级触发器针对某一条语句触发一次，而行级触发器则针对语句所影响的每一行都触发一次。例如，某条 UPDATE 语句修改了表中的 100 行数据，那么针对该 UPDATE 事件的语句级触发器将被触发一次，而行级触发器将被触发 100 次。

例 7-37 建立一个触发器，当职工表 emp 表被删除一条记录时，把被删除记录写到职工表删除日志表中去。

```
CREATE OR REPLACE TRIGGER tr_del_emp
   BEFORE DELETE --指定触发时机为删除操作前触发
ON scott.emp
FOR EACH ROW   --说明创建的是行级触发器
BECIN   --将修改前数据插入到日志记录表 dcl_cmp，以供监督使用。
INSERT INTO emp_his(deptno , empno, ename , job ,mgr , sal , comm , hiredate )
VALUES( :old.deptno, :old.empno, :old.ename , :old.job,:old.mgr, :old.sal,
     :old.comm, :old.hiredate );
 END;
```

2. 替代触发器

INSTEAD OF 触发器又称为替代触发器，用于执行一个替代操作来代替触发事件的操作。例如，针对 INSERT 事件的 INSTEAD OF 触发器，它由 INSERT 语句触发，当出现 INSERT 语句时，该语句不会被执行，而是执行 INSTEAD OF 触发器中定义的语句。创建 INSTEAD OF 触发器需要注意以下几点：

- 只能被创建在视图上，并且该视图没有指定 WITH CHECK OPTION 选项。
- 不能指定 BEFORE 或 AFTER 选项。
- FOR EACH ROW 子可是可选的，即 INSTEAD OF 触发器只能在行级上触发或只能是行级触发器，没有必要指定。
- 没有必要在针对一个表的视图上创建 INSTEAD OF 触发器，只要创建 DML 触发器就可以了。

3. 系统事件触发器

系统事件触发器在发生如数据库启动或关闭等系统事件时触发，包括数据库服务器的启动或关闭，用户的登录与退出，数据库服务错误等。

例 7-38 创建登录、退出触发器。

```
CREATE TABLE log_event
(user_name VARCHAR2(10),
address VARCHAR2(20),
logon_date timestamp,
logoff_date timestamp);  --创建登录触发器
CREATE OR REPLACE TRIGGER tr_logon
AFTER LOGON ON DATABASE
BEGIN
 INSERT INTO log_event (user_name, address, logon_date)
 VALUES (ora_login_user, ora_client_ip_address, systimestamp);
END tr_logon; --创建退出触发器
CREATE OR REPLACE TRIGGER tr_logoff
BEFORE LOGOFF ON DATABASE
BEGIN
    INSERT INTO log_event (user_name, address, logoff_date)
    VALUES (ora_login_user, ora_client_ip_address, systimestamp);
END tr_logoff;
```

4. DDL 触发器

DDL 触发器由 DDL 语句触发，如 CREATE、ALTER 和 DROP 语句。DDL 触发器同样可以分为 BEFORE 触发器与 AFTER 触发器。

7.9.3 删除和使能触发器

删除触发器

```
DROP TRIGGER trigger_name;
```

当删除其他用户模式中的触发器时，需要具有 DROP ANY TRIGGER 系统权限；当删除建立在数据库上的触发器时，需要具有 ADMINISTER DATABASE TRIGGER 系统权限。此外，当删除表或视图时，建立在这些对象上的触发器也随之删除。

7.10 OME 中的 PL/SQL 编程

7.10.1 进入 OEM PL/SQL 编程界面

在 OEM 中管理数据库对象，需要首先进入 OEM，详见第 6 章，此处不再赘述。

7.10.2 OEM 存储过程管理

在 OEM 中存储过程管理包括存储过程的创建、修改与删除。

1. 创建存储过程

(1) 在图 7.5 中，选择“程序”中的“过程”选项。

图 7.5 “过程”页面

(2) 单击“创建”按钮，进入图 7.6 所示页面。

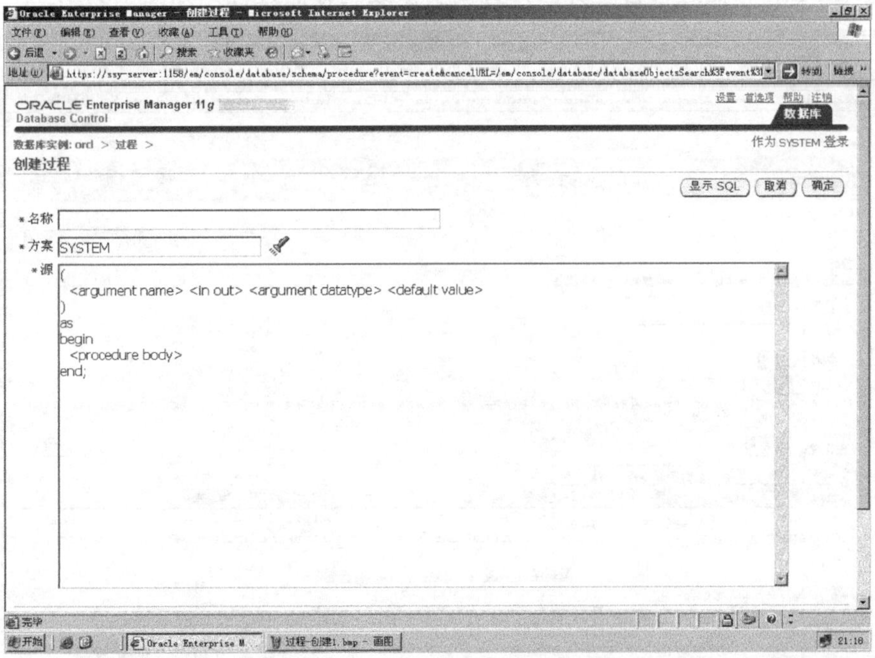

图 7.6 “创建过程”页面

(3) 在输入框选项中，输入相应的存储过程名称和存储过程体，如图 7.7 所示。

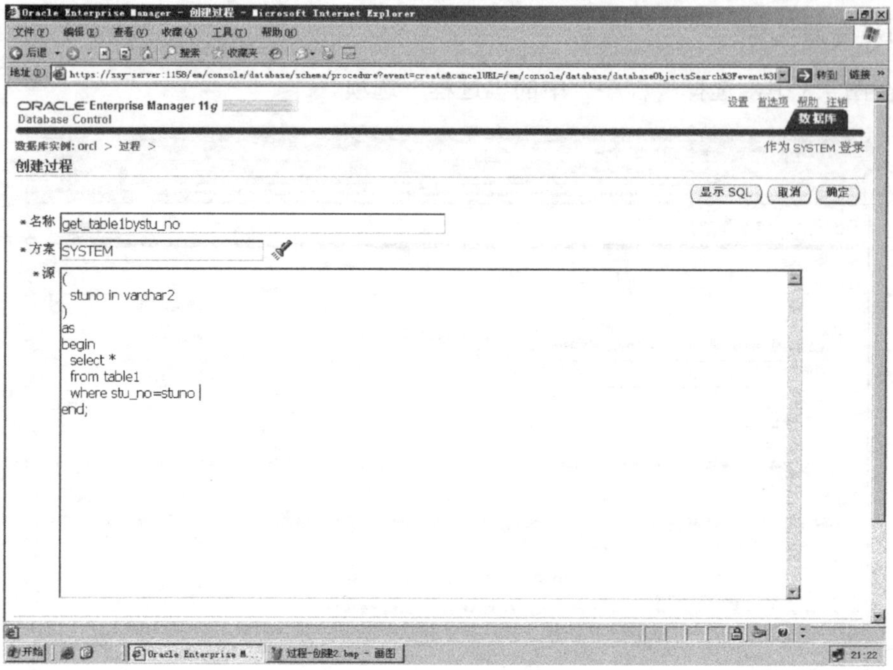

图 7.7 输入存储过程

（4）单击“确定”按钮，完成创建。

2. 修改存储过程

（1）进入 OEM 存储过程管理界面，查询要修改的存储过程，如图 7.8 所示。

图 7.8 查询存储过程

(2) 选中要修改的存储过程，单击“编辑”按钮，进入图 7.9 所示页面。在图中对存储过程进行修改。

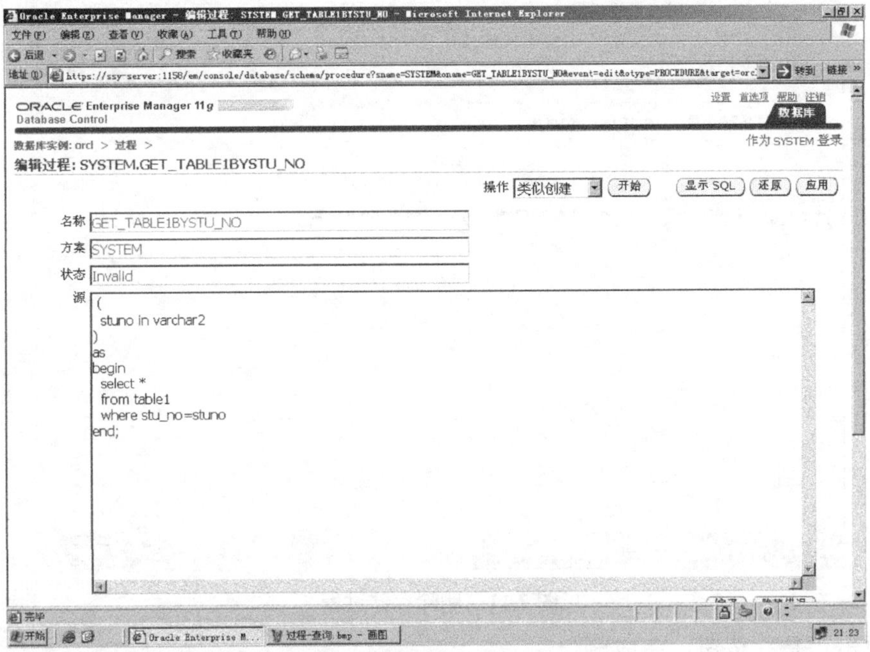

图 7.9　修改存储过程

(3) 修改完成后单击“应用”按钮，完成修改。

3. 删除存储过程

(1) 进入 OEM 存储过程管理界面，选择要删除的存储过程，如图 7.10 所示。

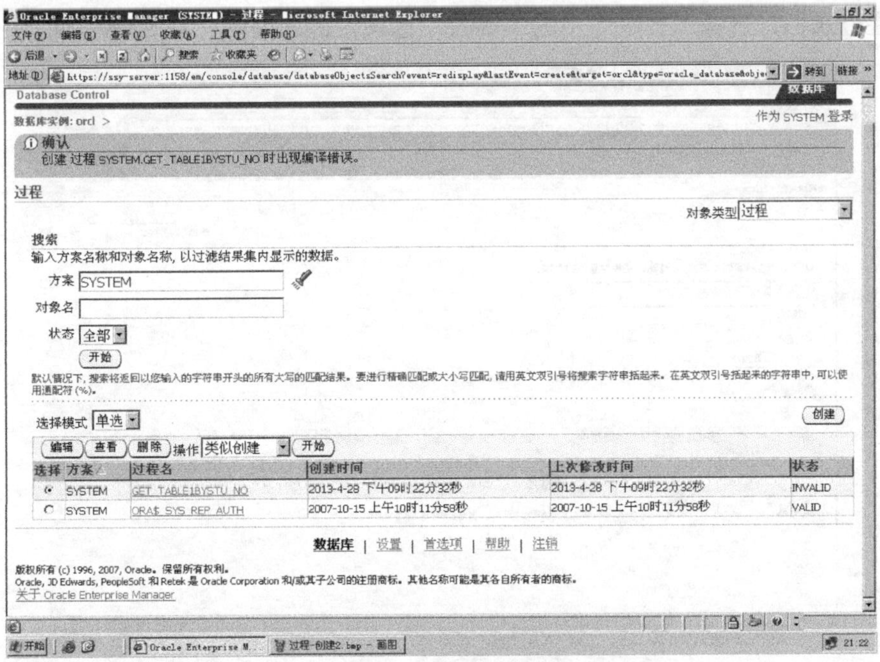

图 7.10　选择存储过程

（2）选中要删除的存储过程，单击“删除”按钮，进入图 7.11 所示页面。

图 7.11　删除存储过程

（3）单击“是”按钮，完成删除

7.10.3　在 OEM 中管理函数

在 OEM 中管理函数包括函数的创建、修改与删除。

1. 创建函数

（1）在登录后，选择“程序”中的“函数”选项，进入如图 7.12 所示页面。

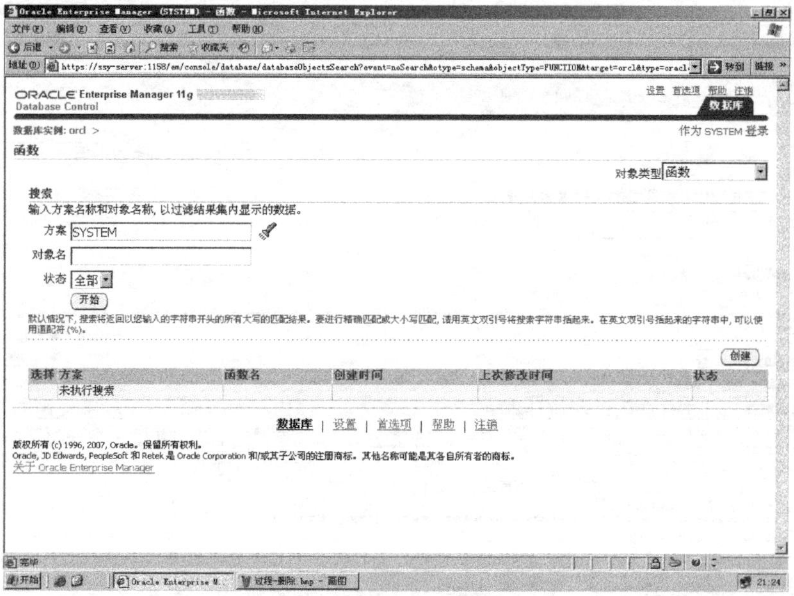

图 7.12　“函数”页面

(2) 单击“创建”按钮，进入图 7.13 所示页面。在相应的输入框内输入代码。

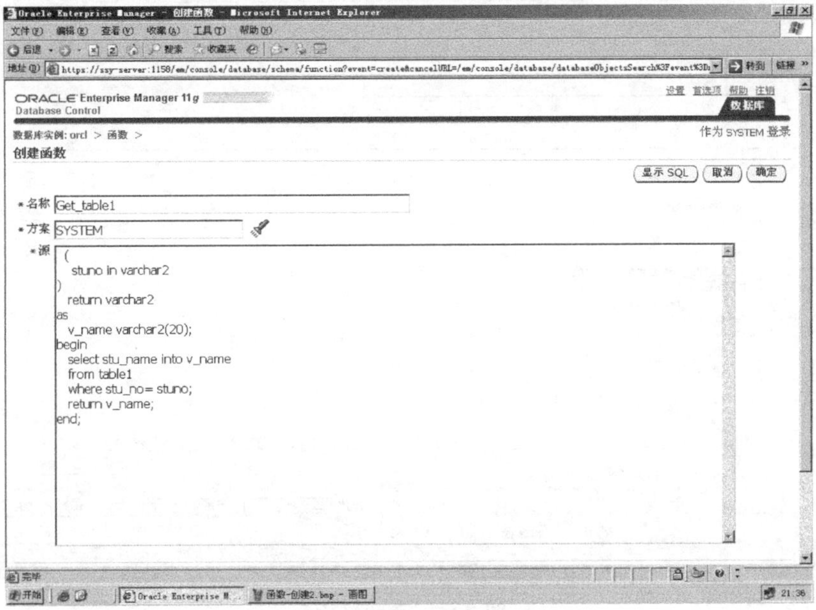

图 7.13 “创建函数”页面

(3) 单击“确定”按钮，完成创建，如图 7.14 所示。

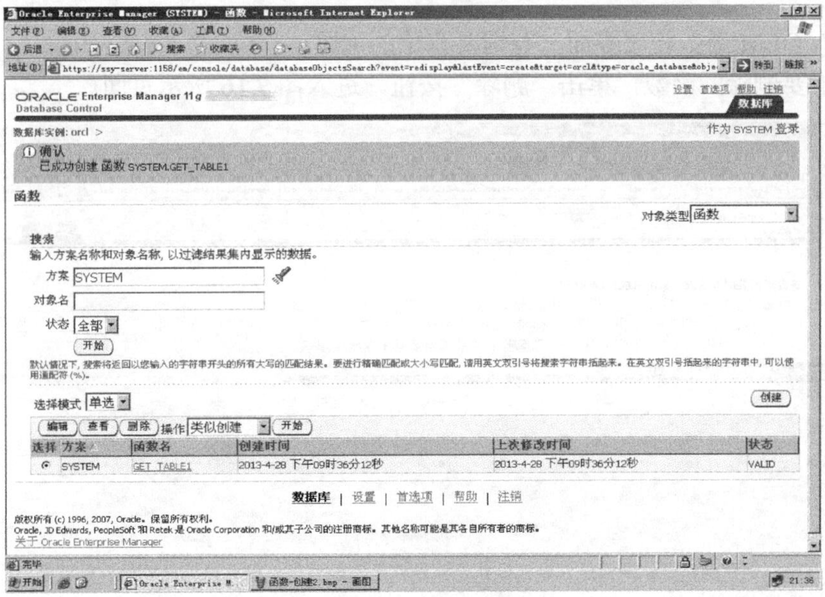

图 7.14 完成创建函数

2. 函数修改

(1) 进入 OEM 函数管理界面，查询要修改的函数。

(2) 选中要修改的函数，单击“编辑”按钮，进入图 7.15 所示页面，在相应函数体内进行代码修改。

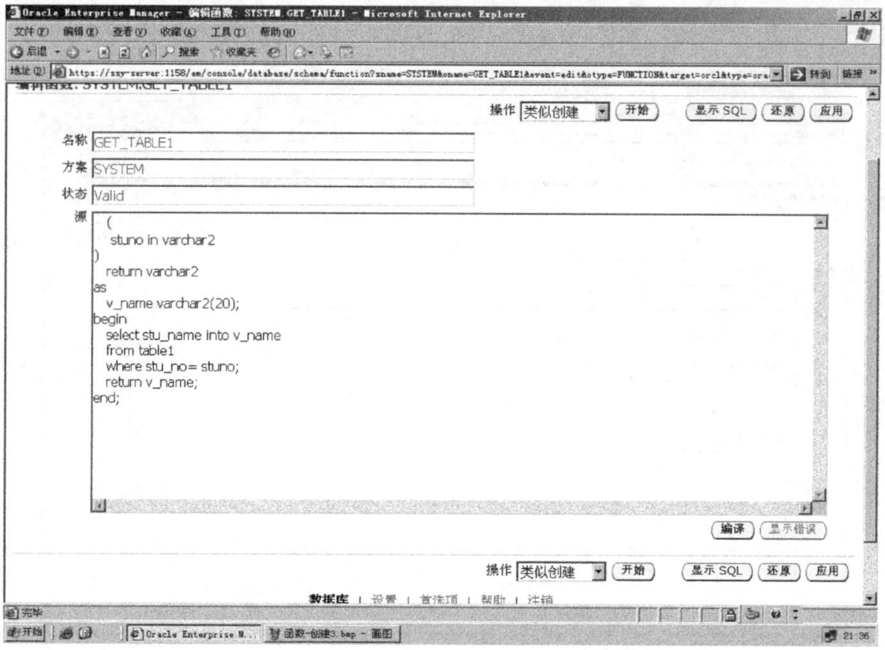

图 7.15　函数修改

(3) 单击“应用”按钮完成修改。

3. 删除函数

(1) 进入 OEM 函数管理界面，查询要删除的函数。

(2) 选中要删除的函数，单击“删除”按钮，进入图 7.16 所示页面。

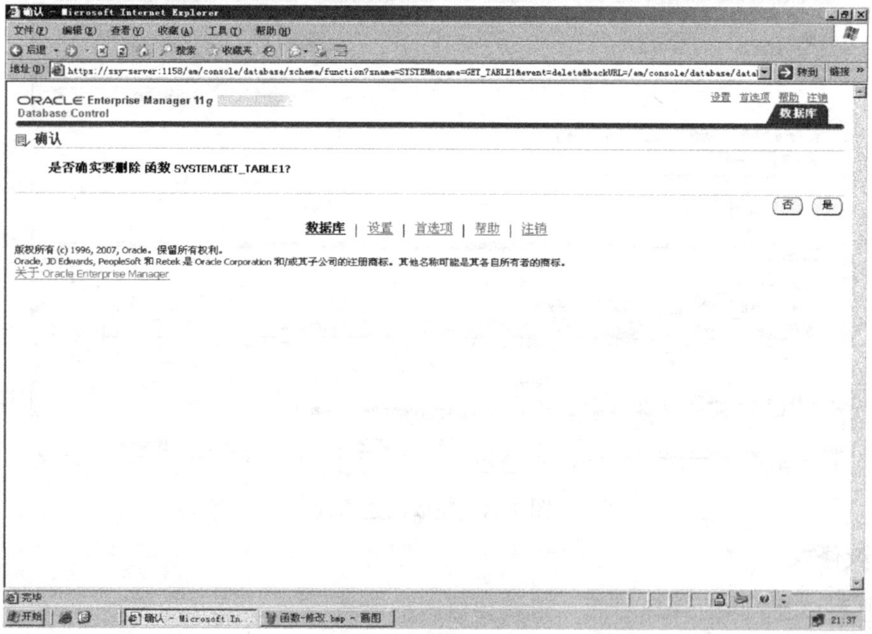

图 7.16　函数删除

(3) 单击“是”按钮完成删除。

7.10.4 在 OEM 中管理触发器

在 OEM 中管理触发器包括触发器的创建、修改与删除。

1. 创建触发器

（1）在登录后，选择“程序”中的“触发器”选项，进入图 7.17 所示页面。

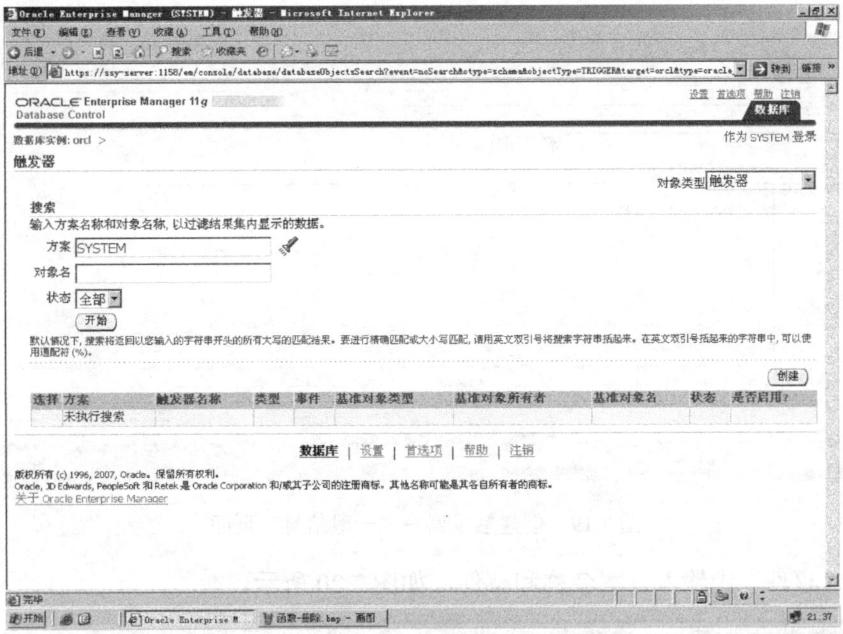

图 7.17 “触发器”页面

（2）单击“创建”按钮，进入图 7.18 所示页面。

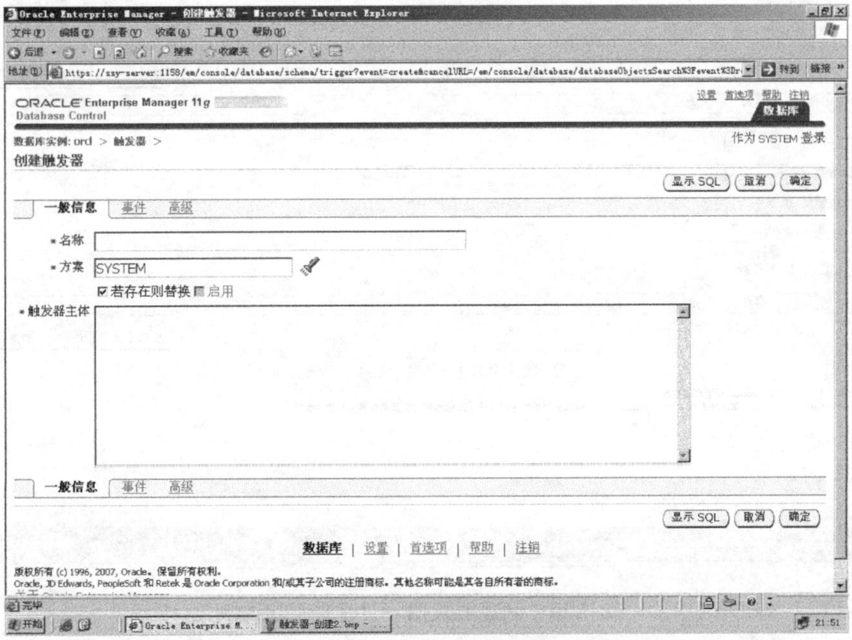

图 7.18 “创建触发器”页面

(3) 在相应位置处输入触发器名称和触发器主体，如图 7.19 所示。

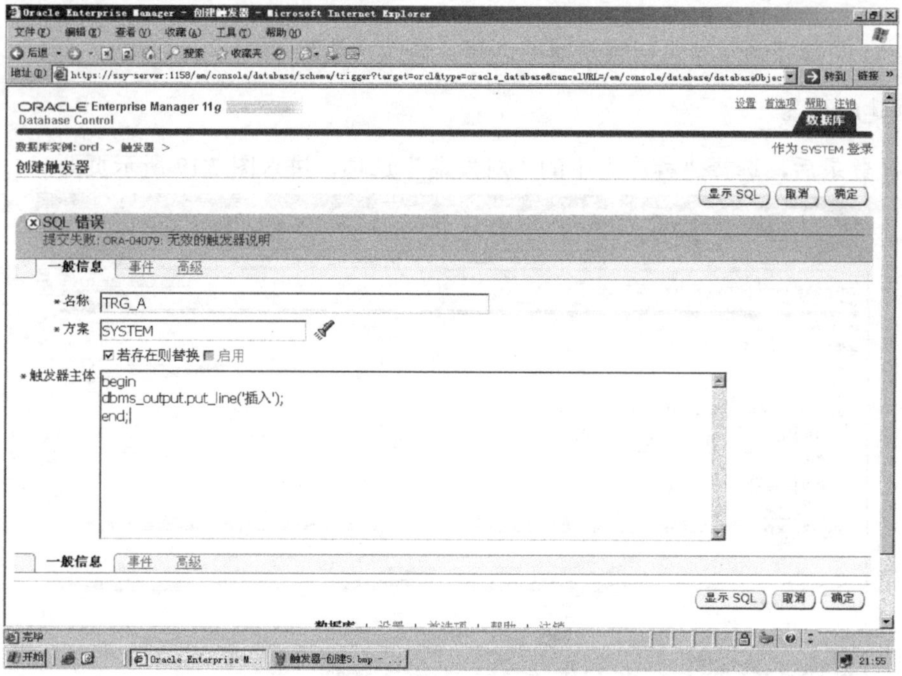

图 7.19　创建触发器—“一般信息”页面

(4) 在“事件”中输入方案名称和事件，如图 7.20 所示。

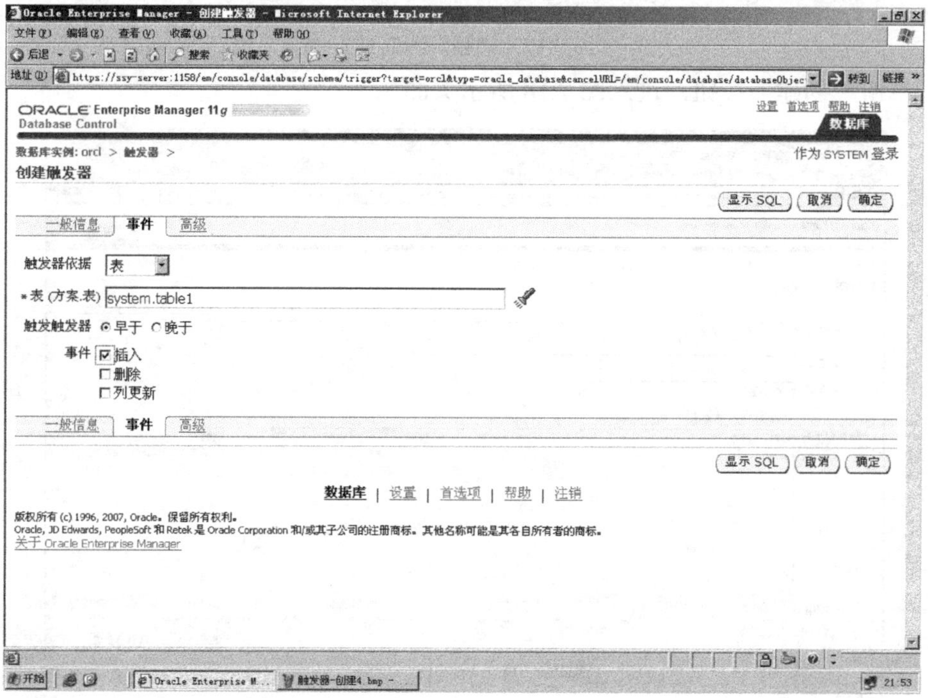

图 7.20　创建触发器—“事件”页面

(5) 在“高级”中输入相应的选项，如图 7.21 所示。

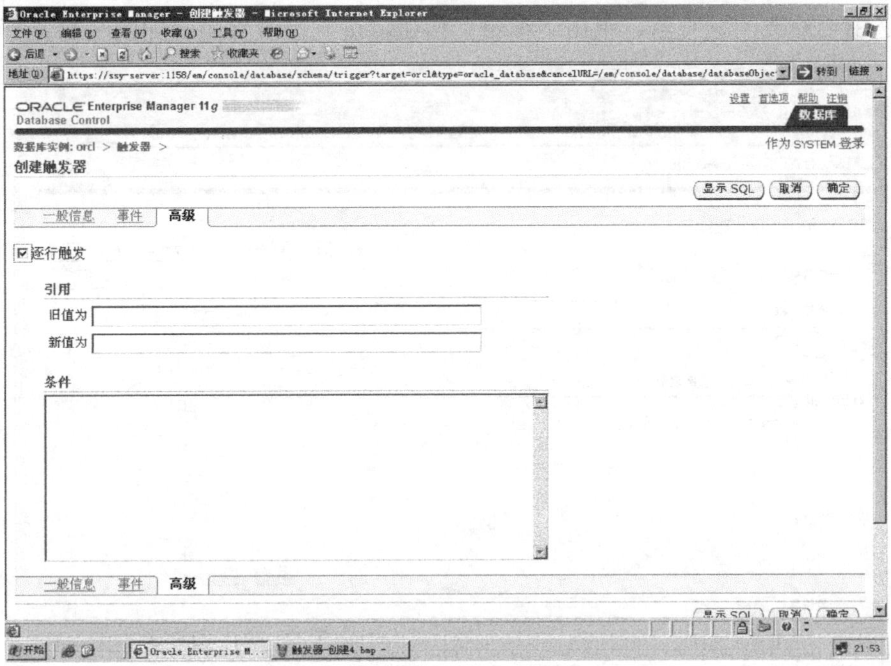

图 7.21 创建触发器—“高级”页面

(6) 单击“确定”按钮完成创建。

2. 修改触发器

(1) 在 OEM 中进入触发器管理页面，查询要修改的触发器，如图 7.22 所示。

图 7.22 触发器查询

(2) 选中要修改的触发器，单击“编辑”按钮，进入修改界面，如图 7.23 所示。

图 7.23　触发器修改

(3) 在相应的位置处进行修改，单击“应用”完成修改。

3. 删除触发器

(1) 在 OEM 中进入触发器管理页面，查询要删除的触发器，如图 7.24 所示。

图 7.24　触发器查询

(2) 选中要删除的触发器，单击“删除”按钮，进入确认界面，如图 7.25 所示。

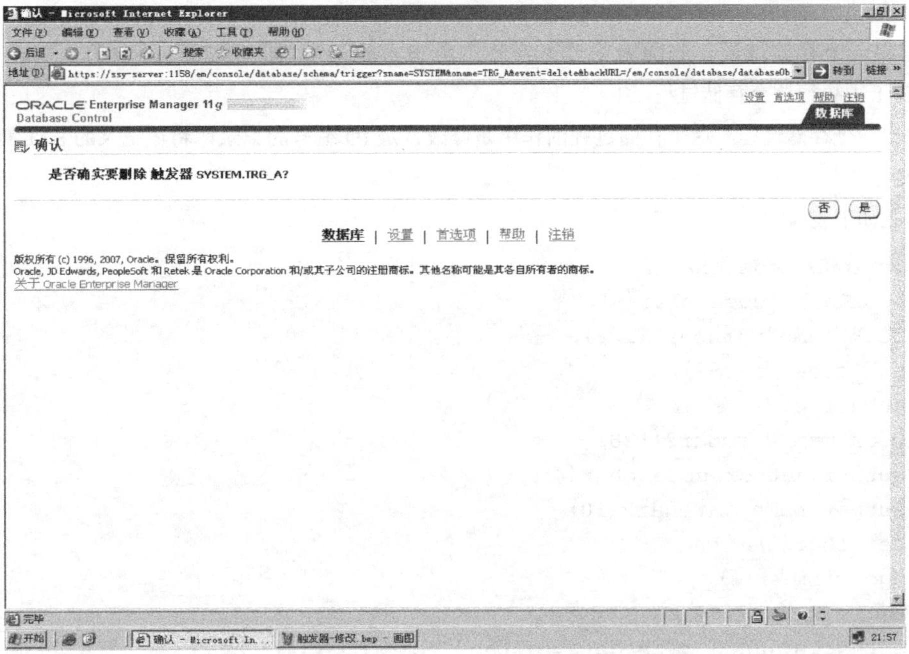

图 7.25 触发器删除

(3) 单击“是”按钮，完成删除。

7.11 本章小结

本章主要介绍了 PL/SQL 的基础语法，以及如何使用 PL/SQL 语言设计和运行 PL/SQL 程序块，并将 PL/SQL 程序整合到 Oracle 服务器中。虽然 PL/SQL 程序是作为功能块嵌入 Oracle 数据库中的，但 PL/SQL 与 Oracle 数据库的紧密结合，使得越来越多的 Oracle 数据库管理员和开发人员必须掌握如何使用 PL/SQL。

本章从 PL/SQL 的基本语法讲到了 PL/SQL 的运算符、常量、变量，基本的语句结构和存储过程、函数、触发器、包等一些概念。

在许多数据库教材中，存储过程、函数和触发器是课程的重点内容。本章从基本的 Oracle 语法语句开始，逐渐进入存储过程、函数、触发器等概念的学习，每节引用大量实例供读者参考。本章最后给出如何用 OEM 管理过程、函数和触发器，可显著提高初学者学习 PL / SQL 编程的兴趣。

思考题

1. 写出 3 种以上常用的数据类型。
2. 写出 PL/SQL 程序的 3 个组成部分。
3. 创建一个存储过程，应用所创建的函数，修改 id 在 800～1200 的记录的 salary 值。
4. 用 SQL 语句创建一个视图，这个视图用来显示 ID>1000 的记录。

5．创建一个 SYSTEM 方案中的函数 fn1，函数的作用为：将指定 ID 号的记录中的 SALARY 字段的值乘以 1.05。

6．建立一个存储过程，删除表中 ID 在特定范围内的记录(如 id>20，id<100)。并在 SQL*Plus WORKSHEET 中执行这个存储过程。

7．写出一个存储过程，这个存储过程的作用是修改特定 ID 编号的记录，将该记录的 SALARY 字段的值加上 500。

8．建立如下表：

```
pub(pub_code char(2), pub_name varchar2(32))
book(book_code char(8),
book_name varhcar2(128),
pub_code char92),
author_code  char(4),
book_mem varchar2(128))
author(author_code char(4),
author_name varchar2(10),
sex char(1),
age  number(3),
dir varchar2(64))
auth_list(auth_date date, author_code char(4))
```

(1) 在 PL/SQL 中有以下两种字义：

```
v_book_row book%rowtype;
v_book_code book.bank_code%type;
```

(2) 请说明 v_book_row，v_book_code 变量的含义及数据类型，Tnsnames.ora、LISTENER.ORA 两个文件的作用。

(3) 请看以下存储过程：

```
begin
  Begin
    <语句 1>
      Exception
       When others
        dbms_output.put_line('错误 1');
       End;
      Begin
       <语句 2>
       dbms_output.putline('错误 2');
      End;
    Exception
       When others then
        dbms_output.put_line("错误 3");
End;
```

请问，当<语句 1>，<语句 2>出错时，该存储过程输出字符串分别是什么？

(4) 写出查询以下“作者”库表中没有出现在“获奖名单”库表中的所有作者信息的 SQL 语句(提示：使用 NOT IN、NOT EXISTS 及外部连接(+)三种方法)，并说明哪种方法是没有优化的。

出版社结构：

　　出版社代码 char(2)，

　　出版社名称 varchar2(32)，

图书结构：

　　图书编号 char(8)，

　　图书名称 varchar2(128)，

　　出版社代码 char(2)，

　　作者代号 char(4)，

　　图书简介 varchar2(128)

作者结构：

　　作者代号 char(4)，

　　作者名称 varchar2(10)，

　　性别 char(1)，

　　年龄 number(3)，

　　文学方向 varchar2(64)

获奖名单结构：

　　获奖日期 date，

　　获奖人员 char(4)

(5) Oracle 数据库表 METER 中存在伪列 Rowid，请利用 ROWID 编写语句：从以下记录中找到唯一的一条记录并更新该记录的 FLAG 为"Y"。

```
MONTH       USER_NO     ASSST_NO    FLAG
2004-7-1    1000009     10A0001     N
2004-7-1    1000009     10A0001     N
```

(6) 改写以下函数为存储过程，注意传值参数如何设置。

```
create or replace function two_number(v_one number, v_two number)
return number is
begin
  return v_one*v_two
end;
```

第 8 章　数据库备份和恢复

任何数据库系统都毫无例外地存在这样或那样的故障。如果故障发生后影响到数据库，数据库就必须进行恢复，需要将所有已经提交的事务进行重做，使被暂时隔离的用户能够尽快恢复操作。数据库备份和恢复是 Oracle 数据库重要的数据挽救策略。

8.1　备份和恢复概述

8.1.1　备份和恢复分类

备份和恢复是防备数据库系统隐患的重要手段，是数据库系统不可缺少的管理机制。数据库使用前，数据库管理员必须制订合理的备份和恢复策略，执行数据库备份，真正做到防患于未然。

数据库备份可以对数据库中部分或全部数据进行复制转储，形成一个副本，以备数据库系统故障发生时使用。根据备份方式的不同，Oracle 数据库备份分为物理备份和逻辑备份。所谓物理备份就是在某个时刻将组成数据库物理结构的各种文件，如控制文件、数据文件、重做日志文件等进行复制，把副本保存在其他存储设备上。所谓逻辑备份是指利用 Oracle 提供的导出工具将数据库中的数据提取到一个二进制文件中。根据备份时是否关闭数据库，Oracle 数据库备份分为冷备份和热备份。冷备份是在关闭数据库的情况下进行数据库文件的复制。热备份是在数据库运行的情况下对数据库进行复制，又称为联机备份。根据数据库备份的数据规模，Oracle 数据库备份还分为完全备份和部分备份。完全备份是指对整个数据库进行备份，部分备份仅对部分数据库进行备份。

数据库恢复是在故障发生时，利用备份恢复数据库系统的正常运行。根据恢复时使用的备份，Oracle 数据库恢复分为物理恢复和逻辑恢复。物理恢复就是利用物理备份恢复数据库；逻辑恢复就是将导出的二进制文件部分或全部导入数据库系统。根据恢复程度的不同，Oracle 数据库恢复又分为完全恢复和不完全恢复。所谓完全恢复就是将数据库从备份时刻恢复到故障发生时刻，否则，就是不完全恢复。数据库完全恢复要求数据库系统运行时付出更多开销，Oracle 数据库处于归档模式下，可以进行数据库完全恢复，而在非归档模式下，只能将数据库还原到备份时刻。

8.1.2　Oracle 数据库系统故障

Oracle 数据库系统运行过程中会发生各种各样的故障，一般包括以下 5 种故障。

（1）用户错误。由数据库用户的意外操作致使数据库发生的损伤，如用户不小心把某个表删除。

（2）语句故障。指执行 SQL 语句时发生的故障，如向无可用空间的表中插入数据。语句故障通常不需要用户干预，Oracle 会自动回滚产生错误的 SQL 语句。

(3) 进程故障。发生在用户进程访问数据库期间，如用户进程突然断开与数据库的连接或用户进程意外终止。Oracle 的后台进程 PMON 会自动发现这种故障，回滚用户进程未提交的事务，释放用户进程使用的各种资源。

(4) 实例故障。指影响 Oracle 数据库实例运行的故障，可能由数据库系统硬件引起，如断电，也可能由数据库系统软件引起，如操作系统故障。当实例故障发生时，SGA 中的数据将不能写入数据文件。实例故障发生时，如果仅仅是 RAC（Real Application Cluster）中的一个实例发生故障，那么 RAC 中的其他实例恢复故障实例；如果是单实例数据库系统，或者 RAC 中的所有实例故障，Oracle 数据库系统重启时会自动进行数据恢复。

(5) 介质故障。指发生的读写磁盘文件故障，如磁盘头故障导致磁盘上的所有文件丢失。介质故障发生时，会影响部分或全部数据库物理文件；另外，数据库实例也不能正常工作，SGA 中的数据不能永久写入数据文件中。介质恢复要求数据库管理员恢复丢失的文件到故障发生前的最近时刻。介质故障是数据库管理主要关心的故障类型。

8.1.3 Oracle 数据库恢复机制

Oracle 利用重做日志（redo log）、撤销记录（undo records）、控制文件（control files）和数据库备份实现数据库恢复。

(1) 重做日志。重做日志实现对仍在内存还未写入数据文件的数据库修改数据的保护。重做日志包括联机重做日志和归档重做日志。联机重做日志被分为若干组，采用循环写的方式工作。归档重做日志是对联机重做日志的备份。重做日志由重做日志记录组成，记录用户对数据库所做的修改，包括提交的和未提交的。所有的重做日志记录暂时被写到 SGA 的重做日志缓冲池，再由后台进程 LGWR 顺序写入联机重做日志中。

(2) 撤销记录。撤销记录保存在撤销表空间中。Oracle 更新未提交事务数据时，先将数据复制到撤销表空间中，在数据更新过程中为用户提供一致性读。数据库恢复时，Oracle 应用重做日志中的所有重做日志记录，然后再利用撤销表空间中的原始数据对未提交的事务进行回滚。

(3) 控制文件。控制文件记录了数据库的物理结构和正在由 LGWR 进程使用的当前日志序列号。数据库恢复过程中，控制文件中的信息引导恢复操作。

(4) 数据库备份。由于介质故障的发生，Oracle 需要对数据库物理文件进行备份，转储到数据库系统之外的存储设备上。备份时可以利用 Oracle 提供的 RMAN（Recovery Manager）工具，也可以利用操作系统工具。

8.2 备 份 管 理

8.2.1 冷备份

Oracle 在正常工作期间且允许工作间断时，可以采用冷备份。方法是先正常关闭 Oracle 数据库，然后备份控制文件、数据文件、联机重做日志文件等，这些文件描述了某时刻数据库的完整信息，也是一致性备份。非归档模式下数据库只能进行冷备份。

利用 SQL*Plus 进行数据库冷备份的操作步骤如下。

(1) 用数据库管理员账号登录 Oracle。

```
CONNECT SYS/abc123 AS SYSDBA
```

(2) 查看 Oracle 数据库的物理结构。

Oracle 数据库物理结构由控制文件、数据文件、联机重做日志文件组成，通过查询数据字典，可以获取控制文件、数据文件、联机重做日志文件的信息。

```
--控制文件信息
SELECT name FROM v$controlfile;
--数据文件信息
SELECT name FROM v$datafile;
--联机重做日志文件信息
SELECT group#, member FROM v$logfile;
```

(3) 关闭 Oracle 数据库。

```
SHUTDOWN IMMEDIATE
```

(4) 复制控制文件、数据文件、联机重做日志文件。可以在操作系统中进行，也可以在 SQL*Plus 中使用 HOST COPY 命令完成。

```
HOST COPY c:\app\john\oradata\orcl\users01.dbf   c:\users\john\documents
```

(5) 重新启动数据库。

```
STARTUP
```

8.2.2 热备份

Oracle 数据库系统在运行过程中，通常需要提供不间断服务，没有足够的时间可以关闭数据库进行备份。这种情况下，用户只能采用热备份策略。热备份是在数据库打开状态下进行的，提交的事务可能还未写入数据文件，故而是非一致性备份。

利用 SQL*Plus 进行数据库热备份的操作步骤如下。

(1) 用数据库管理员账号登录 Oracle。

(2) 设置数据库为归档模式。热备份只能在数据库处于归档模式才可以使用，因此，进行热备份前要确认数据库已经处于归档模式。查询数据库归档模式可以使用如下语句：

```
ARCHIVE LOG LIST
```

或者：

```
SELECT name, log_mode FROM v$database;
```

如果数据库处于非归档模式，需要先将数据库切换为归档模式。切换为归档模式过程如下：

```
--关闭数据库
SHUTDOWN IMMEDIATE
--启动数据库到安装状态
STARTUP MOUNT
--更改数据库为归档模式
ALTER DATABASE ARCHIVELOG;
--打开数据库
```

```
ALTER DATABASE OPEN;
--设置归档路径为本地系统的目录，可以设置10个，分别以log_archive_dest_n命名
ALTER SYSTEM SET log_archive_dest_1='LOCATION=c:\users\john\documents';
```

(3) 备份控制文件。控制文件记录了数据库的物理结构，通常数据库物理结构发生改变都要对控制文件进行备份。改变数据库物理结构的操作有添加、修改或删除表空间，添加或删除重做日志文件组等。

备份控制文件有两种方法，一种是先将控制文件备份为二进制文件，再将二进制文件转储到备份磁盘；另一种是先将控制文件备份为文本文件，再将文本文件转储到备份磁盘。

将控制文件备份为二进制文件，可以使用如下语句：

```
ALTER DATABASE BACKUP CONTROLFILE TO 'c:\users\john\documents';
```

将控制文件备份为文本文件，可以使用如下语句：

```
ALTER DATABASE BACKUP CONTROLFILE TO TRACE;
```

将控制文件备份为文本文件实际上是生成当前 Oracle 数据库控制文件创建语句，并这些语句存放于 user_dump_dest 服务器初始化参数指定目录下的一个文件中，如 alert_orcl。查看 user_dump_dest 参数值，可以使用如下语句：

```
SHOW PARAMETER user_dump_dest;
```

(4) 备份数据文件。备份数据文件以表空间为单位进行，首先查看当前数据库中有哪些表空间，每个表空间中分别有哪些数据文件。

```
--查看数据库中表空间及其包含文件
SELECT tablespace_name, file_name FROM dba_data_files ORDER BY
        tablespace_name;
获悉数据库表空间信息后，就可以对每个表空间进行备份了
--设置需要备份的表空间为备份状态，如users表空间
ALTER TABLESPACE users BEGIN BACKUP;
--复制表空间的所有数据文件到备份磁盘
HOST COPY c:\app\john\oradata\orcl\users01.dbf  c:\users\john\documents\
        users01.dbf
--修改表空间结束备份
ALTER TABLESPACE users END BACKUP;
```

重复以上 3 步操作，直到备份完每一个表空间。

(5) 归档当前的联机重做日志文件。

```
ALTER SYSTEM ARCHIVE LOG CURRENT;
```

当前联机重做日志文件归档，会将当前联机重做日志文件前还未归档的联机重做日志文件一同归档。数据库在归档模式下，可以同时指定多个归档路径，归档时每个归档路径下都会产一个归档日志文件，这些日志文件互为备份。当然，用户也可以将这些归档日志文件转存于备份磁盘。

(6) 备份初始化参数。在操作系统中，可将 Oracle 数据库系统初始化参数文件复制到备份磁盘中。Oracle 数据库系统初始化参数文件位于 c:\app\john\product\11.2.0\dbhome_1\database 目录，orcl 实例初始化参数文件名为 SPFILEORCL.ORA。

8.3 恢 复 管 理

8.3.1 非归档模式下数据库恢复

非归档模式下主要利用冷备份数据库进行恢复。冷备份操作获得的控制文件、数据文件、联机重做日志文件包含了备份时刻数据库的完整信息，恢复操作仅需要关闭数据库，用备份的控制文件、数据文件、联机重做日志文件完全替换现存的文件，然后重新启动数据库。非归档模式下数据库恢复只能将数据库恢复到最近一次完全冷备份的状态。

8.3.2 归档模式下数据库完全恢复

归档模式下数据库完全恢复是在部分数据文件损坏时，利用热备份的数据文件替换损坏的数据文件，结合归档日志文件和联机重做日志文件中的日志记录，对未交的事务回滚，恢复数据库到故障发生时刻的状态。数据库完全恢复的前提条件是归档日志文件、联机重做日志文件、控制文件都没有发生损坏。

根据数据文件损坏的程度不同，数据库完全恢复可以分为数据库、表空间、数据文件恢复三个程度。数据库恢复主要用于数据库的所有数据文件或大部分都被破坏时；表空间恢复主要用于个别表空间中的数据文件发生破坏时；而数据文件恢复主要是针对一个表空间中的个别文件发生破坏时。数据库恢复只能在数据库装载但未打开的情形下进行，而表空间和数据文件恢复可以在数据库装载但未打开的情形下进行，也可以在数据库打开状态下进行，这样就不会影响其他正常表空间为用户提供数据服务。

1. 数据库完全恢复

利用 SQL*Plus 工具进行数据库完全恢复的操作步骤如下。

(1) 如果无法正常关闭数据库，应以终止方式关闭数据库。

```
SHUTDOWN ABORT
```

(2) 在操作系统上利用备份的数据文件替换所有损坏的数据文件。

(3) 启动数据库到装载状态。

```
STARTUP MOUNT
```

(4) 执行数据库恢复命令

```
RECOVER DATABASE;
```

(5) 打开数据库。

```
ALTER DATABASE OPEN;
```

2. 表空间完全恢复

表空间完全恢复可以在数据库处于装载状态下进行，也可以在数据库处于打开状态下进行。数据库处于装载状态下的表空间完全恢复操作如下。

(1) 如果无法正常关闭数据库，应以终止方式关闭数据库。

```
SHUTDOWN ABORT
```

(2) 在操作系统上利用备份的表空间数据文件替换表空间中所有损坏的数据文件。

(3) 启动数据库到装载状态。

```
STARTUP MOUNT
```

(4) 执行表空间恢复命令，如恢复 users 表空间。

```
RECOVER TABLESPACE users;
```

(5) 打开数据库。

```
ALTER DATABASE OPEN;
```

数据库处于打开状态下，表空间完全恢复操作步骤如下。

(1) 如果表空间数据文件损坏时数据库已经关闭，则启动数据库到装载状态。

```
STARTUP MOUNT
```

(2) 将损坏的数据文件设为脱机状态，如 users01.dbf 文件。

```
ALTER DATABASE DATAFILE 'c:\app\john\oradata\orcl\users01.dbf' OFFLINE;
```

(3) 打开数据库。

```
ALTER DATABASE OPEN;
```

(4) 将损坏的数据文件所在的表空间脱机准备恢复。

```
ALTER TABLESPACE users OFFLINE FOR RECOVER;
```

(5) 在操作系统上，利用备份的数据文件替换表空间中损坏的数据文件。

(6) 执行表空间恢复。

```
RECOVER TABLESPACE users;
```

(7) 将表空间联机。

```
ALTER TABLESPACE users ONLINE;
```

如果表空间数据文件损坏时数据库仍正常运行，则可以直接执行步骤(4)～(7)。

3. 数据文件完全恢复

与表空间完全恢复类似，数据文件完全恢复可以在数据库处于装载状态下进行，也可以在数据库处于打开状态下进行。数据库处于装载状态下的数据文件完全恢复操作如下。

(1) 如果无法正常关闭数据库，应以终止方式关闭数据库。

```
SHUTDOWN ABORT
```

(2) 在操作系统上利用备份的数据文件替换损坏的数据文件。

(3) 启动数据库到装载状态。

```
STARTUP MOUNT
```

(4) 执行数据文件恢复命令，如恢复 users01.dbf 数据文件。

```
RECOVER DATAFILE 'c:\app\john\oradata\orcl\users01.dbf';
```

(5) 打开数据库。

```
ALTER DATABASE OPEN;
```

数据库处于打开状态下，数据文件完全恢复操作步骤如下。

（1）如果数据文件损坏时数据库已经关闭，则启动数据库到装载状态。

```
STARTUP MOUNT
```

（2）将损坏的数据文件设为脱机状态，如 users01.dbf 文件。

```
ALTER DATABASE DATAFILE 'c:\app\john\oradata\orcl\users01.dbf' OFFLINE;
```

（3）打开数据库。

```
ALTER DATABASE OPEN;
```

（4）在操作系统上，利用备份的数据文件替换损坏的数据文件。

（5）执行数据文件恢复。

```
RECOVER DATAFILE 'c:\app\john\oradata\orcl\users01.dbf';
```

（6）将数据文件联机。

```
ALTER DATABASE DATAFILE 'c:\app\john\oradata\orcl\users01.dbf' ONLINE;
```

如果数据文件损坏时数据库仍正常运行，则可以直接执行步骤(2)、(4)～(6)。

8.4 在 OEM 中实现数据库的备份和恢复

OEM Database Control 使用 RMAN(Recovery Manager)工具的大部分特性，实现对服务器初始参数文件、数据文件、控制文件、归档重做日志文件等数据库组成的备份和恢复，工作在数据库物理结构层防范文件意外删除和介质故障，大大简化了直接使用 RMAN 进行数据库备份和恢复操作的难度。OEM Database Control 中执行备份和恢复操作需要提供主机用户必名和口令，主机用户名是目标数据库所在操作系统的用户名，在 Windows 平台，主机用户必须是 Administrators 组成员，且具有作为批处理作业登录(Log on as batch job)的权力。

登录 OEM Database Control，如以 SYS 用户登录，在页面顶部单击“可用性”选项卡，打开可用性页面，如图 8.1 所示。在“设置”部分，可以进行备份设置、恢复设置和恢复目录设置；在“管理”部分，可以执行调度备份、执行恢复等任务。

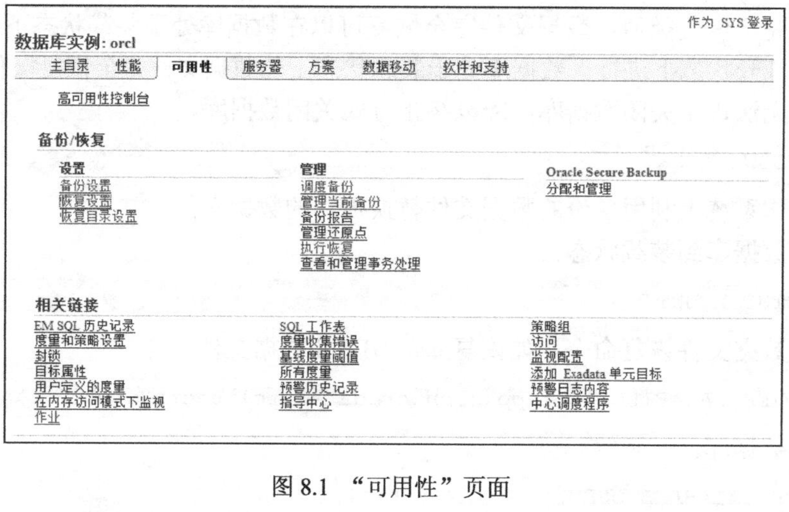

图 8.1 “可用性”页面

8.4.1 备份和恢复设置

1. 恢复设置

在“可用性”页面管理部分，单击“恢复设置”选项，打开“恢复设置”页面，如图 8.2 所示。

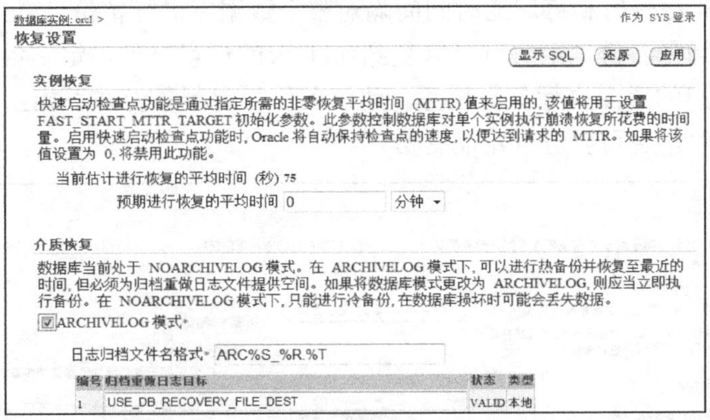

图 8.2 “恢复设置”页面

以归档模式下的数据库恢复为例，“介质恢复”选择归档模式，归档重做日志目标使用 USE_DB_RECOVERY_FILE_DEST，即快速恢复区位置。“快速恢复”指定快速恢复区位置，如 c:\app\john\flash_recovery_area。快速恢复区是由 Oracle 管理的外存空间，可以存放归档日志文件、闪回日志及 RMAN 创建的备份，快速恢复区空间的分配和回收由 Oracle 自动管理，设置快速恢复区是为了简化用户对备份文件的管理。将设置应用于 SPFILE 和运行的实例，单击“应用”按钮。应用后需要重新启动数据库，输入主机用户名和数据库用户名，单击“是”按钮即可。数据库每次被切换为归档模式后，要进行一次完全数据库备份，用户不可以使用切换前的备份将数据库恢复到切换后的某个时间点。

2. 备份设置

在“可用性”页面管理部分，单击“备份设置”选项，打开“备份设置”页面，如图 8.3 所示。在该页面，可以设置并行度、磁盘备份位置、磁盘备份类型等。磁盘备份位置设为空，使 RMAN 直接把备份存放于快速恢复区。磁盘备份类型选择备份集。设置完成后，输入主机用户名和口令，单击“测试磁盘备份”按钮，以检测备份设置是否正确。

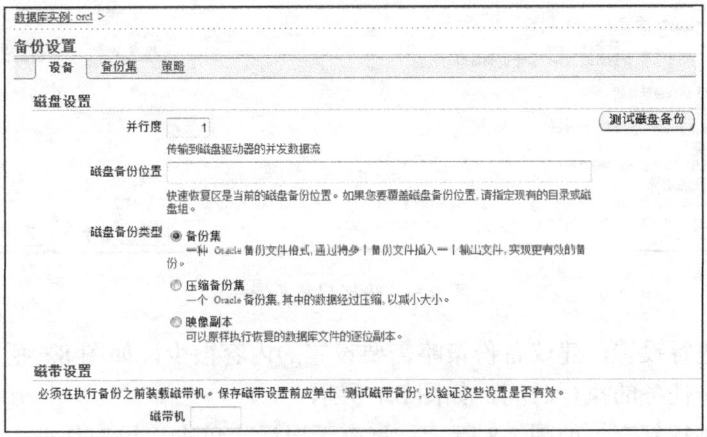

图 8.3 “备份设置”页面

8.4.2 调度备份

在“可用性”页面管理部分，单击“调度备份”选项，打开“调度备份”页面，如图 8.4 所示。执行备份操作，需要提供主机用户名和口令。Oracle 提供建议备份策略和定制备份策略。建议备份策略将按每日和每周的时间间隔对整个数据库进行备份，第一次采用完全备份，以后每天执行一次增量备份，用户可以恢复到前 1 天的任意时刻。定制备份允许用户选择备份的对象，且按用户的意图执行备份任务。建议备份与定制备份并不相互冲突，用户在选择建议备份策略的同时，也可以进行定制备份。

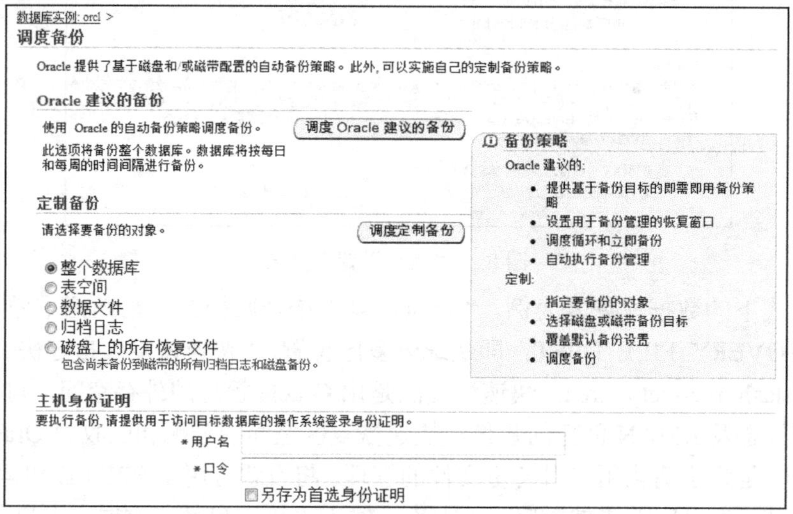

图 8.4 “调度备份”页面

1. 建议备份配置

在“调度备份”页面，输入用户名和口令，单击“调度 Oracle 建议的备份”按钮，开始进行建议备份策略相关配置。建议备份策略配置分为 4 步：

(1) 选择备份存放的目标介质，如图 8.5 所示。目标介质的配置采用先前的备份设置操作。

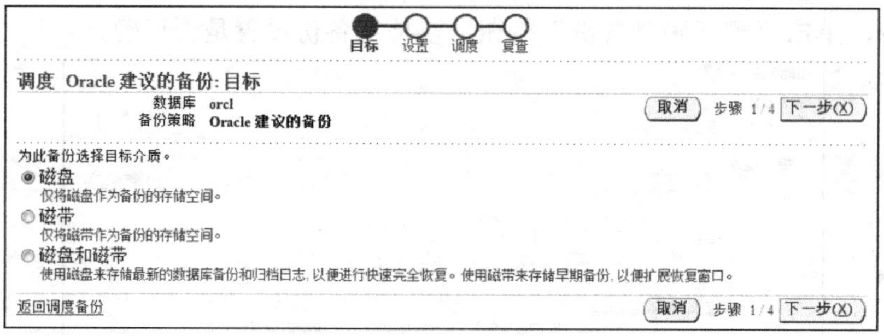

图 8.5 选择目标介质

(2) 对备份进行设置，建议备份策略需要设置的内容很少，如图 8.6 所示。

(3) 选择备份任务的执行时间，如图 8.7 所示。

(4) 对配置进行复查，如图 8.8 所示。复查无误后，单击“提交作业”按钮。

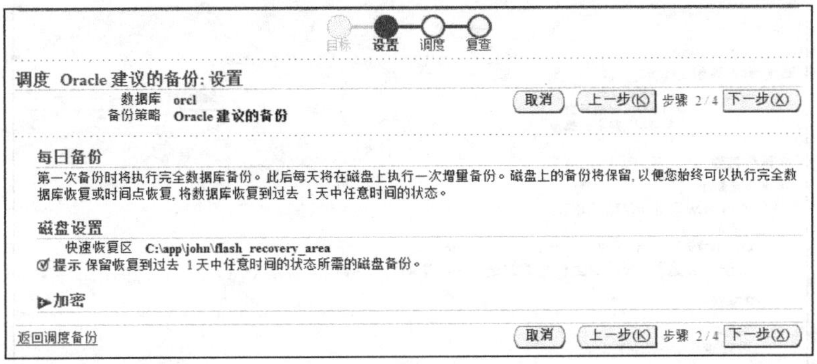

图 8.6 备份设置

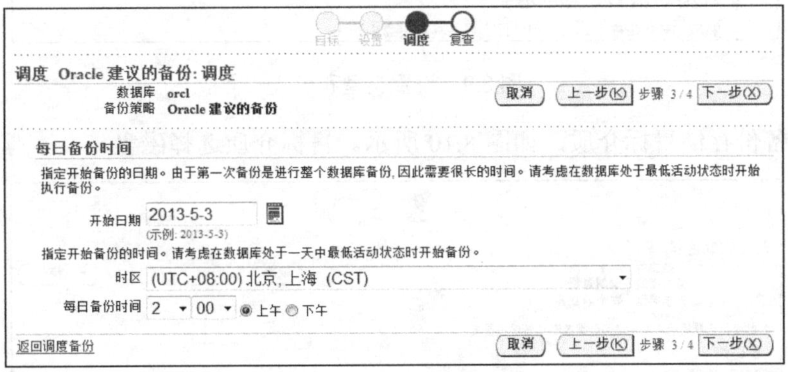

图 8.7 选择备份时间

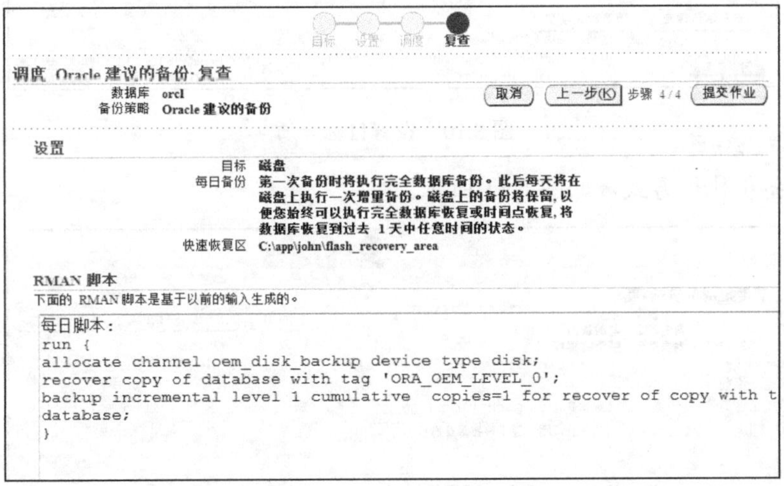

图 8.8 复查备份

2. 定制备份配置

在“调度备份”页面，输入主机用户名和口令，选择备份对象，如“整个数据库”，单击“调度定制备份”按钮，执行用户自定义备份配置。用户自定义备份整个数据库配置分为 4 步：

(1) 设置备份的类型和模式，如图 8.9 所示。以完全备份且数据库处于打开状态为例，备份类型选择“完全备份”，备份模式选择“联机备份”。

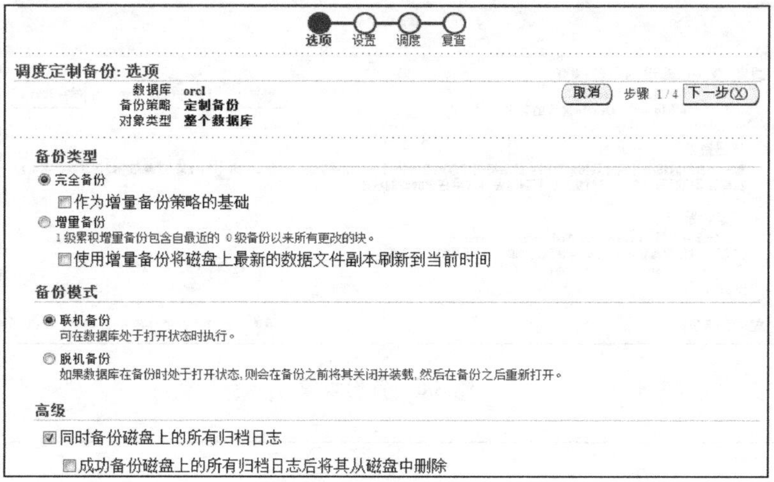

图 8.9 设置类型和模式

(2) 设置备份存储目标介质，如图 8.10 所示。目标介质选择磁盘。

图 8.10 设置目标介质

(3) 选择备份执行方式，如图 8.11 所示。

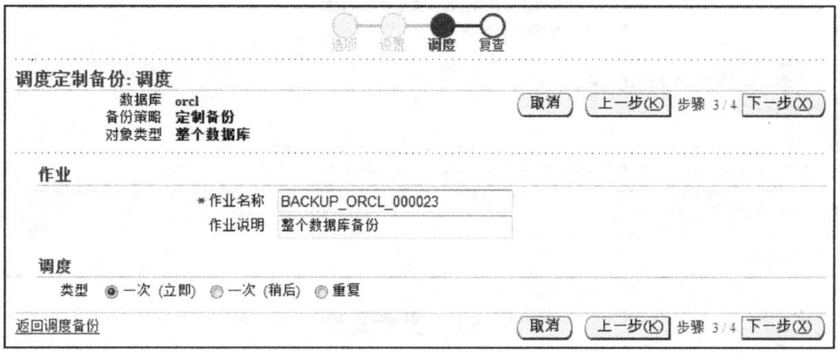

图 8.11 选择执行方式

(4) 对配置进行复查，如图 8.12 所示。复查无误后，单击“提交作业”按钮。

提交作业后，单击“查看作业”，可以查看作业执行进度，如图 8.13 所示。

备份后的数据，可以在“可用性”页面查看(图 8.1)，单击“管理当前备份”选项可查看已经备份的对象。

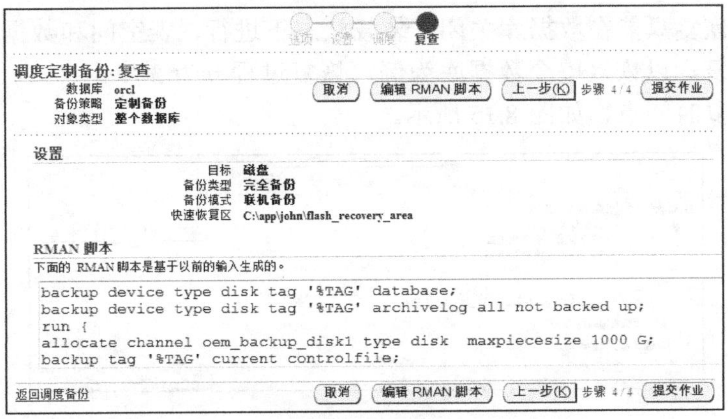

图 8.12　复查配置

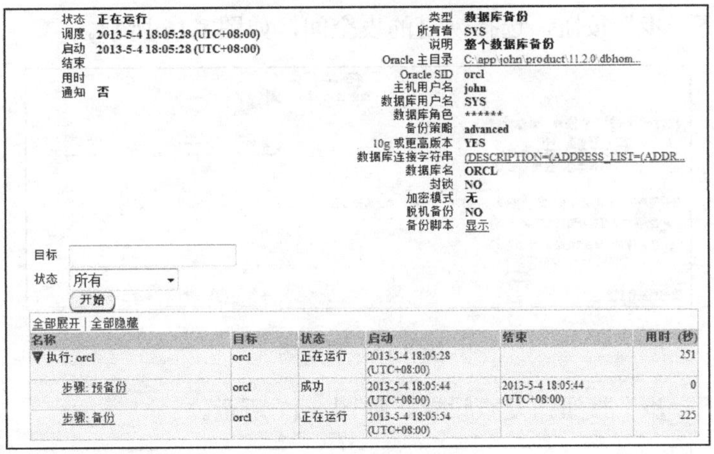

图 8.13　作业执行进度

8.4.3　执行恢复

在“可用性”页面管理部分，单击“执行恢复”选项，打开“执行恢复”页面，如图 8.14 所示。执行恢复操作，需要提供主机用户名和口令。

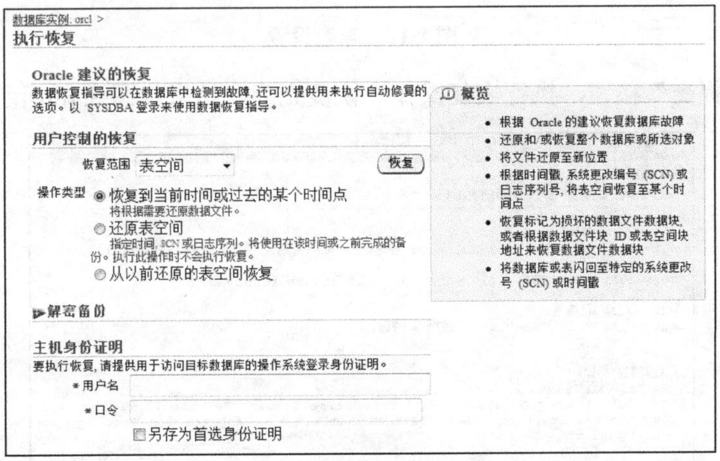

图 8.14　“执行恢复”页面

整个数据库恢复只能在数据库关闭、装载状态下进行，表空间和数据文件可以在数据库联机状态下恢复。以恢复整个数据库为例，恢复过程分为 3 步。

(1) 设置恢复时间点，如图 8.15 所示。

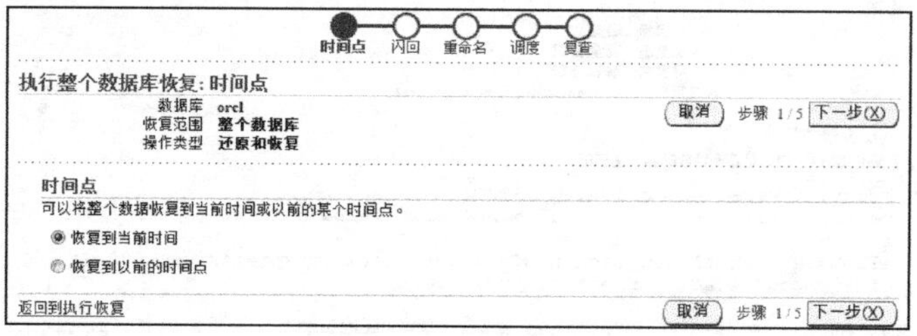

图 8.15　设置时间点

(2) 单击“下一步”按钮，选择恢复的表空间，如图 8.16 所示。

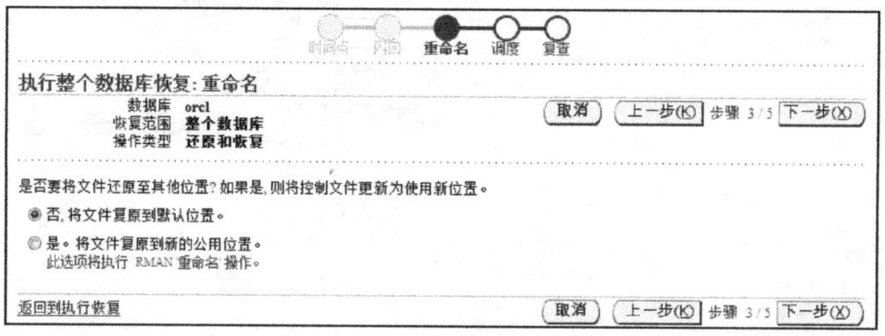

图 8.16　重命名

(3) 单击“下一步”按钮，复查设置，如图 8.17 所示。

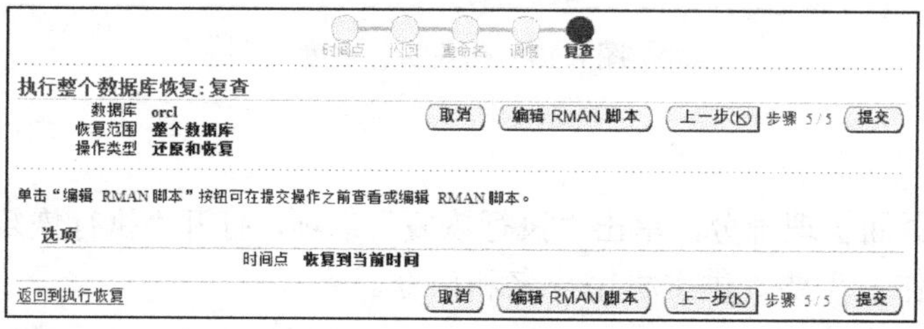

图 8.17　复查设置

(4) 单击“提交”按钮，执行恢复操作。恢复完后，结果如图 8.18 所示。

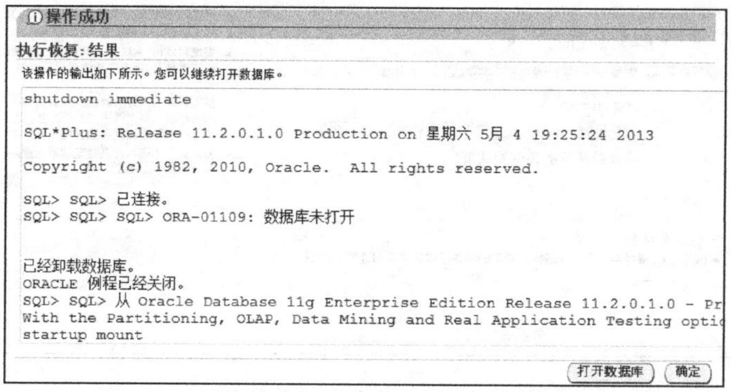

图 8.18　恢复结果

8.5 本 章 小 结

本章叙述了 Oracle 数据库的备份和恢复机制。首先，介绍了数据库的备份和恢复分类，如冷备份、热备份、完全备份、部分备份、物理备份、逻辑备份、完全恢复和不完全恢复等。其次，采用 SQL*Plus 工具，使用操作系统命令实现 Oracle 数据库的冷备份和热备份；当数据库发生介质故障时，分归档模式和非归档模式两种情况对数据库进行恢复。最后，采用 OEM Database Control 工具介绍 Oracle 数据库的备份和恢复方法，包括 Oracle 建议备份和定制备份策略，以及整个数据库的恢复过程。

思 考 题

1．Oracle 可以实现哪些种类的备份？

2．Oracle 可以实现哪些种类的恢复？

3．归档模式下的备份和非归档模式下的备份主要区别是什么？

4．冷备份要备份哪些文件？

5．试完成以下所有操作。

(1) 使用冷备份对数据库 orcl 进行完全备份。

(2) 如果删除了数据文件 users01.dbf，如何对数据库进行恢复？

(3) 使用热备份对表空间 example 的数据文件 example01.dbf 进行备份。

(4) 如果删除了数据文件 example01.dbf，如何使用热备份对数据库进行恢复？

第9章　用户和角色

为了使用Oracle数据库，用户必须先由Oracle数据库管理员为其创建账号(用户名)，然后在管理员赋予账号的权限范围内操作。账号是用户使用Oracle数据库的合法凭证，权限是对用户使用Oracle数据库的约束。用户管理是Oracle数据库安全策略的重要组成部分。

9.1　用户概要文件

用户概要文件(PROFILE)是数据库和系统资源限制的集合，利用概要文件，可以限制用户对数据库和系统资源的使用，也可以对用户口令进行管理。Oracle 数据库概要文件中的参数分为两类：一类是数据库与系统资源限制参数；另一类是口令限置参数。每个数据库用户都有一个概要文件，通常将数据库用户分成若干种类型，为每种类型的用户创建一个概要文件，而不需要为每个用户一一创建概要文件。Oracle 数据库创建的同时，系统会创建一个名为 DEFAULT 的默认概要文件，其对资源没有进行任何限制。创建用户的过程中，如果没有为用户指定概要文件，则DEFAULT将作为用户的默认概要文件。

登录OEM Database Control，如以SYSTEM用户登录，在页面顶部单击“服务器”选项卡，打开服务器页面，如图9.1所示。

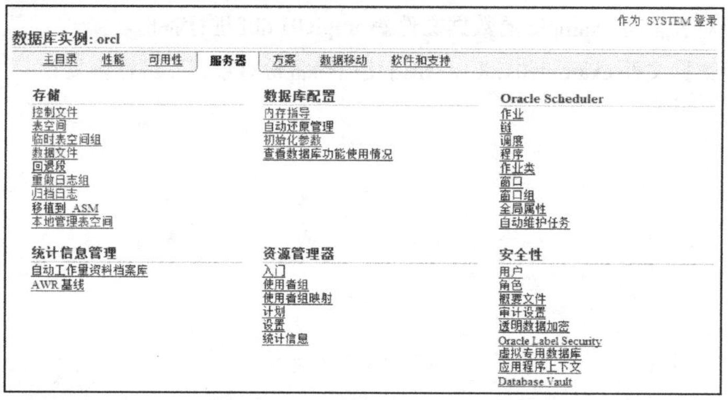

图9.1　OEM服务器页面

在“安全性”选项区，单击“概要文件”选项，打开概要文件页面，如图 9.2 所示。在该页面可以查看、创建、编辑、删除Oracle数据库中的概要文件。

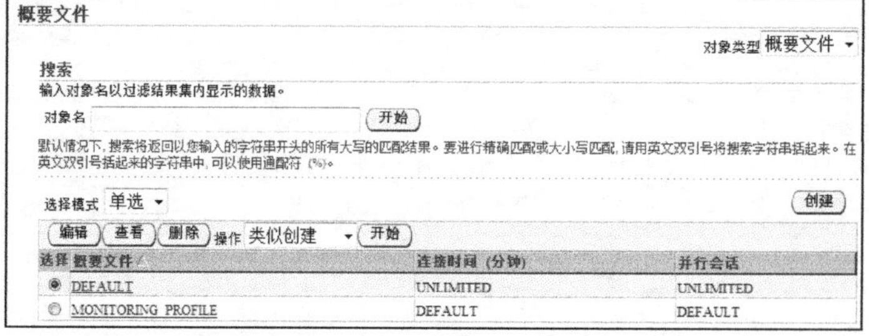

图9.2　OEM 概要文件页面

9.1.1 资源限置参数

用户概要文件中的资源设置参数如下。

(1) CPU_PER_SESSION(CPU 会话)：指定一次会话用户可以使用的 CPU 时间，单位是 0.01 秒，超过该时间限制，就会断开与用户的连接。

(2) CPU_PER_CALL(CPU 调用)：指定每个调用占用的 CPU 时间，单位是 0.01 秒。当一个 SQL 语句执行时间超过该时间限制时，返回语句执行错误。

(3) CONNECT_TIME(连接时间)：指定每个会话可持续的最大时间，单位是分钟。当数据库连接超过该时间限制时，连接会被断开。

(4) IDLE_TIME(空闲时间)：指定每个会话连续空闲的最大时间，单位是分钟。当会话空闲时间超过该限制时，连接会被断开。

(5) SESSIONS_PER_USER(并行会话数)：指定每个用户允许打开的最大数据库会话数量。

(6) LOGICAL_READS_PER_SESSION(读取数/会话)：指定一个会话读取数据块的最大数量，包括从内存中读取的数据块和从磁盘读取的数据块。

(7) LOGICAL_READS_PER_CALL(读取数/调用)：指定一个调用读取数据块的最大数量，包括从内存中读取的数据块和从磁盘读取的数据块。

(8) PRIVATE_SGA(专用 SGA)：指定共享服务器模式中，执行 SQL 语句或 PL/SQL 程序时，在 SGA 中分配的私有空间。

(9) COMPOSITE_LIMIT(组合限制)：指定一个会话可以消耗的资源总限额，该参数由 CPU_PER_SESSION、LOGICAL_READS_PER_SESSION、PRIVATE_SGA、CONNECT_TIME 几个参数综合决定，单位是服务单元。

在概要文件页面，单击“创建”按钮，打开“创建 概要文件”页面，在“一般信息”中可以设置新创建概要文件的资源限制参数，如图 9.3 所示。

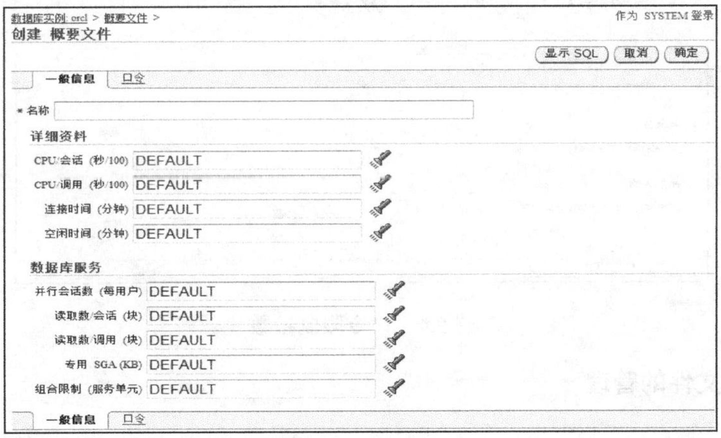

图 9.3 资源限制参数

9.1.2 口令限制参数

用户概要文件中的口令限制参数如下。

(1) PASSWORD_LIFE_TIME(有效期)：指定用户口令的有效天数，超过有效期后，用户将得到警告信息。

(2) PASSWORD_GRACE_TIME(最大锁定天数)：指口令在有效期后更改口令的有限时间范围，若用户在时间范围内没有更新口令，则原有口令会过期，用户将被拒绝连接。默认情况下，该参数的值是无限期。

(3) PASSWORD_REUSE_MAX 和 PASSWORD_REUSE_TIME：这两个参数必须联合使用，PASSWORD_REUSE_MAX(保留的口令数)指定口令从第一次使用到再次被使用期间发生的更改次数，PASSWORD_REUSE_TIME(保留天数)指定口令从第一次使用到再次被使用的时间间隔。如果 PASSWORD_REUSE_MAX 参数值为 10，PASSWORD_REUSE_TIME 参数值为 30，则用户在口令被更改 10 次且 30 天后才可以再次被重复使用。如果这两个参数中的任一个被指定为 UNLIMITED，则用户永远不可以重复使用同一个口令。默认用户概要文件中，这两个参数都被指定为 UNLIMITED。

(4) PASSWORD_VERIFY_FUNCTION(复杂性函数)：指定口令复杂性校验函数，该函数会对口令进行校验，以判断口令是否符合最低复杂程度或其他校验规则。

(5) FAILED_LOGIN_ATTEMPTS(锁定前允许的最大失败登录次数)：指定用户登录数据库时允许失败的最大次数，超过该限制，账号将被锁定。

(6) PASSWORD_LOCK_TIME(锁定天数)：指定用户登录失败后，账号被锁定的时间长度。

DEFAULT 概要文件默认口令规则是口令 180 天后自动失效，失效 7 天后账号锁定；用户 10 次登录失败后账号锁定 1 天。

在概要文件页面，单击“创建”按钮，打开“创建 概要文件”页，在“口令”选项卡中可以设置新创建概要文件的口令限制参数，如图 9.4 所示。

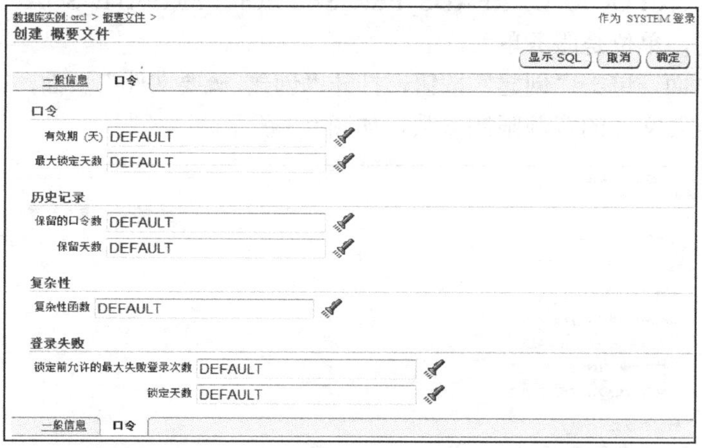

图 9.4　口令限制参数

9.1.3　用户概要文件的管理

1. 创建概要文件

创建概要文件使用 CREATE PROFILE 语句，语法如下：

```
CREATE PROFILE profile LIMIT
{resource_parameters | password_parameters}[…n];
```

说明

- profile 指定用户概要文件的文件名。

• resource_parameters 指定资源限制参数，语法为：

```
resource_parameter_name integer | UNLIMITED | DEFAULT
```

对于 PRIVATE_SGA 参数，可以在整数后加上单位，如 K、M、G 等，若不加单位，则以字节计算。

• password_parameters 指定口令限制参数，语法为：

```
password_parameter_name expr | UNLIMITED | DEFAULT
```

其中：expr 是一个表达式。

对于 PASSWORD_VERIFY_FUNCTION 参数，其语法为：

```
PASSWORD_VERIFY_FUNCTION function | NULL | DEFAULT
```

其中：function 是函数。

例 9-1 创建一个名为 john_profile 的概要文件，其中用户并行会话数无限制，CPU 会话时间无限制，会话持续时间最大为 45 分钟，专用 SGA 空间为 15KB，组合限制不能超过 500 万个服务单元，最大失败登录 5 次，失败登录后口令锁定 1 小时。

```
CREATE PROFILE john_profile LIMIT
SESSIONS_PER_USER        UNLIMITED
CPU_PER_SESSION          UNLIMITED
CONNECT_TIME             45
PRIVATE_SGA              15K
COMPOSITE_LIMIT          5000000
FAILED_LOGIN_ATTEMPTS    5
PASSWORD_LOCK_TIME       1/24;
```

2. 修改概要文件

修改概要文件使用 ALTER PROFILE 语句，语法如下：

```
ALTER PROFILE profile LIMIT
{resource_parameters | password_parameters}[…n];
```

ALTER PROFILE 语句的用法与 CREATE PROFILE 语句的用法相同。

例 9-2 修改 john 的用户概要文件 john_profile，将用户并行会话数改为 3，口令的有效期设为 30 天，最大锁定天数设为 7 天。

```
ALTER PROFILE john_profile LIMIT
SESSIONS_PER_USER        3
PASSWORD_LIFE_TIME       30
PASSWORD_GRACE_TIME 7;
```

3. 删除概要文件

删除概要文件使用 DROP PROFILE 语句，语法如下：

```
DROP PROFILE profile [CASCADE];
```

说明 CASCADE 指定在删除概要文件的同时，重置使用该概要文件用户的概要文件为 DEFAULT。如果概要文件已经指定给用户使用，则删除概要文件时，必须指定 CASCADE 子句。

例 9-3　删除 john_profile 概要文件并解除该概要文件与用户 john 的关系。

```
DROP PROFILE john_profile CASCADE;
```

4. 查询概要文件

通过查询数据字典获取用户概要文件的基本信息。

DBA_PROFILES：包含 Oracle 数据库所有用户概要文件的基本信息。

USER_RESOURCE_LIMITS：包含当前用户的资源限制参数。

USER_PASSWORD_LIMITS：包含当前用户的口令限制参数。

例 9-4　查询 DEFAULT 用户概要文件 PASSWORD_LIFE_TIME 参数的值，如图 9.5 所示。

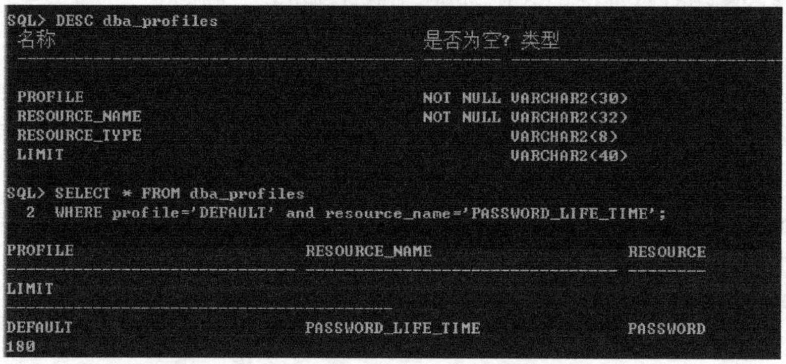

```
SQL> DESC dba_profiles
 名称                                       是否为空? 类型
 ----------------------------------------- -------- ----------------------------

 PROFILE                                   NOT NULL VARCHAR2(30)
 RESOURCE_NAME                             NOT NULL VARCHAR2(32)
 RESOURCE_TYPE                                      VARCHAR2(8)
 LIMIT                                              VARCHAR2(40)

SQL> SELECT * FROM dba_profiles
  2  WHERE profile='DEFAULT' and resource_name='PASSWORD_LIFE_TIME';

PROFILE                        RESOURCE_NAME                    RESOURCE
------------------------------ -------------------------------- --------
LIMIT
----------------------------------------
DEFAULT                        PASSWORD_LIFE_TIME               PASSWORD
180
```

图 9.5　查询 DEFAULT 用户概要文件

例 9-5　查询当前用户的概要文件资源限制信息，如图 9.6 所示。

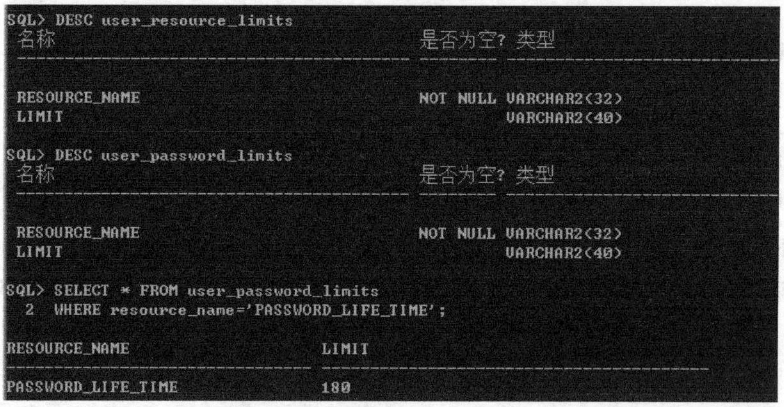

```
SQL> DESC user_resource_limits
 名称                                       是否为空? 类型
 ----------------------------------------- -------- ----------------------------

 RESOURCE_NAME                             NOT NULL VARCHAR2(32)
 LIMIT                                              VARCHAR2(40)

SQL> DESC user_password_limits
 名称                                       是否为空? 类型
 ----------------------------------------- -------- ----------------------------

 RESOURCE_NAME                             NOT NULL VARCHAR2(32)
 LIMIT                                              VARCHAR2(40)

SQL> SELECT * FROM user_password_limits
  2  WHERE resource_name='PASSWORD_LIFE_TIME';

RESOURCE_NAME                    LIMIT
-------------------------------- ----------------------------------------
PASSWORD_LIFE_TIME               180
```

图 9.6　查询当前用户概要文件

9.2　用 户 管 理

Oracle 数据库的用户都必须有一个合法的账号。Oracle 数据库安装和创建过程中会自动创建一些账号，如 SYS、SYSTEM、SYSMAN 和 DBSNMP，这些都是管理员账号，可以执行启动和停止数据库、管理数据库内存和外存、创建数据库用户等任务。除此以外，还有一些内部账号和示例模式账号。示例模式账号与示例模式同名，初始状态为锁定和密码过期。

账号被创建的同时，Oracle 还会创建一个与账号同名的模式，用户创建的所有数据库对象(表、索引等)都隶属于该模式。用户登录数据库后，若要创建模式对象，还要事先为用户在永久表空间和临时表空间上分配配额，否则无法存储模式对象。模式对象可以全部存储在一个表空间中，也可以存储在多个表空间中；同样，一个表空间也可以存储多个模式对象。

9.2.1 Oracle 身份认证方法

Oracle 数据库用户连接数据库时，必须经过身份认证，Oracle 提供 3 种用户身份认证方式。

1. 数据库身份认证方式

数据库身份认证方式是由 Oracle 数据库管理用户的账号和密码，用户被创建时必须被指定一个密码，用密码检验用户的身份。这种认证方式不需要依赖 Oracle 数据库以外的任何机构，可以利用 Oracle 数据库用户概要文件口令限制参数约束用户口令，提高抗风险能力，用户数量不太多的情况下易于实现。

2. 外部身份认证

外部身份认证方式允许 Oracle 数据库之外的机构进行身份认证，如操作系统或第三方服务，Oracle 数据库不保存用户的口令，用户被创建时认证方式需指定为 EXTERNALLY。

3. 全局身份认证

全局身份认证采用企业目录服务(Oracle Internet Directory)进行身份认证，用户被创建时认证方式需指定为 GLOBALLY。

Oracle 数据库管理员，即具有 SYSDBA 或 SYSOPER 系统权限的用户，是特殊的数据库用户，执行诸如启动、关闭数据库操作，可以采用集中强制认证、操作系统认证和口令文件认证三种方式。集中强制认证方式使用目录服务，如 OID(Oracle Internet Directory)，可以同时管理 SYSDBA 和 SYSOPER 权限用户对多个 Oracle 数据库的访问。操作系统认证方式是由操作系统完成 Oracle 数据库管理员身份认证，凡是在操作系统数据库管理员组中的用户，都可以 SYSDBA 的身份连接数据库，连接后进入 Oracle 数据库的用户名都为 SYS。例如 Windows 平台，ORA_DBA 组中的用户登录操作系统，以 AS SYSDBA 身份连接数据库，连接后的用户都为 SYS 用户。在 UNIX 平台操作系统中，Oracle 数据库管理员组名为 dba。口令文件认证方式是以密码文件的方式对 SYSDBA 和 SYSOPER 系统权限用户进行身份认证，这种认证方式强度最弱，有容易暴露的风险。

默认情况下，Oracle 数据库管理员采用口令文件认证方式。通过修改文件 c:\app\john\product\11.2.0\dbhome_1\network\admin\sqlnet.ora，可以设置数据库管理员的认证方式。当 SQLNET.AUTHENTICATION_SERVICES=(NONE) 时，采用口令文件认证方式；当 SQLNET.AUTHENTICATION_SERVICES=(NTS)时，采用操作系统认证方式。集中强制认证方式设置可以参考其他相关资料。

9.2.2 创建用户

Oracle 数据库中，使用 CREATE USER 语句创建用户。CREATE USER 语句的语法如下：

```
CREATE USER user
IDENTIFIED {BY password | EXTERNALLY [AS 'cerfificate_DN'] | GLOBALLY
      [AS 'directory_DN']}
```

```
[DEFAULT TABLESPACE tablespace]
[TEMPORARY TABLESPACE tablespace | tablespace_group_name]
[{QUOTA {{n [K | M]} | UNLIMITED} ON tablespace} […n] ]
[PROFILE profile]
[PASSWORD EXPIRE]
[ACCOUNT LOCK | UNLOCK];
```

说明

- user：指定创建用户的账号，在数据库中账号必须唯一。
- IDENTIFIED：指定用户身份认证方式，BY password 采用数据库身份认证方式，EXTERNALLY 采用外部身份认证方式，GLOBALLY 采用全局身份认证方式。
- DEFAULT TABLESPACE：指定用户的默认表空间；如果没有指定，Oracle 数据库默认表空间被设置为用户的默认表空间。
- TEMPORARY TABLESPACE：指定用户的临时表空间。当用户进行排序、汇总、连接等操作时，数据库首先使用内存中的排序区 SORT_AREA_SIZE，如果该区域内存不够，则自动使用用户的临时表空间。
- QUOTA：指定用户在特定表空间上的配额，即用户在表空间中可以使用的空间。配额的大小可以是固定的数值，不指定单位时，以字节计算；指定单位时，以千字节(K)或兆字节(M)计算。配额的大小也可以指定为 UNLIMITED，此时不限制用户在表空间中使用的空间。
- PROFILE：指定用户的概要文件，不设置采用系统默认概要文件 DEFAULT。
- PASSWORD EXPIRE：设置用户口令的初始状态为过期，即用户在首次登录数据库时必须更改口令。
- ACCOUNT LOCK | UNLOCK：设置用户初始状态为锁定或不锁定状态。在锁定状态下，用户不可以用此账号登录 Oracle 数据库。

例 9-6 创建一个用户 john，采用数据库认证方式，口令为 john123，默认表空间为 users，临时表空间为 temp，在 users 表空间的配额为 10MB，在 system 表空间的配额为 5MB，为其指定概要文件 john_profile。

```
CREATE USER john IDENTIFIED BY john123
DEFAULT TABLESPACE users
TEMPORARY TABLESPACE temp
QUOTA 10M ON users
QUOTA 5M ON system
PROFILE john_profile;
```

例 9-7 创建用户 henry，采用数据库认证方式，口令为 henry123，口令状态为过期，且为加锁状态。

```
CREATE USER henry IDENTIFIED BY henry123
PASSWORD EXPIRE
ACCOUNT LOCK;
```

9.2.3 修改用户

Oracle 数据库中，使用 ALTER USER 语句修改用户。ALTER USER 语句的语法如下：

```
ALTER USER user {
{IDENTIFIED {BY password | EXTERNALLY [AS 'cerfificate_DN'] | GLOBALLY
            [AS 'directory_DN']}} |
{DEFAULT TABLESPACE tablespace} |
{TEMPORARY TABLESPACE tablespace | tablespace_group_name} |
{{QUOTA {{n [K | M]} | UNLIMITED} ON tablespace} […n]} |
{PROFILE profile} |
{DEFAULT ROLE {role_list | ALL [EXCEPT role_list] | NONE}} |
{PASSWORD EXPIRE} |
{ACCOUNT LOCK | UNLOCK}
} […n];
```

ALTER USER 语句与 CREATE USER 语句的选项基本相同，不同之处在于 ALTER USER 语句中多了 DEFAULT ROLE。DEFAULT ROLE 用于设置用户的角色，参见 9.4.3 小节。

例 9-8 修改用户 john，使其默认表空间变为 example，在该表空间的配额为 10MB。

```
ALTER USER john
DEFAULT TABLESPACE example
QUOTA 10M ON example;
```

例 9-9 修改用户 henry，使其解锁。

```
ALTER USER henry
ACCOUNT UNLOCK;
```

例 9-10 修改用户 john 的概要文件为 new_john_profile。

```
ALTER USER john
PROFILE new_john_profile;
```

9.2.4 删除用户

Oracle 数据库中，使用 DROP USER 语句删除用户。DROP USER 语句的语法如下：

```
DROP USER user [CASCADE];
```

说明 CASCADE：指定在删除用户的同时，删除与用户同名模式中的所有对象；若不指定 CASCADE，则当与用户同名的模式含有任何对象时，无法删除用户。

例 9-11 删除用户 john，同时删除 john 模式中的所有对象。

```
DROP USER john CASCADE;
```

例 9-12 删除用户 henry。

```
DROP USER henry;
```

9.2.5 查询用户信息

可以通过查询数据字典获取用户信息。

DBA_USERS：包含 Oracle 数据库所有用户的信息。

DBA_TS_QUOTAS：包含 Oracle 数据库所有用户的表空间配额信息。

USER_USERS：包含当前用户的信息。

USER_TS_QUOTAS：包含当前用户的表空间配额信息。

例 9-13 查询 Oracle 数据库所有以 S 开头的账号及其状态，如图 9.7 所示。

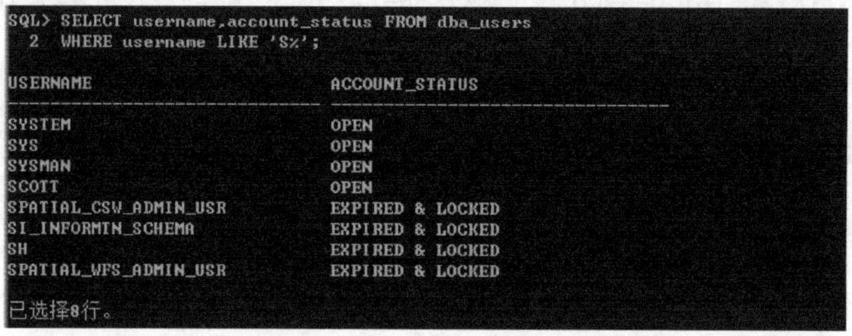

```
SQL> SELECT username,account_status FROM dba_users
  2  WHERE username LIKE 'S%';

USERNAME                       ACCOUNT_STATUS
------------------------------ --------------------------------
SYSTEM                         OPEN
SYS                            OPEN
SYSMAN                         OPEN
SCOTT                          OPEN
SPATIAL_CSW_ADMIN_USR          EXPIRED & LOCKED
SI_INFORMTN_SCHEMA             EXPIRED & LOCKED
SH                             EXPIRED & LOCKED
SPATIAL_WFS_ADMIN_USR          EXPIRED & LOCKED

已选择8行。
```

图 9.7　查询数据库账号

例 9-14 查询当前用户的表空间配额信息，如图 9.8 所示。

```
SQL> SELECT tablespace_name,max_bytes FROM user_ts_quotas;

TABLESPACE_NAME                 MAX_BYTES
------------------------------ ----------
USERS                            10485760
```

图 9.8　查询当前用户配额信息

在图 9.8 中，max_bytes 字段为用户在表空间上的配额，以字节为单位。如果查询结果为空，则用户在任何表空间上都没有配额；如果 max_bytes 字段的值为–1，则用户在该表空间上的配额为无限。

9.3　权限管理

权限管理是控制用户对数据库的访问和使用。用户在数据库中可以执行什么样的操作，以及可以对何种对象进行操作，完全取决于 Oracle 数据库管理员给用户分配的权限。用户被创建后，若不为用户分配权限，则用户无法连接和使用数据库。

Oracle 数据库中，用户的权限分为系统权限和对象权限。系统权限是在数据库级别执行某种操作，或针对某一类对象执行某种操作，如 CREATE USER、CREATE TABLE 等。对象权限是在某个模式对象上执行某种操作，不同的模式对象有不同的对象权限，如查询 EMPLOYEES 表、删除 DEPARTMENTS 表中的记录。用户在 Oracle 数据库中的权限足够即可，不必过大，如数据库应用开发人员仅需要创建和修改表、索引、视图、存储过程等的权限即可，不需要为其分配表空间管理权限。

Oracle 中用户权限的管理可以通过 3 种方法实现，① 直接给用户分配权限；② 先将权限赋予角色，再将角色授予用户，间接地为用户分配权限；③ 将权限授予 PUBLIC 用户组，PUBLIC 是数据库创建时自动创建的一个特殊用户组，数据库中的所有用户都属于该用户组，如果将某个权限授予 PUBLIC 用户组，则数据库中的所有用户都具有该权限。

9.3.1　授予系统权限

1. 系统权限的分类

Oracle 数据库中有 100 多种系统权限，每种权限都为用户提供了一种数据库操作。系统权限可以分为两类，一类是对数据库某类对象的操作，通常带有 ANY 关键字；另一类是数据库级的操作。常用系统权限如表 9.1 所示。

表 9.1　常用系统权限

系统权限名	权限说明
数据库	
ALTER DATABASE	修改数据库配置
ALTER SYSTEM	修改数据库初始化参数
AUDIT SYSTEM	执行 AUDIT 语句
会话	
CREATE SESSION	连接(登录)数据库
ALTER SESSION	执行 ALTER SESSION 语句
RESTRICTED SESSION	在数据库处于受限状态时可以连接数据库
表空间	
CREATE TABLESPACE	创建表空间
ALTER TABLESPACE	修改表空间
DROP TABLESPACE	删除表空间
表	
CREATE TABLE	在当前用户模式中创建、修改、删除、查询表
CREATE ANY TABLE	在任何模式中创建表
ALTER ANY TABLE	在任何模式中修改表
DROP ANY TABLE	在任何模式中删除表
SELECT ANY TABLE	对任何模式中的表进行查询
INSERT ANY TABLE	向任何模式中的表插入数据
UPDATE ANY TABLE	修改任何模式中的表数据
DELETE ANY TABLE	删除任何模式中的表数据
索引	
CREATE ANY INDEX	在任何模式中创建索引
ALTER ANY INDEX	修改任何模式中的索引
DROP ANY INDEX	删除任何模式中的索引
视图	
CREATE VIEW	在当前用户模式中创建、修改、删除视图
CREATE ANY VIEW	在任何模式中创建视图
DROP ANY VIEW	删除任何模式中的视图
过程	
CREATE PROCEDURE	在当前用户模式中创建、删除、修改过程、函数和包
CREATE ANY PROCEDURE	在任何模式中创建过程、函数和包
ALTER ANY PROCEDURE	修改任何模式中的过程、函数和包
DROP ANY PROCEDURE	删除任何模式中的过程、函数和包
EXECUTE ANY PROCEDURE	执行或引用任何模式中的过程、函数和包
触发器	
CREATE TRIGGER	在当前用户模式中创建、修改、删除触发器
CREATE ANY TRIGGER	在任何模式中创建触发器
ALTER ANY TRIGGER	在任何模式中修改触发器
DROP ANY TRIGGER	删除任何模式中的触发器
概要文件	
CREATE PROFILE	创建概要文件
ALTER PROFILE	修改概要文件
DROP PROFILE	删除概要文件

续表

系统权限名	权 限 说 明
用户	
CREATE USER	创建用户
ALTER USER	修改用户
DROP USER	删除用户
角色	
CREATE ROLE	创建角色
ALTER ANY ROLE	修改任何角色
DROP ANY ROLE	删除任何角色
GRANT ANY ROLE	向数据库中任何角色或用户授予任何角色
数据类型	
CREATE TYPE	在当前用户模式中创建、修改、删除数据类型
CREATE ANY TYPE	在任何模式中创建数据类型
ALTER ANY TYPE	修改任何模式中的数据类型
DROP ANY TYPE	删除任何模式中的数据类型
特权	
SYSDBA	创建数据库；启动、关闭数据库实例；使用 ALTER DATABASE 语句执行打开、安装、备份和更改字符集操作；对数据库进行日志归档或恢复；在受限状态下连接数据库；创建数据库初始化参数文件
SYSOPER	启动、关闭数据库实例；使用 ALTER DATABASE 语句执行打开、安装、备份数据库操作；对数据库进行日志归档或恢复；在受限状态下连接数据库；创建数据库初始化参数文件
其他	
GRANT ANY PRIVILEGE	授予用户任何系统权限

2. 授予系统权限

Oracle 数据库中，使用 GRANT 语句授予系统权限，语法如下：

```
GRANT {system_privilege | role | ALL PRIVILEGES}[,…n]
TO grantee_list
[WITH ADMIN OPTION];
```

说明

- system_privilege：指定要授予的系统权限，系统权限名之间用逗号分隔。
- ALL PRIVILEGES：指所有的系统权限，除了 SELECT ANY DICTIONARY 权限。
- role：指角色，参考 9.4.2 小节。
- grantee_list：指定接受权限的用户、角色或 PUBLIC，用户名、角色、PUBLIC 之间用逗号分隔。
- WITH ADMIN OPTION：指定用户可以将获得的系统权限再授予其他用户。

例 9-15 为所有的用户授予 CREATE SESSION 权限。

```
GRANT CREATE SESSION TO PUBLIC;
```

例 9-16 由数据库管理员为 john 分配 CREATE SESSION、CREATE TABLE 权限；再由 john 为 henry 分配 CREATE SESSION 权限。

先由数据库管理员为 john 分配权限：

```
GRANT CREATE SESSION, CREATE TABLE TO john
WITH ADMIN OPTION;
```

再以 john 账号登录数据库，为 henry 分配权限：

```
GRANT CREATE SESSION TO henry;
```

9.3.2 回收系统权限

数据库管理员或具有授予系统权限能力的用户可以剥夺授予用户的权限，回收系统权限使用 REVOKE 语句，语法如下：

```
REVOKE {system_privilege | role | ALL PRIVILEGES}[,…n]
FROM grantee_list;
```

多个数据库管理员授予用户同一个系统权限，其中一个数据库管理员回收系统权限，则用户不再拥有相应的系统权限。若要回收用户授予系统权限的能力，必须先将授予用户的系统权限回收，再重新授予用户系统权限。如果一个用户具备了授予系统权限的能力，并且为其他用户授予了系统权限，当该用户系统权限被剥夺时，其他用户的系统权限不受影响。

例 9-17 回收授予 john 的 CREATE TABLE、CREATE SESSION 权限。

```
REVOKE CREATE TABLE, CREATE SESSION FROM john;
```

9.3.3 授予对象权限

1. 对象权限分类

对象权限是用户对特定模式对象的操作权限，模式对象所有者拥有该模式对象的所有对象权限。常见的对象与对象权限对照关系如表 9.2 所示。

表 9.2 对象与对象权限对照表

对　象	对象权限	说　明
表、序列	ALTER	修改表、序列结构
表、视图、序列	SELECT	查询表、视图、序列
表、视图	INSERT	向表、视图中插入数据
表、视图	DELETE	删除表、视图中的数据
表、视图	UPDATE	更新表、视图中的数据
表	INDEX	对表进行索引
表、视图	REFERENCES	允许对表、视图进行参照
过程、函数、包	EXECUTE	执行过程、函数或者包

2. 授予对象权限

Oracle 数据库中，使用 GRANT 语句授予对象权限，语法如下：

```
GRANT {{object_privilege | {ALL [PRIVILEGES]}} [(column_list)]}[,…n]
ON schema.object
TO grantee_list
[WITH HIERARCHY OPTION]
[WITH GRANT OPTION]
```

说明

- object_privilege：指定对象权限，对象权限之间以逗号分隔。
- ALL：指定将用户拥有的所有模式对象权限授予其他用户。模式对象的创建者自动拥有对模式对象操作的所有权限。PRIVILEGES 关键字是可选的，只是澄清要授予的是权限。

- column_list：指定模式对象字段，如表字段，字段之间用逗号分隔。如果不指定，则可以对对象的所有字段操作。
- schema.object：指定模式对象。
- grantee_list：指定被授予权限的用户名、角色或PUBLIC，用户名之间用逗号分隔。
- WITH HIERARCHY OPTION：指定授权时连同对象的子对象权限一起授予用户。
- WITH GRANT OPTION：指定用户可将获得的对象权限再授予其他用户。

例 9-18 将 scott 模式下 emp 表的 SELECT、UPDATE、INSERT、DELETE 对象权限授予 john 用户，再由 john 用户将 scott 模式下 emp 表的 SELECT 权限授予 henry 用户。

先由数据库管理员将 scott 模式下 emp 表的 SELECT、UPDATE、INSERT、DELETE 对象权限授予 john 用户：

```
GRANT SELECT, UPDATE, INSERT, DELETE
ON scott.emp
TO john
WITH GRANT OPTION;
```

再由 john 用户将 scott 模式下 emp 表的 SELECT 对象权限授予 henry 用户：

```
GRANT SELECT
ON scott.emp
TO henry;
```

9.3.4 收回对象权限

数据库管理员或具有授予对象权限能力的用户可以剥夺其他用户的对象权限，回收对象权限使用 REVOKE 语句，语法如下：

```
REVOKE {object_privilege | {ALL [PRIVILEGES]}}[,…n]
ON schema.object
FROM grantee_list
[CASCADE CONSTRAINTS];
```

说明 CASCADE CONSTRAINTS 子句只有在回收 REFERENCES 对象权限或是 ALL [PRIVILEGES]时有效。回收 REFERENCES 对象权限将删除被授权者定义的所有参照完整性约束。

多个数据库管理员授予用户同一个对象权限，其中一个数据库管理员回收对象权限，则用户不再拥有相应的对象权限。若要回收用户授予对象权限的能力，必须先将授予用户的对象权限回收，再重新授予用户对象权限。如果一个用户具备了授予对象权限的能力，并且为其他用户授予了对象权限，当该用户对象权限被剥夺时，其他用户的对象权限也被收回。

例 9-19 回收授予 john 用户 scott 模式下 emp 表的 SELECT、UPDATE、INSERT、DELETE 对象权限。

```
REVOKE SELECT, UPDATE, INSERT, DELETE
ON scott.emp
FROM john;
```

9.3.5 查询权限信息

可以通过查询数据字典获取数据库权限信息。

DBA_SYS_PRIVS：包含所有用户、角色的系统权限信息。

DBA_TAB_PRIVS：包含所有用户、角色的对象权限信息。

USER_SYS_PRIVS：包含当前用户的系统权限信息。

USER_TAB_PRIVS：包含当前用户的对象权限信息。

例 9-20 查询当前用户具有的系统权限，如图 9.9 所示。

```
SQL> DESC user_sys_privs
 名称                                      是否为空? 类型
 ----------------------------------------- -------- ----------------

 USERNAME                                           VARCHAR2(30)
 PRIVILEGE                                 NOT NULL VARCHAR2(40)
 ADMIN_OPTION                                       VARCHAR2(3)

SQL> SELECT * FROM user_sys_privs;

USERNAME                       PRIVILEGE                                ADM
------------------------------ ---------------------------------------- ---
SCOTT                          UNLIMITED TABLESPACE                     NO
```

图 9.9 查询当前用户系统权限

在图 9.9 中，UNLIMITED TABLESPACE 表示用户对表空间具有无限配额权限。

例 9-21 查询当前用户具有的对象权限，如图 9.10 所示。

```
SQL> DESC user_tab_privs
 名称                                      是否为空? 类型
 ----------------------------------------- -------- ----------------

 GRANTEE                                   NOT NULL VARCHAR2(30)
 OWNER                                     NOT NULL VARCHAR2(30)
 TABLE_NAME                                NOT NULL VARCHAR2(30)
 GRANTOR                                   NOT NULL VARCHAR2(30)
 PRIVILEGE                                 NOT NULL VARCHAR2(40)
 GRANTABLE                                          VARCHAR2(3)
 HIERARCHY                                          VARCHAR2(3)

SQL> SELECT * FROM user_tab_privs;

GRANTEE                        OWNER
------------------------------ ------------------------------
TABLE_NAME                     GRANTOR
------------------------------ ------------------------------
PRIVILEGE                                GRA HIE
---------------------------------------- --- ---
SCOTT                          HR
JOBS                           HR
SELECT                                   NO  NO
```

图 9.10 查询当前用户对象权限

在图 9.10 中，grantee 是权限的接受者，owner 是权限的拥有者，table_name 是模式中的对象，grantor 是授权者。

9.4 角色管理

为了简化用户权限管理，Oracle 增加了角色管理。角色是一组相关权限集合，可以先将权限赋予角色，然后再将角色赋予用户，这样用户就得到了角色所拥有的所有权限。

9.4.1 预定义角色

预定义角色是 Oracle 数据库创建时定义的一些常用角色，这些角色已经具有了一定的权限，数据库管理员可以直接将角色赋予用户，这样，用户就会具有预定义角色的权限。Oracle 数据库中常见的预定义角色如表 9.3 所示。

表 9.3 常见预定义角色

角色名	角 色 权 限
DBA	具有最大的管理权限，如创建用户和赋权，创建角色，创建、修改和删除模式对象。具有所有系统权限，除了启动和关闭数据库。SYS 用户和 SYSTEM 用户默认具有该角色
CONNECT	允许用户访问数据库，如使用 OEM Database Control 创建用户，则用户默认具有该角色
RESOURCE	允许用户创建、修改和删除特定的模式对象，还具有一些系统权限，如 CREATE CLUSTER、CREATE INDESTYPE、CREATE OPERATOR、CREATE PROCEDURE、CREATE SEQUENCE、CREATE TABLE、CREATE TRIGGER、CREATE TYPE 等

9.4.2 角色管理

1. 创建角色

Oracle 数据库创建角色使用 CREATE ROLE 语句，创建角色前，用户必须拥有 CREATE ROLE 系统权限。CREATE ROLE 语句的语法如下：

```
CREATE ROLE role
[ NOT IDENTIFIED |
{IDENTIFIED {BY password | EXTERNALLY | GLOBALLY}}];
```

说明

- role：创建的角色名。
- NOT IDENTIFIED：指定使角色生效无需用户身份认证，该方式是默认值。
- IDENTIFIED：指定使角色生效的用户身份认证方式。BY password 采用数据库认证方式，EXTERNALLY 采用外部认证方式，GLOBALLY 采用全局认证方式。

用户使用 CREATE ROLE 创建角色后，若采用 NOT IDENTIFIED、IDENTIFIED EXTERNALLY 或 BY password 用户身份认证方式，Oracle 将赋予该用户该角色和管理选项(WITH ADMIN OPTION)；若采用 GLOBALLY 用户身份认证方式，该用户不具备该角色。

例 9-22 创建一个经理角色 manager。

```
CREATE ROLE manager;
```

2. 授予角色权限

授予角色权限使用 GRANT 语句，参见授予用户系统权限和对象权限。

例 9-23 授予经理角色 CREATE SESSION、CREATE TABLE 系统权限。

```
GRANT CREATE SESSION, CREATE TABLE TO manager;
```

例 9-24 授予经理角色 scott 模式下 emp 表的 SELECT 对象权限。

```
GRANT SELECT ON scott.emp TO manager;
```

3. 回收角色权限

回收角色权限使用 REVOKE 语句，参见回收用户系统权限和对象权限。

例 9-25 回收经理角色 CREATE SESSION、CREATE TABLE 系统权限。

```
REVOKE CREATE SESSION, CREATE TABLE FROM manager;
```

例 9-26 回收经理角色 scott 模式下 emp 表的 SELECT 对象权限。

```
REVOKE SELECT ON scott.emp FROM manager;
```

4. 删除角色

Oracle 数据库删除角色使用 DROP ROLE 语句。用户必须具有角色的管理选项(WITH ADMIN OPTION)才能删除角色。DROP ROLE 语句的语法如下：

```
DROP ROLE role;
```

例 9-27 删除经理角色 manager。

```
DROP ROLE manager;
```

9.4.3 利用角色进行权限管理

通过赋予用户角色、回收用户角色，可以间接地管理用户的权限，简化操作过程。

1. 给用户、角色赋予角色

给用户、角色赋予角色和给用户赋予系统权限语句的语法一样。

例 9-28 给用户 john 赋予经理角色。

```
GRANT manager TO john;
```

2. 回收用户、角色的角色

回收用户、角色的角色和回收用户的系统权限语句的语法一样。

例 9-29 回收用户 john 的经理角色。

```
REVOKE manager FROM john;
```

3. 生效、失效角色

在当前会话中，用户可以使用 SET ROLE 语句使一个或多个用户拥有的角色失效。使角色失效时，用户从角色获得的权限也失效。使角色生效、失效的用户必需具有该角色，生效、失效角色可以在一次用户会话中多次使用，它是临时性更改用户权限的手段，仅在当前会话中有用。SET ROLE 语句的语法如下：

```
SET ROLE {
{role [IDENTIFED BY password]}[,…n] |
{ALL [EXCEPT role_list]} |
NONE
};
```

例 9-30 使用户 john 的所有角色失效。

```
SET ROLE NONE;
```

例 9-31 使用户 john 的 manager 角色生效。

```
SET ROLE manager;
```

例 9-32 使用户 john 的所有角色生效。

```
SET ROLE ALL;
```

4. 修改用户的角色

用户的角色可以使用 ALTER USER 语句进行修改，语法如下：

```
ALTER USER user DEFAULT ROLE {role_list | ALL [EXCEPT role_list] | NONE};
```

说明

- role_list：指定用户的角色列表，角色以逗号分隔。
- ALL [EXCEPT role_list]：激活用户的所有角色，也可以屏蔽部分角色。
- NONE：指定屏蔽角色的所有角色。

例 9-33 屏蔽 john 用户的所有角色。

```
ALTER USER john DEFAULT ROLE NONE;
```

例 9-34 激活 john 用户的所有角色。

```
ALTER USER john DEFAULT ROLE ALL;
```

9.4.4 角色管理实例

如图 9.11 所示，企业部门中有经理(HR_MGR)和员工(HR_EMP)两类成员，经理具备创建表的权限，而部门成员仅有对表操作的权限；经理有 manager1 和 manager2 两位，员工有 employee1 和 employee2 两位。采用角色对企业部门成员的权限进行管理。

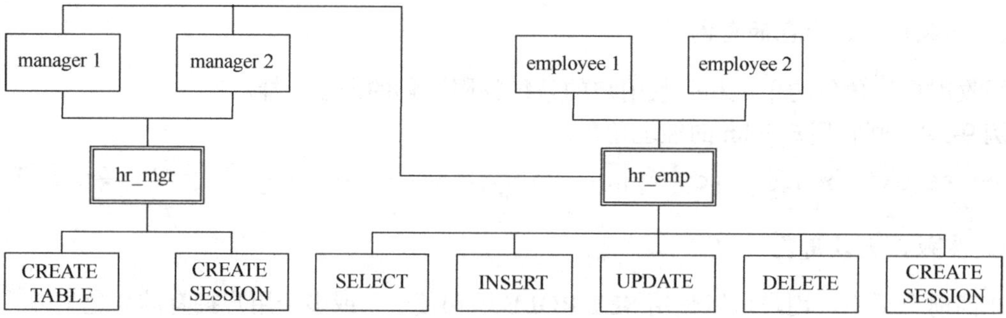

图 9.11 成员权限分配图

(1) 由数据库管理员创建 manager1 和 manager2 用户。

```
CREATE USER manager1 IDENTIFIED BY m1password
DEFAULT TABLESPACE users
QUOTA 10M ON users;
CREATE USER manager2 IDENTIFIED BY m2password
DEFAULT TABLESPACE users
QUOTA 10M ON users;
```

(2) 由数据库管理员创建 employee1 和 employee2 用户。

```
CREATE USER employee1 IDENTIFIED BY e1password;
CREATE USER employee2 IDENTIFIED BY e2password;
```

(3) 由数据库管理员创建 hr_mgr 和 hr_emp 角色。

```
CREATE ROLE hr_mgr;
CREATE ROLE hr_emp;
```

(4) 由数据库管理员授予系统权限给 hr_mgr 和 hr_emp 角色。

```
GRANT CREATE SESSION, CREATE TABLE TO hr_mgr;
GRANT CREATE SESSION TO hr_emp;
```

（5）由数据库管理员赋予用户角色。

```
GRANT hr_mgr TO manager1, manager2;
GRANT hr_emp TO manager1, manager2, employee1, employee2;
```

（6）由 manager1 创建 jobs 表，并将对象权限授予 hr_emp 角色。

```
CREATE TABLE jobs(id number, name char(10), salary number);
GRANT SELECT, INSERT, UPDATE, DELETE ON manager1.jobs TO hr_emp;
```

（7）由 manager2 创建 member 表，并将对象权限授予 hr_emp 角色。

```
CREATE TABLE member(id number, name char(10));
GRANT SELECT, INSERT, UPDATE, DELETE ON manager2.member TO hr_emp;
```

9.4.5 查询角色信息

可以通过查询数据字典获取数据库的角色信息。

DBA_ROLES：包含 Oracle 数据库的所有角色信息。

DBA_ROLE_PRIVS：包含 Oracle 数据库中赋予所有用户、角色的角色信息。

USER_ROLE_PRIVS：包含当前用户拥有的角色。

ROLE_SYS_PRIVS：包含当前用户拥有角色的系统权限信息。

ROLE_TAB_PRIVS：包含当前用户拥有角色的对象权限信息。

ROLE_ROLE_PRIVS：包含当前用户拥有角色的角色信息。

例 9-35 查询当前数据库中角色名以 C 开头的角色信息，如图 9.12 所示。

图 9.12 查询数据库角色信息

例 9-36 查询当前用户所具有的角色，如图 9.13 所示。

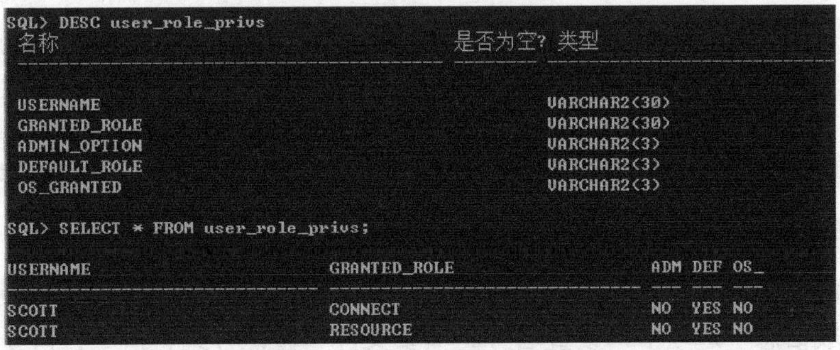

图 9.13 查询当前用户的角色

例 9-37 查询当前用户拥有角色的系统权限，如图 9.14 所示。

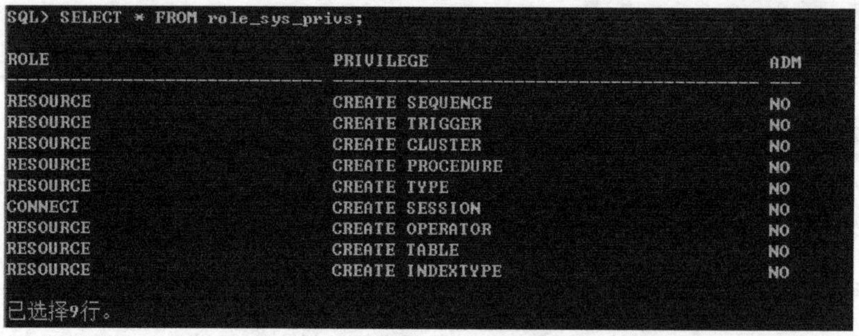
```
SQL> SELECT * FROM role_sys_privs;

ROLE                           PRIVILEGE                                ADM
------------------------------ ---------------------------------------- ---
RESOURCE                       CREATE SEQUENCE                          NO
RESOURCE                       CREATE TRIGGER                           NO
RESOURCE                       CREATE CLUSTER                           NO
RESOURCE                       CREATE PROCEDURE                         NO
RESOURCE                       CREATE TYPE                              NO
CONNECT                        CREATE SESSION                           NO
RESOURCE                       CREATE OPERATOR                          NO
RESOURCE                       CREATE TABLE                             NO
RESOURCE                       CREATE INDEXTYPE                         NO

已选择9行。
```

图 9.14　查询当前用户拥有角色的系统权限

9.5　在 OEM 中进行用户和角色管理

9.5.1　在 OEM 中管理用户

登录 OEM Database Control，如以 SYSTEM 用户登录，在页面顶部单击“服务器”，打开服务器页面。在“安全性”选项区，单击“用户”，打开用户页面，如图 9.15 所示。此页面中显示了 Oracle 数据库中的所有用户，可以进行查看、创建、编辑、删除用户等操作。

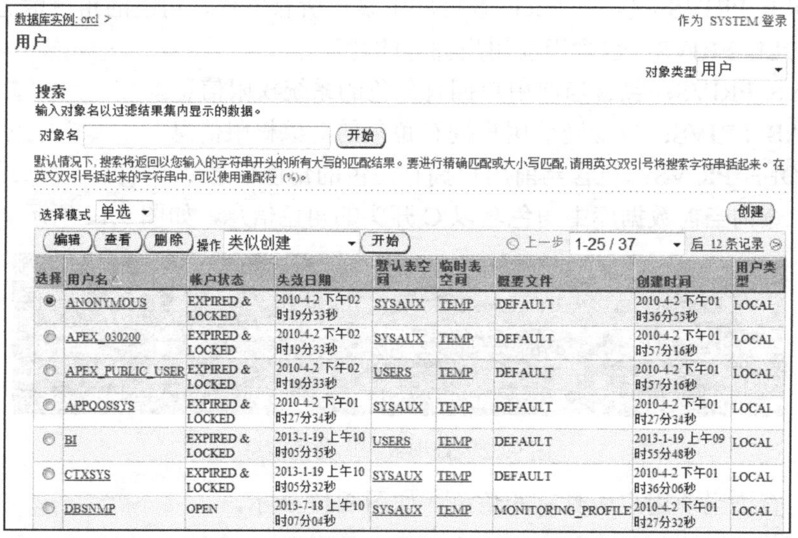

选择	用户名	帐户状态	失效日期	默认表空间	临时表空间	概要文件	创建时间	用户类型
◉	ANONYMOUS	EXPIRED & LOCKED	2010-4-2 下午02时19分33秒	SYSAUX	TEMP	DEFAULT	2010-4-2 下午01时36分53秒	LOCAL
○	APEX_030200	EXPIRED & LOCKED	2010-4-2 下午02时19分33秒	SYSAUX	TEMP	DEFAULT	2010-4-2 下午01时57分16秒	LOCAL
○	APEX_PUBLIC_USER	EXPIRED & LOCKED	2010-4-2 下午02时19分33秒	USERS	TEMP	DEFAULT	2010-4-2 下午01时57分16秒	LOCAL
○	APPQOSSYS	EXPIRED & LOCKED	2010-4-2 下午01时27分34秒	SYSAUX	TEMP	DEFAULT	2010-4-2 下午01时27分34秒	LOCAL
○	BI	EXPIRED & LOCKED	2013-1-19 上午10时05分35秒	USERS	TEMP	DEFAULT	2013-1-19 上午09时55分48秒	LOCAL
○	CTXSYS	EXPIRED & LOCKED	2013-1-19 上午10时05分32秒	SYSAUX	TEMP	DEFAULT	2010-4-2 下午01时36分06秒	LOCAL
○	DBSNMP	OPEN	2013-7-18 上午10时07分04秒	SYSAUX	TEMP	MONITORING_PROFILE	2010-4-2 下午01时27分32秒	LOCAL

图 9.15　“用户”页面

1. 查看用户信息

在用户页面中，选中用户，单击“查看”按钮，打开“查看 用户”页面，如图 9.16 所示。

2. 创建用户

在用户页面，单击“创建”按钮，打开“创建 用户”页面，如图 9.17 所示。

单击“一般信息”选项卡，设置名称、概要文件、验证方式、口令、口令即刻失效、默认表空间、临时表空间、状态等属性。单击“角色”选项卡，赋予用户角色。单击“系统权限”选项卡，赋予用户系统权限。单击“对象权限”选项卡，赋予用户对象权限，如图 9.18 所示。

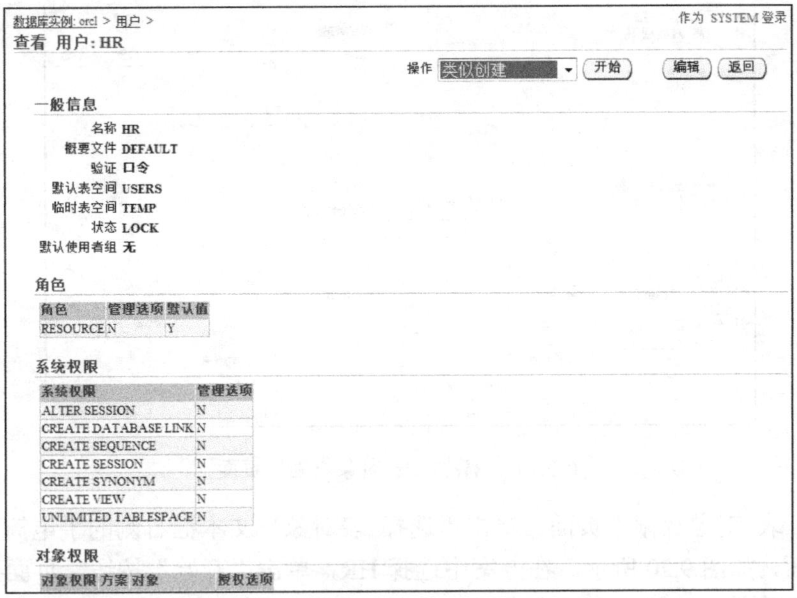

图 9.16 “查看 用户”页面

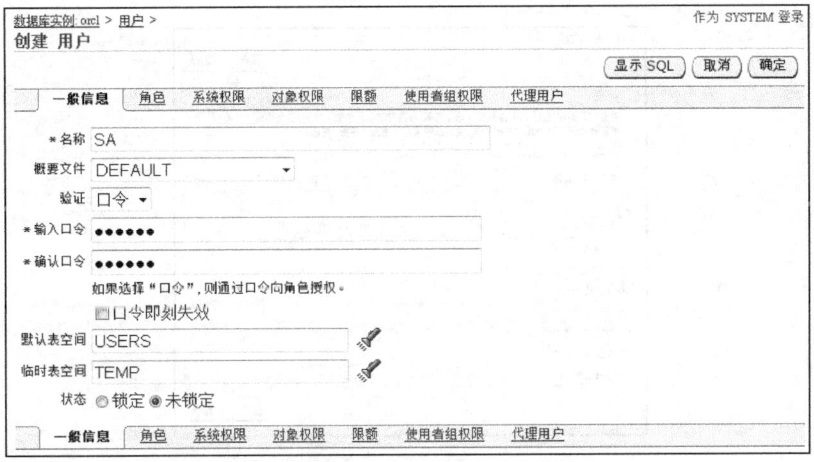

图 9.17 “创建 用户”页面

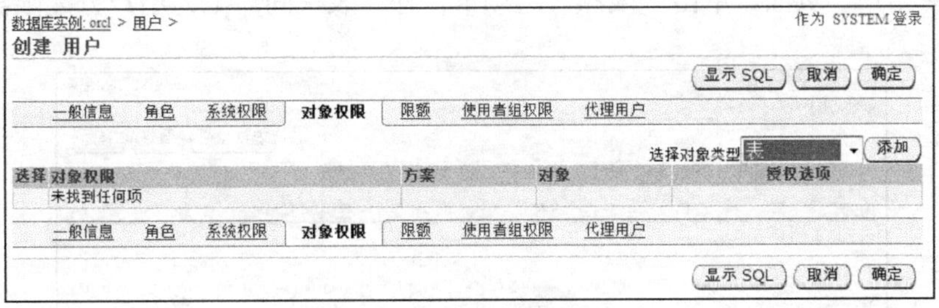

图 9.18 对象权限

为了添加对象权限，先选择对象类型，如表，单击“添加”按钮，打开“添加 表 对象权限”页面，如图 9.19 所示。

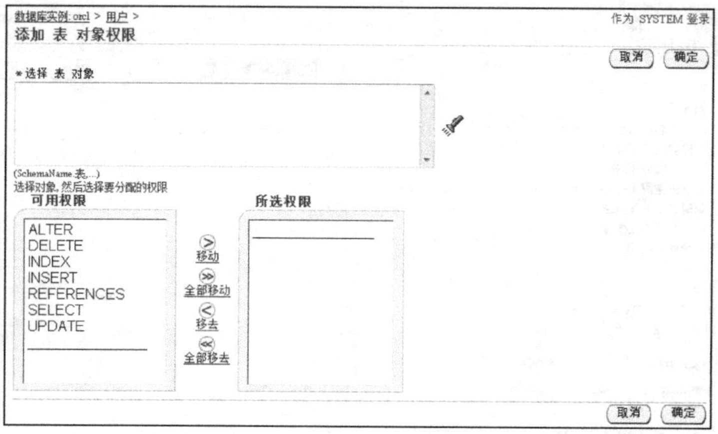

图 9.19 “添加 表 对象权限”页面

在“添加 表 对象权限”页面，单击“选择 表对象”文本框右侧的手电筒，打开“选择 表 对象”页面，如图 9.20 所示。在方案中选择 HR，单击“开始”按钮，页面列表中会显示 HR 方案中的所有表。选择一个或多个表，单击“选择”按钮，返回到“添加 表 对象权限”页面，选择对象的权限。

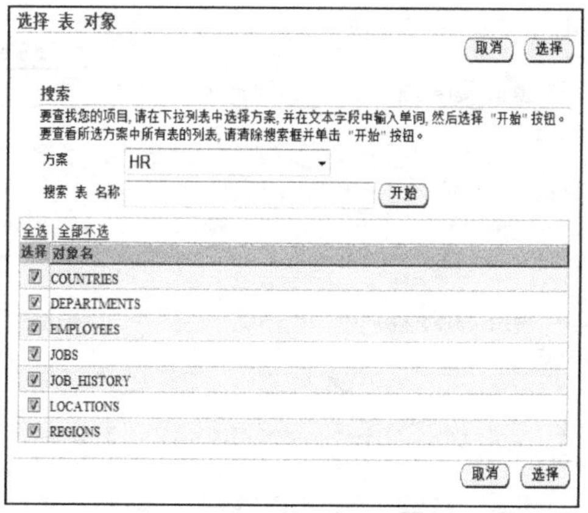

图 9.20 “选择 表 对象”页面

在“创建 用户”页面，单击“限额”选项卡，在“表空间”上为用户分配限额，如图 9.21 所示。

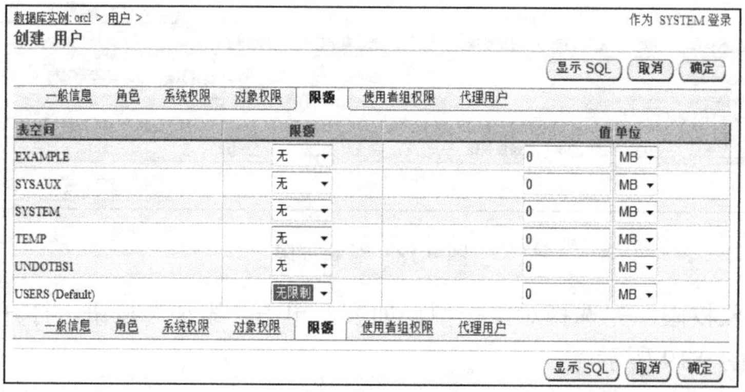

图 9.21 分配限额

3. 加锁或解锁用户

在用户页面(图 9.15)，选中“用户”，在“操作”列表框中，选择“锁定用户”，然后单击“开始”按钮即可。

9.5.2 在 OEM 中管理角色

登录 OEM Database Control，以 SYSTEM 用户登录，在页面顶部单击“服务器”，打开服务器页面。在“安全性”选项区，单击“角色”，打开“角色”页面，如图 9.22 所示。在“角色”页面，可以进行查看、创建、编辑、删除角色等操作。

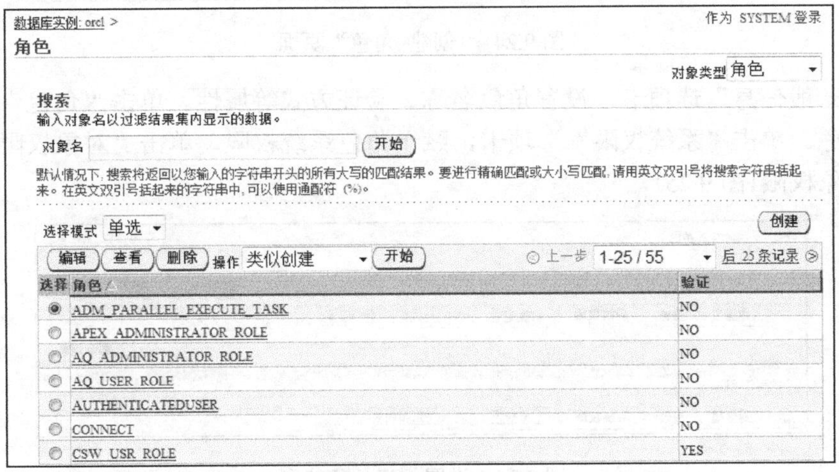

图 9.22 “角色”页面

1. 查看角色信息

在“角色”页面中，选中 CONNECT 角色，单击“查看”按钮，打开“查看 角色”页面，如图 9.23 所示。

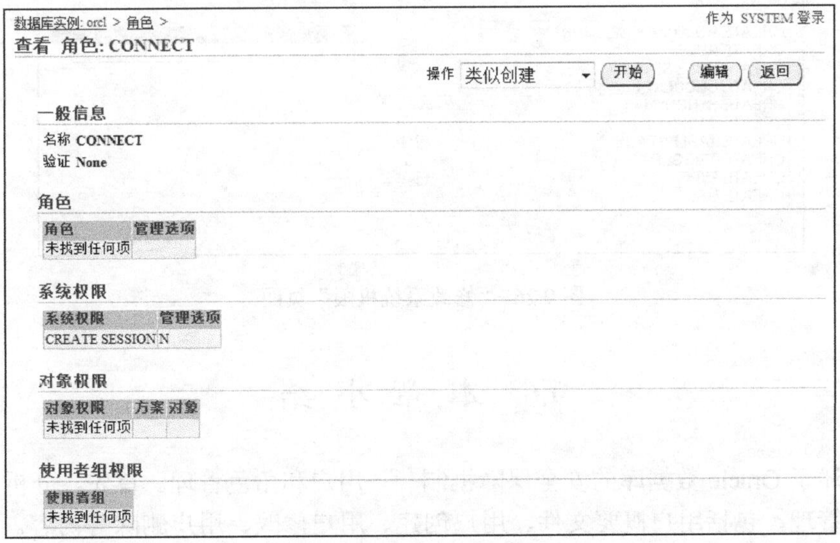

图 9.23 查看角色信息

2. 创建角色

在“角色”页面，单击“创建”按钮，打开“创建 角色”页面，如图 9.24 所示。

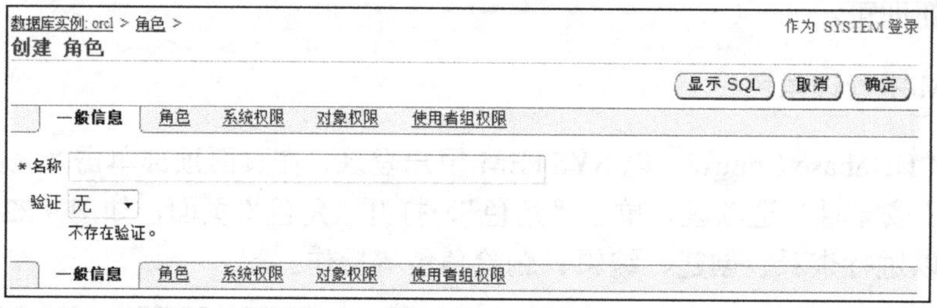

图 9.24 “创建 角色”页面

单击“一般信息”选项卡，设置角色名称、验证方式等属性。单击“角色”选项卡，赋予角色新角色。单击“系统权限”选项卡，赋予角色系统权限，单击“对象权限”选项卡，赋予角色对象权限(图 9.25)。

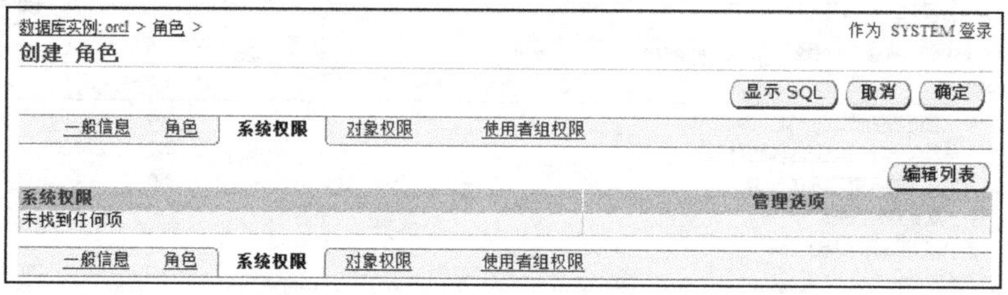

图 9.25 设置创建角色信息

为角色添加系统权限，单击“编辑列表”按钮，打开“修改系统权限”页面，如图 9.26 所示。修改完系统权限后，单击“确定”按钮。

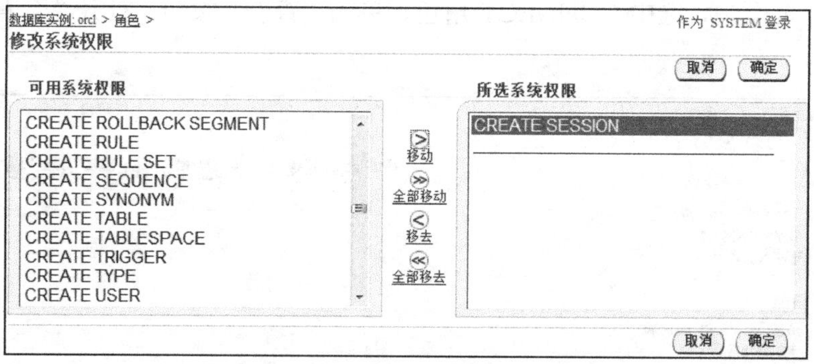

图 9.26 “修改系统权限”页面

9.6 本 章 小 结

本章叙述了 Oracle 数据库的安全保障机制——用户和角色管理。首先，分析了 Oracle 数据库的用户管理，包括用户概要文件、用户创建、用户修改、用户删除等内容。其次，分析了 Oracle 数据库权限，包括系统权限和对象权限，通过给用户赋予和回收权限，从而限制用户在 Oracle 数据库中的行为，确保数据库安全。最后，为了简化用户权限管理，从角色的角度，论述了定义角色，给角色赋权，再赋予用户角色，间接实现用户权限管理的方法。用户和角色的管理可以通过 SQL*Plus 工具实现。本章的最后一节又介绍了利用 OEM Database Control 实现用户和角色管理的方法。

思 考 题

1．用户概要文件可以对用户做哪些限制？

2．Oracle 数据库用户身份认证方式有哪几种？

3．Oracle 数据库权限分为哪几种？

4．使用角色对用户权限进行管理有哪些好处？

5．创建一个概要文件，限定该用户会话最长时间为 30 分钟，如果连续 10 分钟空闲，则会话结束。另外，用户口令的有效期为 60 天，连续登录 10 次失败后将锁定 1 天。

6．按照要求，完成以下操作。

(1) 创建一个用户 Mary，采用数据库身份认证，口令为 m123456，默认表空间为 example，在该表空间的配额为 5MB，初始状态为锁定。采用 Mary 账号登录数据库，检验是否可以登录。

(2) 授予 Mary 用户登录数据库、创建表、创建视图的系统权限。采用 Mary 账号登录数据库，检验是否可以操作。

(3) 修改用户 Mary，使其解除锁定。采用 Mary 账号登录数据库，检验锁定状态。

(4) 采用 Mary 账号登录数据库，检验是否可以创建表。

(5) 以 Mary 账号登录数据库，将新创建表的查询权限赋予 scott 用户。

(6) 以 scott 账号登录数据库，查看 Mary 模式下的表，检验是否可以查询成功。

(7) 以数据库管理员账号登录数据库，回收 Mary 用户的创建表、创建视图系统权限。

(8) 采用 Mary 账号登录数据库，检验是否可以。再次创建表。

(9) 以数据库管理员账号登录数据库，删除 Mary 用户。

(10) 以 scott 账号登录数据库，再次查询 Mary 模式下的表，看看会有什么结果。

7．一个学习小组有 10 个学生，学生 A 是小组长，其余学生是组员。请设计一个权限分配方案，由学生 A 创建表，管理表中的数据，其余学生只能查看表中的数据。

8．试分析 Oracle 数据库中用户权限获得的方法。

第 10 章　Oracle 数据库技术应用案例
——高校学生课程成绩管理系统

10.1　功能需求分析

高校学生课程成绩管理系统主要实现课程开设、教师授课、学生选课的管理。每学期学校可以开设若干门课程，每门课程可以由多个教学班组成，每个老师可以选择若干个教学班进行授课，每个学生只能参加相同课程的一个教学班的选课，但可以选择多个不同课程教学班。高校学生课程成绩管理系统主要功能如下。

(1) 教师管理。主要实现教师信息的管理，包括教师信息的添加、修改、删除和查询等任务。

(2) 课程管理。主要实现按教学计划开设课程的管理，包括课程信息的添加、修改、删除和查询等任务。

(3) 学生管理。主要实现在校学生信息的管理，包括学生信息的添加、修改、删除和查询等任务。

(4) 课程开设管理。主要制定每学期的教学任务，每门课程将分成若干个教学班进行教学。

(5) 教师选择教学任务管理。主要实现教师选择教学班，实现教学任务的分配。

(6) 学生选课管理。主要实现学生选择教学班，达到学生选课的目的。

(7) 学生成绩管理。主要实现学生选修课程成绩录入、修改、删除和查询等功能。

(8) 统计管理。按教师、课程、时间统计教师在一个时间所授课程的平均成绩；按课程、时间统计学校在一个时间该课程所有学生的平均成绩。

10.2　概 要 设 计

根据高校学生课程成绩管理系统功能需求分析，设计了 4 个实体对象，分别是教师、课程、学生、开设课程。教师对象描述教师的基本信息，包括教师号、姓名、性别、联系电话；课程对象描述课程的基本信息，包括课程号、课程名、学分、系别；学生对象描述学生的基本信息，包括学号、姓名、性别、出生年月、系别、联系电话。实体之间存在 3 个关系，分别是讲授、开设、选课。讲授描述教师和开设课程的关系，开设描述课程和开设课程的关系，选课描述学生和开设课程的关系。高校学生课程成绩管理系统 E-R 图如图 10.1 所示。

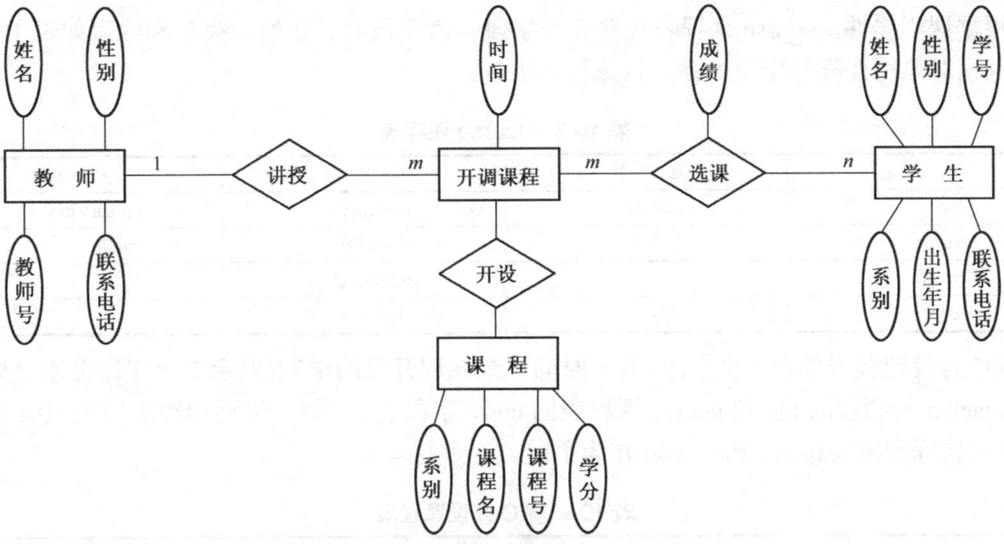

图 10.1　高校学生课程成绩管理系统 E-R 图

10.3　逻辑设计

根据高校学生课程成绩管理系统概要设计，采用关系模型设计，系统包括 4 个实体对象表、1 个关系表和 2 个视图，分别是 teacher 教师表、student 学生表、course 课程表、KC 开设课程表、SC 选课表、avg_v 视图和 cou_v 视图。

根据教师属性，teacher 教师表包含 4 个字段，其字段名、属性、类型和约束如表 10.1 所示。教师对象用教师号作为主键，性别字段只能填写“男”或“女”。

表 10.1　teacher 教师表

字段名	属性	类型	约束
tname	姓名	char(20)	not null
sex	性别	char(2)	check(sex in ('男','女'))
tno	教师号	char(12)	primary key
tphone	联系电话	char(20)	not null

根据学生属性，student 学生表包含 6 个字段，其字段名、属性、类型和约束如表 10.2 所示。学生对象用学生号作为主键，性别字段只能填写“男”或“女”。

表 10.2　student 学生表

字段名	属性	类型	约束
sname	姓名	char(20)	not null
sex	性别	char(2)	check(sex in ('男','女'))
sno	学号	char(12)	primary key
sdept	系别	char(12)	
sphone	联系电话	char(11)	
birthday	出生年月	date	

根据课程属性，course 课程表包含 4 个字段，其字段名、属性、类型和约束如表 10.3 所示。课程对象用课程号作为主键，且课程名唯一。

表 10.3　course 课程表

字段名	属性	类型	约束
cno	课程号	numeber(6)	primary key
cname	课程名	char(20)	unique
credit	学分	number(2,1)	
sdept	系别	char(12)	

KC 开设课程表包含 3 个字段，其中时间记录课程开设的学期，其余 2 个字段分别是外键，参照 teacher 教师表的 tno 和 course 课程表的 cno，字段名、属性、类型和约束如表 10.4 所示。KC 开设课程表用 shijian、tno、cno 作为主键。

表 10.4　KC 开设课程表

字段名	属性	类型	约束
shijian	时间	char(20)	
tno	教师号		foreign key, reference teacher(tno)
cno	课程号		foreign key, reference course(cno)

SC 选课表包含 5 个字段，其中成绩记录学生选修课程的成绩，其余 4 个字段分别是外键，参照 student 学生表的 sno、KC 开设课程表的 tno、cno、shijian，字段名、属性、类型和约束如表 10.5 所示。SC 开设课程表用 sno、tno、cno、shijian 作为表的主键。

表 10.5　SC 选课表

列名	属性	类型	约束
grade	成绩	number(2)	not null
sno	学生号		foreign key, reference student(sno)
tno	教师号		foreign key, reference KC(tno, cno, shijian)
cno	课程号		
shijian	时间		

为了实现高校学生课程成绩管理系统的统计管理功能，设计 avg_v 视图和 cou_v 视图。avg_v 视图包含教师名、课程名、时间和平均成绩(Gavg)4 个字段，通过查询 teacher 教师表、course 课程表和 SC 选课表，在教师号和课程号字段上等值联接，并且按照教师名、课程名和时间分组，实现统计教师所授课程的平均成绩。cou_v 视图包含时间、课程名和平均成绩(Gavg)3 个字段，通过查询 course 课程表和 SC 选课表，在课程号字段上等值联接，并且按照时间和课程名分组，实现统计学校在某个时间课程的平均成绩。

SC 选课表中包含大量数据并需要经常检索，以查询学生的课程成绩，因此需要在该表上创建索引，以加快学生课程成绩的检索速度，检索建立在 SC 选课表的学号、课程号、教师号、时间字段上，课程号、教师号按升序排列，学号、时间按降序排列。

10.4　实　　现

利用 Oracle，高校学生课程成绩管理系统数据库创建 SQL 语句如下：

```
--创建表空间 test
CREATE TABLESPACE test DATAFILE
'c:\app\john\oradata\orcl\test01.dbf'  SIZE 10M;

--创建用户 manager
CREATE USER manager IDENTIFIED BY abc123
DEFAULT TABLESPACE test
QUOTA 5M ON test;

--授权系统权限
GRANT CREATE SESSION, CREATE TABLE TO manager;

--用 manager 账号登录
CONNECT manager/abc123

--创建 teacher 教师表
CREATE TABLE teacher(
tname CHAR(20) NOT NULL,
sex CHAR(2) CHECK(sex in ('男','女')),
tno CHAR(12) PRIMARY KEY,
tphone CHAR(20) NOT NULL);

--创建 course 课程表
CREATE TABLE course(
cname CHAR(20) UNIQUE,
cno NUMBER(6) PRIMARY KEY,
credit NUMBER(2,1),
sdept CHAR(12));

--创建 student 学生表
CREATE TABLE student(
sname CHAR(20) NOT NULL,
sex CHAR(2) CHECK(sex in ('男','女')),
sno NUMBER(12) PRIMARY KEY,
sdept CHAR(12),
sphone CHAR(11),
birthday DATE);

--创建 KC 开设课程表
CREATE TABLE KC(
tno CHAR(12) REFERENCES teacher(tno) ON DELETE CASCADE,
cno NUMBER(2) REFERENCES course(cno) ON DELETE CASCADE,
shijian CHAR(20),
PRIMARY KEY(shijian, tno, cno));

--创建表 SC
CREATE TABLE SC(
sno NUMBER(12) REFERENCES student(sno) ON DELETE CASCADE,
```

```
cno NUMBER(6) ,
tno CHAR(12) ,
shijian CHAR(20) ,
grade NUMBER(2) NOT NULL,
FOREIGN KEY(tno, cno, shijian) REFERENCES KC(tno, cno, shijian) ON DELETE CASCADE,
PRIMARY KEY(tno, cno, shijian, sno));

--创建视图 avg_v
CREATE VIEW avg_v(tname,cname,shijian,Gavg)
AS SELECT tname, cname, shijian, avg(grade)
FROM teacher a, course b, SC c
WHERE a.tno=c.tno AND b.cno=c.cno
GROUP BY (tname, cname, shijian);

--创建视图 cou_v
CREATE VIEW cou_v(shijian,cname,Gavg)
AS SELECT shijian,cname,avg(grade)
FROM course a, SC b
WHERE a.cno=b.cno
GROUP BY (shijian,cname);

--创建索引
CREATE UNIQUE INDEX SCno on SC(sno DESC, tno ASC, cno ASC, shijian DESC);
```

10.5 测试数据

为了检测数据库设计，在 teacher 教师表、student 学生表、course 课程表、KC 开设课程表中、SC 选课表中添加数据。teacher 教师表中的数据如表 10.6 所示。

表 10.6 teacher 教师表测试数据

tname	sex	tno	tphone
史军勇	男	2012112601	13802456210
孙彦明	男	2012112602	15890001257
武俊芳	女	2012112603	13949021815
汪金龙	男	2012112604	15068741126
郭　龙	男	2012112605	13838384382

```
--向表 teacher 中插入记录
INSERT INTO teacher(tname, sex, tno, tphone)
VALUES('史军勇', '男', '2012112601', '13802456210');
INSERT INTO teacher(tname, sex, tno, tphone)
VALUES('孙彦明', '男', '2012112602', '15890001257');
INSERT INTO teacher(tname, sex, tno, tphone)
VALUES('武俊芳', '女', '2012112603', '13949021815');
INSERT INTO teacher(tname, sex, tno, tphone)
VALUES('汪金龙', '男', '2012112604', '15068741126');
INSERT INTO teacher(tname, sex, tno, tphone)
VALUES('郭龙', '男', '2012112605', '13838384382');
```

student 学生表中的数据如表 10.7 所示。

表 10.7 student 学生表测试数据

sname	sex	sno	sdept	sphone	birthday
黄俊亮	男	200901010121	计算机	15093102181	1989-07-15
张　龙	男	200901010148	网络工程	13849721171	1990-04-09
张中凯	男	200901010114	电子信息	15093102256	1988-10-12
刘鹏飞	男	200901010141	自动化	15890617626	1990-07-27
韩俊武	男	200901010125	数学	15890085829	1990-08-24
李　坊	男	200901010144	计算机	15225176062	1988-08-25

```
--向表 student 中插入记录
INSERT INTO student(sname, sex, sno, sdept, sphone, birthday)
VALUES('黄俊亮', '男', 200901010121, '计算机', '15093102181',
to_date('1989-07-15','yyyy-mm-dd'));
INSERT INTO student(sname, sex, sno, sdept, sphone, birthday)
VALUES('张龙', '男', 200901010148, '网络工程', '13849721171',
to_date('1990-04-09','yyyy-mm-dd'));
INSERT INTO student(sname, sex, sno, sdept, sphone, birthday)
VALUES('张中凯', '男', 200901010114, '电子信息', '15093102256',
to_date('1988-10-12','yyyy-mm-dd'));
INSERT INTO student(sname, sex, sno, sdept, sphone, birthday)
VALUES('刘鹏飞', '男', 200901010141, '自动化', '15890617616',
to_date('1990-07-27','yyyy-mm-dd'));
INSERT INTO student(sname, sex, sno, sdept, sphone, birthday)
VALUES('韩俊武', '男', 200901010125, '数学', '15890085829',
to_date('1990-08-24','yyyy-mm-dd'));
INSERT INTO student(sname, sex, sno, sdept, sphone, birthday)
VALUES('李坊', '男', 200901010144, '计算机', '15225176062',
to_date('1988-08-25','yyyy-mm-dd'));
```

course 课程表中的数据如表 10.8 所示。

表 10.8 course 课程表测试数据

cname	Cno	credit	sdept
Oracle 数据库	112601	4.5	计算机
Java 程序设计	112602	4.0	电子信息
多媒体技术	112603	3.5	自动化
人工智能	112604	2.5	数学
TCP/IP 协议	112605	3.5	网络工程

```
--向表 course 中插入记录
INSERT INTO course(cname, cno, credit, sdept)
VALUES('Oracle 数据库', '112601', '4.5', '计算机');
INSERT INTO course(cname, cno, credit, sdept)
VALUES('Java 程序设计', '112602', '4.0', '电子信息');
INSERT INTO course(cname, cno, credit, sdept)
VALUES('多媒体技术', '112603', '3.5', '自动化');
INSERT INTO course(cname, cno, credit, sdept)
```

```
VALUES('人工智能', '112604', '2.5', '数学');
INSERT INTO course(cname, cno, credit, sdept)
VALUES('TCP/IP协议', '112605', '3.5', '网络工程');
```

KC 开设课程表中的数据如表 10.9 所示。

表 10.9　KC 开设课程表测试数据

tno	cno	time
2012112601	112601	2011-2012 第二学期
2012112601	112601	2012-2013 第一学期
2012112602	112602	2011-2012 第二学期
2012112602	112602	2012-2013 第一学期
2012112603	112603	2011-2012 第二学期
2012112603	112603	2012-2013 第一学期
2012112604	112604	2012-2013 第一学期
2012112604	112604	2010-2011 第一学期
2012112605	112605	2010-2011 第一学期
2012112605	112605	2011-2012 第二学期

```
--向表KC中插入记录
INSERT INTO KC(tno, cno, shijian)
VALUES('2012112601', '112601', '2011-2012第二学期');
INSERT INTO KC(tno, cno, shijian)
VALUES('2012112601', '112601', '2012-2013第一学期');
INSERT INTO KC(tno, cno, shijian)
VALUES('2012112602', '112602', '2011-2012第二学期');
INSERT INTO KC(tno, cno, shijian)
VALUES('2012112602', '112602', '2012-2013第一学期');
INSERT INTO KC(tno, cno, shijian)
VALUES('2012112603', '112603', '2011-2012第二学期');
INSERT INTO KC(tno, cno, shijian)
VALUES('2012112603', '112603', '2012-2013第一学期');
INSERT INTO KC(tno, cno, shijian)
VALUES('2012112604', '112604', '2012-2013第一学期');
INSERT INTO KC(tno, cno, shijian)
VALUES('2012112604', '112604', '2010-2011第一学期');
INSERT INTO KC(tno, cno, shijian)
VALUES('2012112605', '112605', '2010-2011第一学期');
INSERT INTO KC(tno, cno, shijian)
VALUES('2012112605', '112605', '2011-2012第二学期');
```

SC 选课表中的数据如表 10.10 所示。

表 10.10　SC 选课表

sno	cno	tno	time	grade
200901010121	112601	2012112601	2012-2013 第一学期	96
200901010121	112602	2012112602	2011-2012 第二学期	98
200901010121	112605	2012112605	2010-2011 第一学期	99
200901010148	112601	2012112601	2012-2013 第一学期	85

续表

sno	cno	tno	time	grade
200901010148	112605	2012112605	2011-2012 第二学期	92
200901010114	112602	2102112602	2011-2012 第二学期	75
200901010114	112603	2012112603	2012-2013 第一学期	88
200901010141	112603	2012112603	2012-2013 第一学期	82
200901010141	112604	2012112604	2010-2011 第一学期	80
200901010125	112604	2012112604	2012-2013 第一学期	94
200901010125	112601	2012112601	2011-2012 第二学期	68
200901010144	112601	2012112601	2012-2013 第一学期	77
200901010144	112602	2012112602	2011-2012 第二学期	87
200901010144	112605	2012112605	2010-2011 第一学期	89

```
--向表 SC 中插入记录
INSERT INTO SC(sno, cno, tno, shijian, grade)
VALUES('200901010121', '112601', '2012112601', '2012-2013第一学期', '96');
INSERT INTO SC(sno, cno, tno, shijian, grade)
VALUES('200901010121', '112602', '2012112602', '2011-2012第二学期', '98');
INSERT INTO SC(sno, cno, tno, shijian, grade)
VALUES('200901010121', '112605', '2012112605', '2010-2011第一学期', '99');
INSERT INTO SC(sno, cno, tno, shijian, grade)
VALUES('200901010148', '112601', '2012112601', '2012-2013第一学期', '85');
INSERT INTO SC(sno, cno, tno, shijian, grade)
VALUES('200901010148', '112605', '2012112605', '2011-2012第二学期', '92');
INSERT INTO SC(sno, cno, tno, shijian, grade)
VALUES('200901010114', '112602', '2012112602', '2011-2012第二学期', '75');
INSERT INTO SC(sno, cno, tno, shijian, grade)
VALUES('200901010114', '112603', '2012112603', '2012-2013第一学期', '88');
INSERT INTO SC(sno, cno, tno, shijian, grade)
VALUES('200901010141', '112603', '2012112603', '2012-2013第一学期', '82');
INSERT INTO SC(sno,cno,tno,shijian,grade)
VALUES('200901010141', '112604', '2012112604', '2010-2011第一学期', '80');
INSERT INTO SC(sno, cno, tno, shijian, grade)
VALUES('200901010125', '112604', '2012112604', '2012-2013第一学期', '94');
INSERT INTO SC(sno, cno, tno, shijian, grade)
VALUES('200901010125', '112601', '2012112601', '2011-2012第二学期', '68');
INSERT INTO SC(sno, cno, tno, shijian, grade)
VALUES('200901010144', '112601', '2012112601', '2012-2013第一学期', '77');
INSERT INTO SC(sno, cno, tno, shijian, grade)
VALUES('200901010144', '112602', '2012112602', '2011-2012第二学期', '87');
INSERT INTO SC(sno, cno, tno, shijian, grade)
VALUES('200901010144', '112605', '2012112605', '2010-2011第一学期', '89');
```

10.6 数据库备份和恢复操作

高校学生课程成绩管理系统数据库是用户 manager 在 test 表空间上单独创建的，数据完全保存在 test 表空间中，因此，备份时只需要备份 test 表空间中的内容。归档模式下，采用热备份方式备份 test 表空间。

1. 表空间备份

```
alter tablespace test begin backup;
host copy c:\app\john\oradata\orcl\test01.dbf
        c:\users\john\documents\test01.dbf
alter tablespace test end backup;
```

如果 test 表空间发生介质故障，需要还原数据库到初始状态，则可以在归档模式下，在 Oracle 数据库处于装载状态下恢复 test 表空间。

2. 表空间级完全恢复(数据库处于装载状态下的恢复)

(1) 如果无法正常关闭数据库，以终止方式关闭数据库。

```
SHUTDOWN ABORT
```

(2) 在操作系统上利用备份的表空间数据文件 test01.dbf 替换表空间中损坏的数据文件 test01.dbf。

(3) 启动数据库到装载状态。

```
STARTUP MOUNT
```

(4) 执行表空间恢复命令，如恢复 users 表空间。

```
RECOVER TABLESPACE test;
```

(5) 打开数据库。

```
ALTER DATABASE OPEN;
```

参 考 文 献

谷长勇，吴逸云，单永红，陈杰．2011．Oracle 11g 权威指南．北京：电子工业出版社

郭东恩，张秋红．2008．数据库原理及应用．郑州：河南科学技术出版社

李星海．2008．Oracle 11g 快速入门．北京：中国水利水电出版社

马晓玉，孙岩，孙江玮．2007．Oracle 10g 数据库管理、应用与开发．北京：清华大学出版社

马晓玉，孙岩，孙江玮等．2007．Oracle 10g．北京：清华大学出版社

宁丽娟，刘文菊．2010．Oracle 11g 数据库编程入门与实践．北京：人民邮电出版社

秦靖，刘存勇．2012．Oracle 从入门到精通．北京：机械工业出版社

孙风栋．2009．Oracle 10g 数据库基础教程．北京：电子工业出版社

孙晓莹，张秋红．2012．数据库原理及应用．成都：西南交通大学出版社

汪照东．2008．Oracle 11g 数据库管理与优化宝典．北京：电子工业出版社

王珊，萨师煊．2006．数据库系统概论．北京：高等教育出版社

西尔伯沙茨．1984．数据库系统概念．杨冬青等译．北京：机械工业出版社

Alapati S R，Kim C. 2009．Oracle 数据库管理艺术 11g 新特性．钟鸣，王君等译．北京：人民邮电出版社

Alapati S R. 2007. Oracle Database 11g . Apress L. P

Freeman，Robert G. 2005．Oracle Database 11g．McGraw-Hill Osborne Media